Ernst Kurzmann / Erwin Langmann

Supply Chain Management

Ernst Kurzmann/Erwin Langmann

Unter Mitwirkung von:
Kurt Eder, Isolde Kurzmann-Penz und Alfred Löscher

Supply Chain Management

Wie Sie mit vernetztem Denken im 21. Jahrhundert überleben

Frankfurter Allgemeine Buch

Bibliografische Information der Deutschen Nationalbibliothek
Die Deutsche Nationalbibliothek verzeichnet diese Publikation
in der Deutschen Nationalbibliografie; detaillierte bibliografische
Daten sind im Internet über http://dnb.d-nb.de abrufbar.

Ernst Kurzmann / Erwin Langmann
Supply Chain Management
Wie Sie mit vernetztem Denken im 21. Jahrhundert überleben

Frankfurter Societäts-Medien GmbH
Frankenallee 71 – 81
60327 Frankfurt am Main
Geschäftsführung: Hans Homrighausen

Erste Auflage
Frankfurt am Main 2015

ISBN 978-3-95601-089-7

Frankfurter Allgemeine Buch

Copyright	Frankfurter Societäts-Medien GmbH
	Frankenallee 71 – 81
	60327 Frankfurt am Main
Umschlag	Anja Desch, FRANKFURT BUSINESS MEDIA GmbH –
	Der F.A.Z.-Fachverlag, 60327 Frankfurt am Main
Titelbild	© Monika Lafer
Illustrationen	© Monika Lafer
Satz	Wolfgang Barus, Frankfurt am Main
Druck	Westermann Druck Zwickau GmbH, Crimmitschauer Straße 43,
	08058 Zwickau

Inhalt

Einleitung
Gebrauchsanweisung für eine wundervolle Welt 9

Kapitel 1
Worum es im Supply Chain Management überhaupt geht 17

Der König der Wertschöpfungskette 17
Metamorphosen der Logistik 18
Was um Himmels Willen ist Logistik? 22
SCM – Paradigmenwechsel des Managements 24
The Nature of Supply Chains – Ökonomische „Atome" und „Moleküle" 26
Homo agens – Lieferketten managen 31
„Und jedem Anfang wohnt ein Zauber inne" – Faszination SCM 33
Das Geschäft hinter dem Geschäft – Neue Kernkompetenzen 35
The Structure of a Supply Chain 37

Kapitel 2
Denken und Handeln in erweiterten Systemen 41

„Logistiker" der Zukunft 41
Take a step backwards – Managers and Elephants 42
Die gewürfelte Zukunft 44
Das Vignetten-Desaster 50
Netze knüpfen, anstatt nur dabei zuzusehen 52
Kernkompetenzen: Der Kern der Zwiebel 55
Facettenreichtum von „Beständen" in der Supply Chain 58
Collaboration and the great Benefit it can produce 63

Kapitel 3
Neuausrichtung und Strategien 65

Strategien der Strategen – Strategos 65
Der gesunde Hausverstand und seine Grenzen im SCM 69
Wenn das Beste nicht gut genug ist – Strategien in engen Grenzen 72
Das Rätsel der seltenen Schuhgröße – Naturgesetze im SCM 75
Kosten selbst auferlegter Begrenzungen – Denkfallen im Vertrieb 78
Nutzen falscher Entscheidungen – Kosten von Fehlentscheidungen 82
Strategen des Tagesgeschäfts – Disponenten 86

Kapitel 4
Performances von Lieferketten – Optimieren und Balancieren   91

Virtuose Zeitkünstler   92
Zwischen Skylla und Charybdis – Unternehmerische Meerengen   98
Strategic Sourcing – Are you Managing your Suppliers?   101
Die Ferse des Achilles – Die Achillesferse von Toyota   102
Supply Chain Processes   105
Macht und Machtgefälle in Supply Chains   106
Überbuchung – Verbesserung der Performance für den Kunden   109
Fitness Tests for your Supply Chains – Industry Benchmarking   112

Kapitel 5
Ein Blick in den Werkzeugkasten – Tools des Supply Chain Managers   115

Siamesische Zwillinge – Zeit und Termintreue   115
Available to Promise – Vom bloßen Versprechen zum SCM   117
Das Wurzelgesetz von Logistik und SCM   120
Das Planungsdilemma – Zeitnah und zeitfern im SCM   123
Babylonische Sprachverwirrung – Planung, Prognose, Improvisation   126
Aufschieberitis im SCM – Postponement   131
Plan, Source, Make, Deliver, Return – SCOR   134
Puffer und Notfallpläne als Werkzeuge des SCM   135

Kapitel 6
Neue Märkte und Marktchancen   139

Die Kosten nicht genutzter Chancen   139
Geldkosten und Alternativkosten im Vertrieb   142
Auf der Suche nach dem verlorenen Geld – Vom Suchen zum Finden   146
Werte und Mehrwerte einer Supply Chain   149
Added Value Services – Neue Märkte   152
3PL-Relationship – Do you have one?   154
Die Veränderung von Lieferketten – Märkte und Marktchancen   155
Die Erwartung Ihres Kunden   157
Strategic Sourcing – Are you Managing your Suppliers?   160
Neue Marktchancen durch Added Value – Industrie 4.0   161
Kontraktlogistik – Wenn das Pflichtenheft vergessen wurde   164

Kapitel 7
Managen von Risiken und Nachhaltigkeit in Supply Chains

169

Risiko und das Werkzeug Information 170
Supply Chain Risk Management – Risiko: Wunsch und Realität 170
Wenn der Käufer den Schaden nicht bezahlen will 175
Wenn die Lagerung länger dauert als geplant 178
KMUs und internationale Versicherungslösungen 180
Die Herstellerfalle – Woran Sie nicht gedacht haben 182
Vergessen Sie das mit dem Versichern – Versichern Sie sich selbst 185
There's a VUCA world out there 188
Die Vertrauensfrage – Vertrauen, Risiko und Compliance 189
Macht und Machtgefälle in Supply Chains – Kooperationen 192
Sustainable Supply Chain Management – SSCM 194

Ausblick
Wider den Wahnsinn

197

Anhang: News Vendor Model (Zeitungsjungenmodell) 202
Glossar 205
Literatur 229
Die Autoren 230
Die Illustratorin 230

Einleitung
Gebrauchsanweisung für eine
wundervolle Welt

„Wenn wir durch ein großes Ziel inspiriert werden, durch außergewöhnliche Projekte, sprengen unsere Gedanken alle Schranken. Unser Verstand erhebt sich über Grenzen, unser Bewusstsein dehnt sich in alle Richtungen aus, und wir finden uns in einer neuen großartigen, wundervollen Welt wieder."

(nach Patanjali)

Die Menschheit hat auf diese Weise einige wundervolle Welten geschaffen. Außergewöhnliches entstand in Architektur, Kunst und Technik. Auch in der Wirtschaft wurde Großes geleistet. Ein Blick auf die aktuelle Situation jedoch nährt bei vielen die Vermutung, dass der Hauptakt hinter uns liegt, der Vorhang bald fällt. Was geht in der Wirtschaft noch? Es wird weltweit gefertigt und verkauft, alle natürlichen Ressourcen sind angezapft. Je nach Gemütslage wird entweder Innovation gefordert oder die Apokalypse herbeigeschworen.

Wir sind „fertig globalisiert". Was anfangs nur Verwegenen offenstand, kann jetzt nahezu jeder Weltbürger der westlichen Welt. Nämlich Information, Ware, Geld und sonstige Ressourcen aus jedem Winkel der Erde zu sich holen. Und wir können diese Dinge und uns selbst dorthin bewegen. Feinjustierungen werden noch am Faktor Zeit gemacht. Aber sonst?

Über die Notwendigkeit von Wachstum in der Wirtschaft wird diskutiert. Wenn aber Wachstum „nur" als Nebenprodukt aus der Verfolgung anderer Ziele entsteht, so stellt sich die Frage, welche Ziele dies sind. Sind wir tatsächlich fertig mit der Globalisierung? Ja vielleicht, wenn darunter die höchstmögliche logistische Annäherung von abgegrenzten Einheiten gesehen wird.

Neue Nachbarn

Daran arbeiten Organisationen und Unternehmen mit hohem Einsatz. Sie verstehen Globalisierung in erster Linie in den Dimensionen Raum und Zeit. Darin streben sie innerhalb ihres Wirkungsfelds ein Optimum an. Mit Hilfe von logistischen Leistungen erschließen Unternehmen den Weltmarkt. Kunden wie Lieferanten werden als unmittelbar nah wahrgenommen. Die Welt sei nunmehr ein Dorf, heißt es lakonisch. Wie jedes Dorf besteht auch dieses globale Dorf jedoch weiterhin aus abgegrenzten und für sich operierenden Einheiten.

Die Trennlinien zeigen sich unter anderem in der Übernahme von Risiken. Recht und Ordnung steuern die wirtschaftliche Leistung und den Erfolg. Meins und deins. Wer zahlt, bestimmt, wo es lang geht. Die Erleichterung ist groß, wenn ein Deal in den eigenen Kontrollbereich gebracht — eben meins — wird. Qualitätsprüfungen, Verträge, Versicherungen, Strafzahlungen sind die neuen Grenzen in der Wirtschaft. Versierte Manager sehen darin Unverzichtbares. Wie soll man denn sonst in dieser chaotischen Welt ein Unternehmen führen? Es ist fordernd genug, innerhalb des eigenen Einflussbereichs die Dinge unter Kontrolle zu halten.

Doofe Globalisierung

Ein Nebeneffekt der Globalisierung ist der Anstieg von Varietät und Volatilität. Es gibt eine unüberschaubare Anzahl an Märkten, Produkten, Lieferanten, Produzenten und Geschäftsmodellen. Umweht vom anbiedernden Beigeschmack kultureller Eigenheiten und politischer Willkür. Zudem sind selbst zeitlich nahe Entwicklungen in der Wirtschaft kaum bis gar nicht einschätzbar. Damit ist im Unternehmen quasi nichts mehr angemessen planbar. Eine Absatzplanung über drei Monate in der Elektronikindustrie? Ja, im Orakel zu Delphi.

Diese Kombination aus Vielfalt und Unvorhersehbarkeit erzeugt Komplexität. Damit ist nicht Kompliziertheit gemeint. Die oben beschriebenen Rahmenbedingungen sind, isoliert betrachtet, meist einfach und mit ausreichender Qualität erfassbar. Die Komplexität entsteht in der unüberschaubaren Anzahl einwirkender Faktoren und ihrer gegenseitigen Beeinflussung. Die Gesamtheit ist es, die nicht mehr erfassbar ist. Entscheider, Manager wie Politiker, werden auf Treibsand gescheucht und danach für falsche Entscheidungen von Scheuklappenträgern abgestraft.

„Only complexity can absorb complexity"

Dem Kybernetiker William Ross Ashby wird diese dogmatische Aussage zugeschrieben. Und das tun wir auch unbewusst und fleißig: Wir wollen mit noch mehr Komplexität Herr über die aktuelle Situation werden. Ein paradoxes Verhalten, das den Rückschluss zulässt, Ashby formulierte keine Handlungsempfehlung, sondern seine Beobachtung des menschlichen Verhaltensrepertoires.

Tendenziell reagieren wir auf Komplexität mit noch mehr Komplexität. Immer differenziertere Konzepte werden verfolgt, detailfokussierte Analysetools liefern gnadenlos Kennzahlen auf Endlospapier. Letztlich ist es die Übermacht IT, die eine unbarmherzig fragmentierte Wirklichkeit schafft. Wir arbeiten mehr, und als Ergebnis dessen müssen wir noch mehr arbeiten. Nahezu jeder Manager klagt über zu geringe Ressourcen, um die angepeilten Ergebnisse zu erreichen. Umgekehrt kann man sagen, dass mit gleichem Ressourceneinsatz weniger erreicht wird. Missmanagement? Mitnichten. Es ist ein deutliches Zeichen des Status quo.

Wir sind Entwicklung

Der italienischer Physiker Cesare Marchetti analysierte die Entwicklung von Systemen und stieß dabei auf einen bemerkenswerten Zusammenhang. Er stellte fest, dass Systeme, also eine Einheit von miteinander verbundenen Elementen, sich im Muster einer S-Kurve (siehe Abbildung) entwickeln. Egal, ob es sich um den Wachstumsverlauf von Sonnenblumen, den Autobestand eines Landes oder der Marktpenetration einer Technologie handelt: Dieses Muster ist deutlich ablesbar.

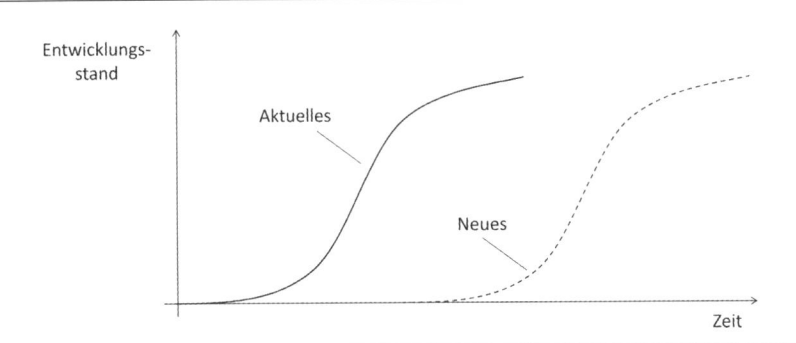

S-Kurven Entwicklung von Systemen

Ungeachtet von Entwicklungsbeginn und Dauer stellt sich die Frage, wo wir aktuell stehen. Sind wir am Beginn, im stetig steilen Anstieg, oder flacht die Entwicklung schon ab? Es ist im Grunde egal. Weil, was wir gerne vergessen, die Evolution etwas Neues hervorbringt. Das Neue ist aufgrund seiner Entwicklung entlang der S-Kurve im Ausprägungsgrad noch gering und damit kaum wahrnehmbar. Aber es ist da.

Nur allzu gern sieht sich der Mensch als Entwickler oder sogar als Schöpfer von Werken. Doch der Blick auf uns selbst, wie wir denken und wonach wir unser Handeln ausrichten, zeigt uns, dass wir selbst Entwicklung sind. Als Individuum wie als Gesellschaft — und damit auch in der Art und Weise, wie wir Management und Wirtschaft leben. Konzepte, Strategien und Methoden etablieren sich immer aus vorherrschenden Rahmenbedingungen. Verändern sich diese, nimmt deren Wirkung ab. Nicht abrupt, aber langsam, wie es die S-Kurve verdeutlicht. Man versucht deren Wirkung aufrechtzuerhalten, indem man den Einsatz erhöht. Ein mühsamer Akt, der nur die Anerkennung der Endlichkeit verdrängt.

Mehr desselben

Das ist zusammengefasst die Antwort, die wir auf das Nachlassen von Wirksamkeit geben. Wir erhöhen die Schlagzahl, das Tempo, die Inputgrößen — und erzeugen damit Komplexität. Ein Beispiel aus der Finanzpolitik? Das Regelwerk Basel I umfasst rund 30 Seiten, Basel III benötigt aber schon 800 Seiten, um die Dinge ausreichend zu erklären. Basel IV wird wohl in zwei Bänden aufgelegt werden?

Wir neigen dazu, in einer Welt von Gewissheit, von unbestreitbarer Stichhaltigkeit der Wahrnehmung zu leben, in der unsere Überzeugungen beweisen, dass die Dinge nur so sind, wie wir sie sehen. Was gewiss erscheint, kann keine Alternative haben.

Diese Gewissheit lässt uns nur allzu leicht das Neue übersehen. Wir setzen auf unsere Erfahrung. Auch weil Erfahrung in der Wirtschaft hoch anerkannt ist. Ein Seitenblick zur Erkenntnistheorie erschüttert dieses Dogma in seinen Fundamenten. Sie besagt, dass wirklich Erfahrung nur „im unbeschriebenem" Naturzustand möglich ist. Sind wir erst einmal in einem Erfahrungsraum konditioniert, wird unsere Erkenntnis über die Außenwelt im höchstem Maße darüber bestimmt, wie wir gelernt haben, über diese Außenwelt zu denken. Im beruflichen Kontext wird dieser „unbeschriebene Naturzustand" innerhalb eines Jahres durch Einarbeitung überschrieben. Danach weiß man üblicherweise, wie der Hase läuft. Sollte also jemand mit 18 Jahren Branchenerfahrung argumentieren, so heißt das, dass er über etwa ein Jahr Einarbeitungslernen verfügt und dass dieses 17 Jahre zurückliegt.

Paradigmenwechsel

Wir haben im Zuge der Globalisierung die Welt zusammengerückt. Aber jede Lösung eines Problems ist gleichzeitig die Ursache für ein nachfolgendes Problem, das sich als neues Umfeld präsentiert. Das sind aktuell die beschriebene Komplexität und der Versuch, sie zu beherrschen. So wird die Autoindustrie oft als logistisches Vorbild vorangestellt. Die dort perfektionierte Just-in-Time-Fertigung will das Raum-Zeit-Gefüge optimieren. Autobauer wollen keine Lager und lassen sich die Teile bedarfsgerecht direkt an das Montageband liefern. Der Lieferant wird bei Verspätung sanktioniert, aber auch bei zu frühem Anliefern. Seine Lösung des Problems: LKWs umkreisen das Montagewerk, um bei Abruf „just in time" zu liefern. Die Perversion gipfelt im Werbeclaim von CO_2-armen Autos. Nicht beherrschbare Probleme wirft man über den Zaun. Dort hat der Lieferant oder die Allgemeinheit damit zu kämpfen. Auf den offenen Weltmeeren lassen sich Tanker nun mal einfacher säubern. Die Idee einer Corporate Social Responsibility zeugt zuerst einmal von Problembewusstsein. Die Umsetzungsmaßnahmen sind überschaubar, einseitige Verantwortungen sind teuer und werden zudem meist an Marketingstrategien ausgerichtet.

Evolution funktioniert

Die „kreative Zerstörung" war der Kern der evolutionären Wirtschaftstheorie Schumpeters. Stimmt: Wirkliche Innovationen machen bestehende Unternehmen obsolet und eröffnen neue Wege, wie Dinge getan werden können. Deshalb werden sie zunächst auch bekämpft, weil die Platzhirsche des jeweiligen Sektors um ihre Einnahmequellen fürchten. Schumpeters zentrale Erkenntnis, dass sich der Kapitalismus ständig neu erfindet und dabei weniger der Kapitalist, sondern der findige Entrepreneur eine Schlüsselrolle spielt, scheint neue Aktualität zu bekommen.

Was bringt die Evolution der Wirtschaft hervor? Wo sind neue Märkte, wo die neuen Geschäftsmodelle? Das Internet, selbst ein Markt, scheint hier auch ein Katalysator zu sein. Es ermöglicht die grenzenlose Zusammenarbeit, die unmittelbare Verbindung zwischen Angebot und Nachfrage. Zwischenhändler werden elegant umschifft oder auch schlichtweg ausgeschaltet. Internetsuchmaschinen machen Werbung direkt am Point of Interest, Vermittlungsplattformen ersetzen den Taxidienst oder Reisebüros. Manchem angestammten Anbieter bleibt nur die reflexartige Bekämpfung des neuen Mitbewerbers. Zeit für die Anpassung im eigenen Geschäftsmodell ist nicht vorhanden. Das Leben wird über Fusionen künstlich verlängert, mehr ist nicht drin.

Globalisierung 2.0

Die Globalisierung, wie wir sie bisher kennen, hat die früher bestehenden internationalen Mobilitätshindernisse verkleinert oder entfernt. Zölle werden abgebaut, die Transport- und Kommunikationskosten sinken, damit auch die Preise von Produkten und Dienstleistungen. Der freie Kapitalverkehr macht Investitionen attraktiver. Was Staaten und Länder tun, können Unternehmen auch. Nicht das Abgrenzen und Fragmentieren ist die Lösung, sondern kooperieren und das große Ganze sehen. Gemeinsames Tragen von Risiken, gegenseitige Unterstützung im Marktaufbau. Fairness und Vertrauen vor Law Firm und Vertragskonvolut. Vitalität, wie die Natur sie kennt, ins Volle gehen, nicht taktieren.

Business Vitality ist gefragt. Und das Vitalitätsprinzip Nummer eins ist Wandelbarkeit. Führungskräfte in Unternehmen müssen Veränderungen im Geschäftsmodell initiieren und umsetzen, mit Ungewissheit und Widersprüchen umgehen können und Risiken eingehen. Aus Kreativität und Vertrauen entstehen neue Muster. „Only complexity can absorb complexity?" Ja, indem unser Denken und unsere Sicht der Welt komplexer werden, wird unser Tagwerk erleichtert.

Es braucht mutige Menschen, um das Neue einzuführen. Aber wartet am Ende nicht eine neue, wundervolle Welt auf uns?

Konsequent anders

Supply Chain Management (SCM) hat seine Wurzeln in der betriebswirtschaftlichen Disziplin Logistik. Im ersten, kleinen Entwicklungsschritt von Logistik zu Supply Chain Management wurde eine Warenbewegung über mehr als einen Abschnitt betrachtet. Aus mehreren Abschnitten wurde die Lieferkette, deren Optimierung schon eine erheblich größere Aufgabe war. Viele sprechen in diesem Stadium noch immer von Logistik. Optimieren, aber worauf hin? Mit dieser Frage erhebt sich Supply Chain Management über die Logistik hinaus. Zu vielschichtig ist die Problemstellung, als dass es eine einzige richtige Antwort gibt. Es geht nicht darum, die Aufgabe richtig zu erfüllen, also effizient zu sein, sondern die richtigen Aufgaben zu identifizieren und diese zu erfüllen. Es geht um Effektivität.

Das strategische Ziel des Supply Chain Management heißt Kundennutzen und dadurch Unternehmensgewinn. Kundennutzen UND Gewinn. Für alle Beteiligten der Lieferkette. Dieser Zugang fordert Unternehmen in Breite und Tiefe.

Das Ziel, alle unternehmerischen Aktivitäten entlang der Wertschöpfungskette (synonym wird auch von Supply Chain, Lieferkette, Leistungskette oder auch Netzwerk gesprochen) auf den Kundennutzen auszurichten, erfordert neues Denken und Handeln in erweiterten Systemen. Nicht nur einzelne Unternehmen, sondern ganze Wertschöpfungsnetze agieren im globalen Wettbewerb. So entstehen neue Märkte mit neuen Regeln und neuen Chancen. Darüber hinaus lässt sich mit Supply Chain Management die Verantwortung für die Nachhaltigkeit von Produkten und Leistungen in Wirtschaft und Gesellschaft durchsetzen.

Supply Chain Management ist ein umfassendes Konzept mit konkreten Werkzeugen zum Nutzen aller in der Lieferkette beteiligten Elemente bis hin zum Konsumenten. Um diese Chance zu nutzen, braucht es auch im Unternehmen neue Zugänge zu Management und Führung. Die Entwicklung von adäquaten Strategien und Managementsystemen sowie die notwendigen Veränderungen wirksam zu steuern, steht für Führungskräfte und Unternehmer ganz oben auf der Aufgabenliste. Die Beschäftigung mit der „Idee" Supply Chain Management in der dargestellten Form kann so manches Fundament erschüttern. Das ist in Ordnung. Denn je bedrohlicher ein Problem, das bis dato ignoriert wurde, desto größer ist die Chance auf Ruhm und Erfolg. Per aspera ad astra — Über raue Pfade gelangt man zu den Sternen.

Sinn war ein „unökonomisches" Wort — bis jetzt. Wozu ist das Ganze gut? Das ist eine berechtigte Frage. Wer innehält und einen Schritt zurücktritt, wird erkennen, dass all das, was uns umgibt, zu Beginn nur die bloße Idee eines Menschen war. Der Bezug auf Philosophie und Mythologie führt auf eine Metaebene, wo Sinn wieder erlebbar wird. Daraus entstehen neue Ideen und Sichtweisen, die dann in Strategien münden. Zur Umsetzung gibt es Vorschläge über konkrete Methoden und Werkzeuge.

Gebrauchsanweisung für den Leser

Supply Chain Management schafft Märkte. Daher gibt es kein „Supply-Chain-Marktvolumen", wie sie in der Logistik üblich sind. Es gibt keine smarten To-Do-Listen, sondern universell einsetzbare Handlungsoptionen und zahlreiche Best-of-Beispiele. Zu unterschiedlich sind die Glieder der Lieferkette und die Elemente der Liefernetzwerke. Supply Chain Management lässt sich weder eindimensional noch sequenziell erfassen. Die folgenden Inhalte sind daher als Landkarte zu sehen. Abschnittsweise ist diese sehr konkret, an anderer Stelle ist sie derart vage, dass einem beim Weitergehen mulmig werden kann. Diese

Landkarte weist „Aussichtspunkte" in Form von Kapitelüberschriften aus. Die Reihenfolge, in der man von diesen Punkten auf Supply Chain Management blickt, ist nebensächlich.

Unter Einbeziehung der Ökonomie und der Darstellung von konkreten Strategien, Methoden und Werkzeugen wird ein „Big Picture" gezeichnet. Supply Chain Management ist kein geschlossenes Konzept. An diesem Bild kann und wird immer weitergearbeitet werden. So ist jedes Kapitel und sogar jeder Artikel für sich allein nutzbringend und sinnstiftend. Einige wenige, sehr kurze Artikel sind in Englisch verfasst. Sie sollen den internationalen Charakter des Supply Chain Managements symbolisieren. Zur praktischen Umsetzung gibt es Hinweise und Vorschläge zu Methoden und Werkzeugen.

Die Form dieses Buches wird fachlich Versierten angemessen verrückt vorkommen und Einsteigern den Zugang zu diesem Thema erleichtern. Sie bietet einen Einblick in die Welt der Wirtschaft und der modernen wirtschaftlichen Netzwerke. Am Ende blicken wir in die Zukunft des Supply Chain Managements. Ein umfangreiches Glossar wird Sie beim hoffentlich kurzweiligen Lesen der voneinander unabhängig lesbaren Artikel unterstützen und auch so manches „verlorene" Wort wieder erhellen.

Wann sind die Zielsetzungen dieses vorliegenden Buchs erreicht?

1. SCM als Ausrichtung aller unternehmerischen Aktivitäten auf den Kundennutzen entlang der Wertschöpfungskette zu positionieren.
2. Einen Zugang hin zu neuem Denken und Handeln in erweiterten Systemen zu schaffen, in denen nicht nur einzelne Unternehmen, sondern ganze Wertschöpfungsnetze im globalen Wettbewerb agieren.
3. SCM als eine Möglichkeit zur Durchsetzung der Verantwortung für die Nachhaltigkeit von Produkten und Leistungen in Wirtschaft und Gesellschaft zu beschreiben.
4. SCM letztlich als ein umfassendes Konzept mit konkreten Werkzeugen zum Nutzen aller in der Lieferkette beteiligten Elemente bis hin zum Konsumenten darzustellen.

Veränderung und Instabilität gibt es seit jeher. Diese sind nun sprunghafter und damit in der Wahrnehmung präsenter. Dieses Buch liefert eine Antwort, wie man mit diesen Änderungen umgehen kann: Nicht das Abgrenzen und Fragmentieren ist die Lösung, sondern Kooperieren und das große Ganze sehen.

Kapitel 1
Worum es im Supply Chain Management überhaupt geht

Produkte und Leistungen sind das Ergebnis des komplexen Zusammenspiels vieler einzelner Wertschöpfer. Jedes Unternehmen steht mit anderen Beteiligten der Lieferkette — Lieferanten, Dienstleister, Endkunden — in geschäftlicher Verbindung. Supply Chain Management ist die radikale Ausrichtung aller Aktivitäten entlang der Wertschöpfungskette auf den Kundennutzen.

Die einzelnen Glieder der Supply Chain sind typischerweise rechtlich selbständige Unternehmen, die für ihr Unternehmen jeweils das Optimum suchen. Tatsache ist jedoch, dass viele einzelne Optima in der Summe kein Gesamtoptimum gewährleisten.

Supply Chain Management setzt genau hier an: Abstimmungen entlang der gesamten Lieferkette sollen die Gesamtleistung und die Gesamtkosten zum allseitigen Vorteil verbessern.

Der König der Wertschöpfungskette

Nicht nur einzelne Unternehmen stehen im Wettbewerb. Auch ganze Wertschöpfungsketten (Supply Chains) ringen weltweit um die Plätze an der Sonne. Wer über die leistungsfähigere Supply Chain verfügt, macht das Rennen. Alle Beteiligten müssen in dieser globalen Umbruchphase ihre neuen Rollen finden. Wer dies nicht kann, wird es schwer haben, sehr schwer.

Die neuen Werkzeuge des Supply Chain Managements (SCM) machen gesamte Liefer- und Leistungsketten und Wertschöpfungsnetzwerke in ihrer unternehmerischen Ausrichtung transparent. Das einzelne Unternehmen mit seinen echten oder vermeintlichen Wertschöpfungsbeiträgen wird radikal offengelegt. Wer in diesen Netzwerken keine Risiken übernehmen will, muss sich neu definieren. Denn eines ist schon klar:

Unternehmergewinne sind immer das Ergebnis der Bejahung von Risiken und Unsicherheiten. Ungewiss können die Einführung innovativer Produkte, der Aufbau leistungsfähigerer Organisationen, die Übernahme mächtiger Managementkonzepte, die Umsetzung bahnbrechender Produktionsverfahren oder die Eroberung neuer und unbekannter Märkte sein. Der Unternehmergewinn zeigt Ihnen unmissverständlich an, wie weit Sie Ihre Unternehmerrolle überhaupt (noch) wahrnehmen. Wer dies nicht verstanden hat, wird im harten Wettbewerbsumfeld mit aller Härte bestraft.

Das Supply Chain Management trägt dazu bei, dass diese neu zu findenden Rollen transparent werden. Und wo von jedem einzelnen Unternehmen innerhalb des Netzwerks neue Wertschöpfungsbeiträge möglich und zu leisten sind. Aber wer dirigiert diese komplexen Lieferketten? Wer zieht an den Stricken der Netze? Sind es schon wieder die bösen großen Konzerne? Sind es Verschwörungen, die irgendwo in Amerika eingefädelt werden?

Zu unserer großen Überraschung ist es der wohl Kleinste am Ende der Wertschöpfungskette. Er sucht sich neue Lieferketten und Wertschöpfungsnetze, wenn nicht wir als Unternehmer dazu bereit oder imstande sind, kreativ und mutig gemeinsam mit unseren Partnern in der Lieferkette Wettbewerbsvorteile zu generieren. Er ist der König, er ist es, der vorgibt, was zu geschehen hat. Der globale Konsument entscheidet. Er ist der König der Wertschöpfungskette.

Metamorphosen der Logistik

Man kann zu Recht behaupten, dass die letzten Jahrzehnte als das Zeitalter der Logistik in die Wirtschaftsgeschichte eingehen werden. Industrie und Handel, Gewerbe und Dienstleistung haben gemeinsam mit ihren Mitarbeitern und Managern, häufig mit Rückgriff auf externe Forschungs- und Consultingleistungen, ihre eigene unternehmerische Versorgungsumwelt konsequent verbessert. Die logistischen Kernleistungen Transport, Umschlag und Lager (TUL) wurden kosten- und leistungsseitig spürbar vorangetrieben. Begriffe wie Logistik, Just-in-Time (JIT) oder Sendungsverfolgung (Track & Trace) sind zu Allgemeinbegriffen geworden.

Die erste Metamorphose der Logistik: Koordinationslogistik

Aus wissenschaftlicher Sicht kam es bereits in den 1980er Jahren zur ersten Metamorphose der Logistik. Aus der klassischen TUL-Logistik mit ihren Transferleistungen von Raum und Zeit entwickelte sich ein breites Spektrum an Erkenntnissen und Werkzeugen, die begrifflich als Koordinationslogistik in die Fachliteratur einging. Vom Wesen her ging die erste Anpassungsentwicklung der Logistik jedoch weit über den klassischen TUL-Begriff hinaus. In den USA wird hierfür der Begriff „Supply Chain Management" (SCM) geboren.

Im Mittelpunkt des sogenannten funktionsinternen SCM steht die konsequente Koordination von Maßnahmen und Aktivitäten entlang der Lieferkette, von der Produkt- und Leistungsentwicklung des Lieferanten bis zum Vertrieb des Händlers an den finalen Kunden. Typische Beispiele für Ansätze des funktionsinternen SCM sind konkrete Verbesserungsmaßnahmen innerhalb der Material- und Teileversorgung des Produktionsbereichs oder optimierte Methoden der Versorgung interner Stellen mit Material, Waren und Informationen durch verbesserte Prognosen. Aus betriebswirtschaftlicher Sicht muss SCM somit nicht unbedingt mehrere Unternehmen umfassen. In der betrieblichen Praxis wird meist weiterhin der Begriff Logistik im Sinne der Koordinationslogistik verwendet. Wir werden in diesem Buch den Fokus nicht so sehr auf das „funktionsinterne SCM" richten.

Die zweite Metamorphose der Logistik: unternehmensweites SCM

Eine zentrale Stoßrichtung des „funktionsinternen SCM" zielt auf die kontinuierliche Verbesserung von Prozessen (KVP). Die Suche nach hier verborgenen Potentialen lässt das „unternehmensweite SCM" entstehen.

Im Brennpunkt des „unternehmensweiten SCM" steht die Koordination von Material und Informationen innerhalb eines Unternehmens über mehrere Funktionen hinweg. Schwerpunktmäßig will man Ineffizienzen, also unnötige Verschwendungen, durch Zielkonflikte zwischen den betrieblichen Bereichen und Abteilungen beseitigen. Die Optimierungen sind typischerweise auf unternehmensweite Strategien gerichtet. Häufig kommt es zwischen Produktion und Beschaffung oder zwischen Vertrieb und Logistik zu teils erheblichen Reibungsverlusten, die nur durch ein übergeordnetes SCM verringert werden können. Allmählich wird in Theorie und Praxis erkannt, dass in den Schnittstellen Zeit und Geld liegt – Geld, das (noch) niemandem gehört und niemand bewusst vermisst hatte.

Die zweite Metamorphose der Logistik, in der Fachliteratur auch als „erweiterte Koordinationslogistik" und in reiferer Form als „Flow Logistik" (flussorientierte Logistik) bekannt, beschreibt ein umfassendes Bündel von Aktivitäten. Ausgerichtet ist dieses Maßnahmenpaket am unternehmensweiten Ziel der Kostenminimierung und der Leistungsmaximierung. Im Mittelpunkt stehen die Gestaltung, Planung, Steuerung und Überwachung der Material- und Informationsflüsse. Typische konkrete Maßnahmen in der betrieblichen Praxis sind die Senkung von Materialbeständen, die Verkürzung der Durchlaufzeiten eines Produktes oder die bereichsübergreifende Beschleunigung von Prozessen, also von betrieblichen Vorgängen und Abfolgen.

Auf das „unternehmensweite SCM" werden wir später noch ausführlich eingehen. Seien Sie gespannt auf die neuen Ansätze zur organisatorischen Ausrichtung am Wertschöpfungsprozess der späten Variantenbildung (Postponement), zur Gleichteileverwendung oder zur Reduktion von Prozessschwankungen (Prozess-Risiken).

Die dritte Metamorphose der Logistik: unternehmensübergreifendes SCM

Das unternehmensübergreifende SCM ist die bislang letzte Stufe der Logistik. Sie fand unter dem Begriff Netzwerklogistik Eingang in die

Fachliteratur. Hier steht die konsequente Koordination zwischen mehreren Unternehmungen entlang einer Lieferkette im Interesse von Forschung und Unternehmenspraxis.

Aus der Netzwerklogistik „schlüpft" das moderne, unternehmensübergreifende SCM. Wir wollen ab der dritten Metamorphose der Unternehmenslogistik vom unternehmensübergreifenden SCM sprechen und den Begriff Logistik für diesen radikal neuen Schritt hinter uns lassen.

Denn erstmals stehen sich am Markt nicht mehr einzelne Unternehmungen als Wettbewerber gegenüber. Vielmehr konkurrieren jetzt ganze Lieferketten (Supply Chains) um den Kunden. Das ist das Neue! Selbstverständlich steckt viel Bewährtes im Alten. Das Neue kann ohne das Alte nicht sein. Doch das Neue nimmt Abschied vom Alten, um fruchtbar für die neuen Anforderungen der (globalen) Lieferketten zu sein.

In diesem Buch werden nicht nur zahlreiche Beiträge zu den Werkzeugen, Methoden, Verfahren, Managementstrategien und Managementphilosophien vorgestellt. Wir beschreiben auch konkrete Beispiele aus der Praxis, um Ihnen Denkanstöße für Ihr eigenes Unternehmen zu geben. Im besten Fall können Sie konkrete Verbesserungen entlang der Lieferketten erreichen und darüber ihren Gewinn steigern. Auf jeden Fall werden Sie nach der Lektüre wissen, an welchen Stellen Sie ansetzen sollten.

So wollen wir die neuen Herausforderungen der neuen Welt des SCM mit den Worten des britischen Premierministers Winston Churchill vom 9. November 1942 annehmen: „Now this is not the end. It is not even the beginning of the end. But it is, perhaps, the end of the beginning."

Was um Himmels Willen ist Logistik?

Bei einer meiner Informationsveranstaltungen für einen neu konzipierten Logistiklehrgang sah ich mich von zahlreichen Interessenten umgeben. Vor Beginn schnappte ich die folgende Frage eines Teilnehmers an seinen Kollegen auf: „Was um Himmels Willen ist Logistik?" Ich fand das amüsant. Doch die Frage ist es wert, ernsthaft beantwortet zu werden.

Der Begriff Logistik (engl. logistics) taucht in sehr unterschiedlichen Zusammenhängen auf, beispielsweise in Produktion, Militär, Energieversorgung, Verkehr. Der Laie kann den gemeinsamen Nenner logistischer Problemstellungen schwer erkennen Nicht selten wird Logistik mit „Transport" verkürzend umschrieben und vorstellbar gemacht. Diese Antwort beinhaltet zwar eine wichtige logistische Tätigkeit, reduziert jedoch den umfassenden Logistikbegriff so weit, dass die Antwort im Prinzip schon wieder falsch ist. Sicherlich ist der Begriff Logistik — auch nach über 25 Jahren in den Unternehmungen selbst fest verankert — nach wie vor in Entwicklung.

Wir werden im Folgenden unter Logistik die Gestaltung, Planung, Steuerung und Überwachung des Material- und Warenflusses und der damit einhergehenden Informationen von der Entwicklung eines Produktes, beginnend beim Lieferanten, bis zum Absatz an den Endabnehmer und die Retouren vom Kunden verstehen. Diese Prozesskette muss mit minimalen Kosten und minimalem Kapitalaufwand mit dem Ziel der bestmöglichen Befriedigung von Kundenbedürfnissen geschehen. Unter „Kunde" ist die jeweils nachgelagert zu versorgende Stelle zu verstehen. Logistik kann somit — über alle denkbaren Anwendungsbereiche hinweg — im weitesten Sinne als „wirtschaftliche Versorgung" definiert werden.

22

Die berühmten „6 R"

Die Aufgaben der Logistik sind mit den mittlerweile berühmten „6 R" einprägsam darstellbar. Die „6 R" sind die sogenannten „sechs Richtigen":

1. die richtigen Produkte
2. in der richtigen Qualität
3. mit der richtigen Menge
4. am richtigen Ort
5. zur richtigen Zeit
6. mit den richtigen Kosten

Damit ist die Kernaufgabe der Logistik und des Logistikers auf den Punkt gebracht. Die Aufgaben der Logistik und des Logistikers bestehen in der Verfügbarmachung von Gütern im weitesten Sinne.

Ziele der Logistik

Ebenso einfach und verständlich sind die Ziele der Logistik. Ein Unternehmen hat eine bestimmte Leistung (Output) zu erbringen. Diese Leistung ist nach dem ökonomischen Maximalprinzip zu maximieren, die die dafür einzusetzenden Kosten (Input) sind nach dem Minimalprinzip zu minimieren. Logistische Leistungen sind beispielsweise die Verkürzung der Lieferzeit, die Erhöhung der Lieferbereitschaft oder die Erhöhung der Liefertermintreue. Dafür bedarf es allerdings des Einsatzes von Mitteln. Diese Mittel verursachen Kosten, und gerade diese Kosten sind zu minimieren. (In der Praxis ist das häufig die größte Herausforderung.) Solche Kosten können Transportkosten, Kosten der Lagerhaltung oder auch Kosten der Kapitalbindung in den Beständen oder Kosten der Steuerung von Prozessen sein. Konsequent zu Ende gedacht, ergeben sich daraus die Zielkonflikte der klassischen Logistik.

Bei einem Zielkonflikt besteht zwischen maximaler Leistung und minimalen Kosten ein grundsätzlich konfliktärer Zusammenhang. In effizienten Unternehmungen ist eine Verbesserung der Leistung nur durch eine Erhöhung der Kosten erreichbar und vice versa. Ebenso behindern sich aber auch die einzelnen Leistungsziele gegenseitig. So sind beispielsweise kurze Lieferzeiten bei gleichzeitig hoher Liefertermintreue typischerweise konfliktäre Konstellationen. Zielkonflikte bestehen auch zwischen den einzelnen Kostenzielen. Niedrige Lagerkosten gehen typischerweise mit höheren Transport- und Umschlagskosten einher.

Es muss bereits hier betont werden, dass der moderne Logistikbegriff ganzheitlich zu betrachten ist. Im Sinne des Gesamtunternehmens hat die Optimierung einzelner Teilbereiche des Unternehmens (zum Beispiel Beschaffung, Produktion, Absatz) Nachrang gegenüber der ganzheitlichen Betrachtung. Wenn wir Logistik in Praxis und Theorie als eine systemische Funktion, also als eine Querschnittsfunktion über alle betrieblichen Bereiche betrachten und versuchen, funktional übergreifend zu denken und zu agieren, dann ist das wesentliche Fundament für zukünftige Erfolge und Wettbewerbsvorteile errichtet. Das trägt dann das Gebäude, das sich Supply Chain Management (SCM) nennt.

SCM – Paradigmenwechsel des Managements

In Gesprächen mit Managern werde ich manchmal gefragt, was überhaupt das Neue am Supply Chain Management (SCM) sei. Die Frage wird jedoch häufig so gestellt, dass die Manager selbst die entsprechende – vorbereitete – Antwort parat haben. „Ohne Koordination mit den Geschäftspartnern geht es sowieso nicht", lautet vielfach der Tenor. Und mit den Lieferanten und Kunden würde man sich seit jeher abstimmen. Also sei SCM doch „nichts Neues". Diese Meinung sitzt fest in den Köpfen unserer Unternehmensführer.

Sie zeugt jedoch von schierem Unwissen über das Wesen des SCM und über den Paradigmenwechsel des Managements.

Es soll jedoch zugegeben werden, dass die Protagonisten des SCM teilweise auch selbst schuld sind an dieser leidlichen Situation. Selbst waren sie wenig bereit, Mitarbeitern, Managern und Unternehmern das im Kern Neue des SCM tiefgreifend zu vermitteln. Vielfach erscheint das Supply Chain Management in Fachzeitschriften, Fachmagazinen und Fachbüchern als nicht wirklich neu, und so wirkt es tatsächlich zuweilen wie „alter Käse in neuem Papier". Folglich ist diese Kritik ernst zu nehmen.

Entscheidend für das Verständnis sind folgende Entwicklungen im betrieblichen Geschehen.

Erstens: Es findet ein tiefgreifender Wandel vom System „Unternehmung" zum System „Lieferkette" (Wertschöpfungskette) statt. Man kann durchaus von einem Paradigmenwechsel sprechen.

Zweitens: Stand in der klassischen Betriebswirtschaftslehre die Prognose der Nachfrage nach Produkten eines einzelnen Unternehmens im Mittelpunkt, so dreht sich beim SCM alles um die Nachfrageprognose innerhalb der gesamten Lieferkette. Durch die kategoriale Erweiterung der Systemgrenzen können globale Optimierungen vorgenommen und die Vorteile „fair" auf die Lieferkettenbeteiligten verteilt werden.

Drittens: Die globale Optimierung der Lieferkette ist strikten Einschränkungen unterworfen, die jedes einzelunternehmerische Optimum in die Ferne rücken. Denn kein Beteiligter der zu optimierenden Lieferkette darf schlechter gestellt werden, als es mit lokaler Optimierung gelingen könnte. Kunden und Endkunden sind integraler Teil der Lieferkette.

Viertens: Im Rahmen der Optimierung von Lieferketten können Ineffizienzen (unnötige Verschwendungen) von lokalen Optima transparent gemacht werden. In vielen Fällen sind paretoeffiziente dynamische Zustände nur scheinbar vorhanden, da die Optimierung an der Systemgrenze „Unternehmung" Halt macht. Paretoeffizienz bedeutet, dass in einem System kein Einzelner besser gestellt werden kann, ohne einen anderen schlechter zu stellen. Nur ein solcher Zustand ist im fachsprachlichen Sinne effizient.

Fünftens: Die „Slacks" (umgangssprachlich „Durchhänger") eines einzelnen Unternehmens in Bezug auf seine Effizienz (Wirtschaftlichkeit) werden umso größer ausfallen, je weniger eine unternehmensübergreifende Optimierung stattfindet. Geminderte Leistungswerte und zu hohe Kosten sind ein unmissverständliches Signal solcher Slacks.

Kooperieren aus Eigennutz zum Nutzen aller

Somit kann die Antwort auf die Frage von Managern nach dem Neuigkeitswert von SCM aufrichtig lauten:

Das Abstimmen und Koordinieren nach dem alten Denken verschleierte häufig lediglich den Versuch, das eigene Unternehmen auf Kosten von Herstellern, Lieferanten oder Konsumenten zu optimieren. Im Zentrum des Interesses stand meist nicht der Versuch, das Optimum für alle Beteiligten zu finden. Möchte man aber die eigenen Gewinne steigern, so braucht man heute zwingend die übrigen Beteiligten der Lieferkette. Somit beschert die Kooperation den Beteiligten im besten Falle eine Win-Win-Situation. Mit Adam Smith können wir sagen, dass wir nicht aus Nächstenliebe kooperieren, sondern aus Eigennutz. Dieser ökonomische Eigennutz kommt jedoch jedem Mitglied der Gesellschaft zugute.

Die Vorstellungskraft so mancher Unternehmer und Manager reicht häufig jedoch nicht weiter als bis zur effizienten Gestaltung des eigenen Unternehmens. Das Auslagern von Ineffizienzen diente meist der Übertragung von Lasten auf fremde Schultern. Effizienz wurde nur für das eigene Unternehmen angestrebt und führte somit zu hohen externen Nachteilen und Kosten (Umwelt, Wohlfahrt, gesellschaftliche Zufriedenheit). Diese Verlagerungen wirken jedoch mittel- und langfristig auf das eigene Unternehmen zurück.

Verantwortung für die Gesellschaft – Management

Unternehmer, Manager und Mitarbeiter müssen sich daher mit den neuen Entwicklungen des SCM beschäftigen. Es gibt zahlreiche Bildungsinstitutionen, die die Grundlagen der SCM-Konzepte und -Tools vermitteln. Wirtschaftliche Grundlagen sind für den Manager in gleichem Maße wichtig wie für einen Statiker die Grundlagen der Physik. Der Schaden, der durch mangelndes Fach- und Führungswissen auf dem Gebiete des Managements für die Unternehmungen, für die Lieferketten und letztlich für die Gesellschaft angerichtet wird, ist kaum abschätzbar. Er geht zu Lasten jedes Einzelnen in der Gesellschaft.

Die Gestaltung effizienter Lieferketten ist die neue, große Herausforderung für das Management des 21. Jahrhunderts. Mit dem entsprechenden Ausbildungshintergrund und mit den kulturellen Tugenden der westlichen Welt wird uns das auch gelingen.

The Nature of Supply Chains – Ökonomische „Atome" und „Moleküle"

Der Aufbau einer Supply Chain, einer Lieferkette, ist eine Managementaufgabe. Wie bei allen gestalterischen und planerischen Maßnahmen spielt auch im Management die Suche nach Alternativen eine zentrale Rolle. Manager stehen vor zahlreichen Fragen: Welche Opportunitäten stehen grundsätzlich zur Verfügung? Soll die gesuchte Wertschöpfungsleistung im Rahmen des eigenen Unternehmens erbracht werden? Sollen auf der Hauptleistungskette (kritische Lieferkettenelemente) mehrere Unternehmen und, falls ja, welche vertikal integriert werden? Können die beinahe unbegrenzten Möglichkeiten und Chancen des Marktes genutzt werden? Überlegungen wie diese dürfte jeder Manager beim Entwickeln einer neuen Lieferleistung anstellen. Ein Beispiel aus meiner beraterischen Praxis soll das konkret veranschaulichen.

Praxisbeispiel: Gewerbliche Schürzen

Ein etabliertes Versandhandelsunternehmen für gewerbliche Arbeitsbekleidung im B2B-Bereich in Österreich hat zahlreiche Produktgruppen und Marken im Portfolio. In der letzten Zeit sind die Anfragen nach hochwertigen gewerblichen Schürzen stark gestiegen. Die gibt es bislang noch nicht im Programm. Daher ist man schon länger auf der Suche nach einem leistungsfähigen Lieferanten, dessen Produkte und dessen Leistungsprofil den eigenen Anforderungen und den Anforderungen der Kunden am besten entsprechen. Fachmessen und Fachausstellungen werden besucht, auf weltweite einschlägige Branchenkontakte zurückgegriffen, zahlreiche Lieferdatenbanken durchforstet und internationale Lieferanten kontaktiert. Schließlich nimmt man einen belgischen Lieferanten in die engste Auswahl.

Wie stellt sich die Hauptlieferkette, also die relevante und kritische Lieferkette, in diesem Praxisbeispiel dar?

Das österreichische Unternehmen beliefert seit langem Kunden in Mittel- und Osteuropa. Die meisten sind kleingewerbliche Textildrucker oder Sticker. Sie verkaufen die von ihnen veredelte Arbeitsbekleidung an Industrie, Handel, Dienstleistung und Gewerbe. Gemäß vertraglicher Abstimmung mit den Abnehmern wird der Endkunde nicht beliefert. Eine Vorwärtsintegration, also die Übernahme von Funktionen der Kunden des Versandhandels, steht nicht zur Disposition, da die Drucker und Sticker mit ihrem Leistungsportfolio eine unschlagbare Marktabdeckung erreichen. Die Arbeitsbekleidung muss in den meisten Fällen über viele Jahre hinweg konstante Produktqualität aufweisen und jederzeit in vielen Größen nachlieferbar sein. Die Qualitätsanforderung erstreckt sich auch auf den fertigungskritischen Teil des Färbens. Die Farbenvielfalt ist gewaltig und muss exakt mit den Corporate-Identity-Farben (CI) der Kunden übereinstimmen. Abweichungen sind nicht tolerierbar. Auch die Stickereien und Drucktechniken sind äußerst sensibel zu handhaben. Bei einigen Schürzenmodellen gibt es bis zu 100 verschiedene Varianten (Größe x Farbe).

Die Schürzen sollen nun von einem belgischen Lieferanten bezogen werden, der seinerseits die von ihm beigestellten Textilstoffe in Mazedonien lohnveredeln lässt. Dort verfügt der belgische Lieferant über eine Einquellenversorgung (Single-Sourcing). Der Belgier unterhält mit dem Mazedonier seit Jahren eine stabile Vertragsbeziehung. Für die Materialien, die er bezieht, gibt es eine Zweiquellenversorgung (Dual-Sourcing), ebenfalls mit einem langjährigen Partner aus China beziehungsweise für spezielle Anforderungen mit einem Partner aus der Türkei. Die relevante und kritische Hauptlieferkette für diese gewerblichen Markenschürzen ist somit auf das Wesentliche zusammengefasst.

Möglicherweise haben Sie den Eindruck gewonnen, das sei eine sehr umfangreiche Darstellung einer einfachen Lieferkette? So schwer könne es doch nicht sein, eine simple Schürze zu liefern …?

Vom Sinn langfristiger Lieferverträge

Ich bin ein großer Anhänger der Marktwirtschaft. Der Markt erzeugt Effizienz und kann dem „Wettbewerb als Entdeckungsverfahren" dienen (Hayek). In unserem Fall ist der Markt für die Suche nach hochwertigen gewerblichen Markenschürzen eine Quelle der Information. Wir verdanken dem Markt vieles. Wir verdanken ihm aber nicht alles. Diese Frage stellt sich nämlich in diesem Praxisbeispiel, sobald wir eine auf Dauer angelegte längere Lieferkette zu managen haben. Wenn wir also die einzelnen rechtlich selbständigen Unternehmungen metaphorisch „Atome" nennen, so können wir Lieferketten als „Moleküle und Molekülketten" bezeichnen. Denn aus Sicht des anonymen Marktes sind Unternehmungen nicht mehr weiter teilbare Atome. Die Lieferketten hingegen, als eine Kooperation von mehreren Unternehmungen zu einem sinnvollen Ganzen, können wir im übertragenen Sinne als Moleküle und Molekülketten bezeichnen. So sehr der Markt zur Effizienz beiträgt, so sehr ist er auch eine ständig drohende Option bei der über längere Frist zu managenden Lieferkette.

Die mittel- und langfristige Zusammenarbeit zwischen den Beteiligten einer Leistungskette in der Marktwirtschaft ist der Normalfall. Alles andere wäre in der Praxis völlig utopisch. Die Bindung durch Verträge auf teilweise viele Jahre hinaus bringt meist für alle Beteiligten der Lieferkette Vorteile, die bei weitem die Nachteile der Selbstbindung überragen. Selbstverständlich werden Verträge typischerweise befristet abgeschlossen und gegebenenfalls nach Verhandlungen weitergeführt. Die Transaktionskosten für einen Wechsel sind jedoch so groß, dass die Beteiligten bestrebt sind, die Verträge auch bei kurzfristigen

Nachteilen weiterzuführen. Jeder „Change" ist insbesondere auf den erfolgskritischen Hauptleistungsketten mit erheblichen Risiken und Kosten verbunden. Der Unterschied in der Performance und in den Kosten zur jeweiligen Marktalternative muss beträchtlich sein, da die bewerteten Risikoaufschläge häufig die Kostenvorteile zunichtemachen.

Transaktionskosten und Supply Chains

Die Vorstellung, dass jeden Tag jeder Lieferant ausgetauscht wird, mag für einige extrem seltene und spezielle Segmente des Wirtschaftslebens gelten, aber mit Sicherheit nicht für die allermeisten Leistungsketten. Das ist schon aufgrund von Qualitätsüberlegungen für die meisten Branchen undenkbar. Wenn Sie beispielsweise nur eine simple Steckschraube im Automobilbau zuliefern wollen, benötigen Sie monate-, teilweise jahrelang dauernde Qualitätszertifizierungen. Eine „primitive" Steckschraube wird nicht von Baumärkten just-in-case eingekauft, wenn sie am getakteten Fließband fehlt.

Der Markt ist in der langfristigen Beurteilung von Marktleistungen hocheffizient.

The Nature of the Firm – Warum gibt es überhaupt Unternehmungen?

Wer aber die Sinnhaftigkeit von Supply Chains — als hybride Organisationsform — aufgrund der hohen Effizienz des Marktes in Frage stellt, hätte vielmehr die Frage zu beantworten, die bereits in den 1930er Jahren von Ronald Coase, der 1991 dafür den Nobelpreis erhalten hat, gestellt wurde: „Warum gibt es überhaupt Unternehmen, wenn der Markt so effizient ist?" Die Antwort auf die fast irritierend einfach klingende Frage von Coase lautet, verkürzt ausgedrückt: Die Kosten der permanenten Abwicklung aller Geschäfte über den Markt sind vielfach so hoch, dass sich Unternehmungen bilden mussten, da die Einbindung von Planungs-, Steuerungs- und Kontrolltätigkeiten über ein rechtlich und wirtschaftlich selbständiges Gebilde namens Unternehmen deutlich niedriger sein können. Zwischen Markt und Unternehmung sind hybride Organisationen angesiedelt, die Lieferketten.

„The Nature of Supply Chains" – Warum gibt es Lieferketten?

Die fast gleiche Frage können wir heute erneut stellen und sie mit „The Nature of Supply Chains" beantworten. Warum gibt es dann Lieferketten, wenn der Markt so hoch effizient ist? Man könnte sich doch für jeden Auftrag einen anderen Lieferanten suchen? Supply Chains existieren, weil die Transaktionskosten über den Markt in vielen Fällen deutlich höher sind als die Nachteile der festen Bindung an einen Wertschöpfungspartner. SC-Verträge verringern die Kosten der Komplexität, reduzieren teilweise massiv die Risiken und die Kosten der Transaktion und weisen den Beteiligten mögliche Verfügungsrechte zu, die ohne Verträge schwer über den Markt gelöst werden könnten.

Der finale Leistungsoutput, also das Endprodukt oder die Endleistung, kann in vielen Fällen nur durch ein Miteinander zahlreicher Wertschöpfungsbeteiligter der Lieferkette erstellt werden. Das heißt selbstverständlich nicht, dass es – wie es von Kritikern des SCM behauptet wird – zu Erstarrung kommen muss. Nur ist natürlich in jeder festen Bindung auch der Keim für Trägheit und Inflexibilität enthalten.

Die wesentlichen Anforderungen an Supply Chains, an die „Moleküle" des Wirtschaftslebens, lauten:
• Der Mehrwert (Performance) der Lieferkette wird erhöht.
• Die einzelnen Mehrwerte der einzelnen beteiligten Hauptleistungselemente werden erhöht oder zumindest nicht schlechter gestellt.
• Das Preis-/Leistungsverhältnis für den Kunden wird verbessert oder zumindest nicht verschlechtert.

Den Kritikern ist insofern zu danken, dass sie immer wieder auf die möglichen Gefahren bei der Gestaltung und Planung von Supply Chains aufmerksam machen. Vielfach wird auf die hohe Effizienz des Marktes verwiesen. Jedoch ist mit Überzeichnungen niemandem gedient. Weder haben wir es mit starren vertikalen Integrationen von Beteiligten zu tun, noch sind wir auf eine ganzheitliche Optimierung gesamtheitlicher Wertschöpfungsnetzwerke aus. Ganzheitliche Optimierungen (Verbesserungen) sehr komplexer Wertschöpfungsnetzwerke sind nur in äußerst seltenen Fällen sinnvoll und möglich.

SCM als Entdeckungsverfahren

In Anlehnung an Hayeks berühmtes Hohelied auf die Effizienz des Marktes in „Der Wettbewerb als Entdeckungsverfahren" möchte ich das SCM als ein weiteres Entdeckungsverfahren hinzufügen. Die wirklich überragende Innovation von SCM ist die Entdeckung von neuen

Marktchancen und neuen Märkten. Durch die variationsreiche Gestaltung von Lieferketten werden neue Marktchancen offengelegt und dadurch Marktgewinne in Aussicht gestellt. Die Herausforderung für das SCM besteht somit darin, Lieferketten nicht nur effizient und effektiv zu gestalten, sondern sie so zu gestalten, dass sie neue Möglichkeiten auf den Märkten eröffnen und sich neue Märkte öffnen. Hier ist die unüberbrückbare Trennlinie zwischen Logistik und SCM.

Homo agens – Lieferketten managen

Tief verwurzelt in den Köpfen der Menschen ist der Glaube, dass die Zukunft vor uns liegt, ohne dass wir darauf wesentlich Einfluss nehmen können. Am schlimmsten trifft diese fatalistische Überzeugung Unternehmer, die jammernd die gute alte Zeit betrauern und nicht erkennen, dass die Zukunft vielfach von uns gestaltet werden kann. Gerade in einer dynamischen Umbruchphase, im Wettlauf um die besten Leistungs- und Wertschöpfungsketten, ist es umso wichtiger, dass wir bei der Gestaltung der Zukunft aktiv dabei sind.

Warum handelt der Mensch überhaupt?

Im Mittelpunkt des Managements und insbesondere des Managements von Liefer- und Leistungsketten steht der Mensch als handelndes Wesen, als homo agens. Warum handelt der Mensch überhaupt? Das ist eine der philosophischen Grundfragen der Ökonomie. Darauf gibt es eine überraschend klare Antwort, die vom Ökonom Ludwig von Mises, einem der Großen unserer Zunft, vor langer Zeit gestellt und beantwortet wurde.

Wir sind keine Götter

Der Kerngedanke seiner Antwort besteht darin, dass der Mensch mit seinen unendlichen Bedürfnissen in einer Welt der knappen Mittel in einem permanenten Spannungszustand steht. Er ist mit seiner gegenwärtigen Lage nicht zufrieden. Dieser Spannungszustand ist nur durch bewusstes Beenden des Mangelzustands zu beheben. Dazu muss der Mensch kausale Zusammenhänge zwischen Mittel und Ziel finden und vor allem die Möglichkeit haben, selbst als bewusst handelnder Mensch darauf Einfluss zu nehmen. Kausales und finales Denken widersprechen sich nicht, denn beim finalen Denken wird lediglich das Ziel — das geplante Wollen — zur Ursache der Handlung. Mises stellt somit den Menschen mit seinem ständigen Versuch, seine Lage zu verbessern, in den Mittelpunkt aller ökonomischen Handlungen.

In diesem Sinne sind wir Menschen, die ja keine Götter sind, zum Handeln „verurteilt", nämlich weil wir leben wollen. Im Handeln, also im bewussten Akt des Eingreifens in diese Welt als Mittel zur Behebung dauerhafter und vielfach immer neu aufflammender Unbefriedigtheit, ist des Menschen Wesen zu erkennen. Das bewusste und zielgerichtete Handeln unterscheidet uns nicht nur von den Göttern, sondern von allen anderen Lebewesen.

Freiwillige Kooperationen managen

Zurück in die Niederungen des Hier und Heute. Auch das Management hat eine − wenngleich implizite − Philosophie. Der Kerngedanke jeglichen Managements besteht in der tiefen Überzeugung, dass der Mensch im gemeinsamen Handeln eine neue Qualität des Wohlstands erlangt. Wir sprechen hier von Arbeitsteilung, von Spezialisierung und von der Übertragung von Aufgaben, von Verantwortung und Kompetenzen. Menschen treten freiwillig in Kooperationen mit anderen Menschen ein, übernehmen in einer größeren Gruppe und schließlich in der Gesellschaft eine Rolle, die ihnen selbst Vorteile verschafft und letztlich auch der Gesellschaft insgesamt.

Die Philosophie des SCM

Hier ist die Schnittstelle zum SCM: Die Schaffung von Mehrwert durch freiwillige Kooperationen zahlreicher Beteiligter zum Nutzen aller ist der Kerngedanke aller Supply-Chain-Ansätze.

Das Supply Chain Management ist die bewusste und zielgerichtete Gestaltung und Planung von freiwilligen Kooperationen einzelner Beteiligter zum Vorteil aller. Dass dies in einer Welt voller Alternativen, insbesondere durch die ständig wechselnden Optionen des Marktes, nicht einfach ist, ist offenkundig. Zahlreiche Details müssen geklärt werden, um die angestrebten Ziele zu erreichen. Auf dem Weg zu effizienten Lieferketten sind viele Hürden zu nehmen, viele konkrete Einzelprobleme zu lösen und das Gemeinsame der Beteiligten einer Lieferkette vor das Trennende zu stellen. Gemeinsam geschaffene Gewinne sind fair auf die Beteiligten aufzuteilen.

Lasst uns daher nicht mehr von der guten, alten Zeit reden oder die vermeintlich schlechten gegenwärtigen Zeiten bejammern, sondern mit viel Mut und Zuversicht handelnd − mit und in Kooperationen − Mehrwert schaffen.

„Und jedem Anfang wohnt ein Zauber inne" – Faszination SCM

Viele erfolgreiche Unternehmen haben eine lange und bewegte Geschichte. Sie können auf ein großes geistiges und unternehmerisches Erbe verweisen. Ihre Großväter und manchmal Urgroßväter haben Großes geleistet und ihren Nachkommen wunderbare Geschäftsideen für Produkte und Dienstleistungen hinterlassen. Die Nachkommen konnten auf Bewährtes aufbauen und den neuen Herausforderungen der schwierigen Zeiten des 20. Jahrhunderts begegnen. Auf zahlreichen Websites der traditionellen Klein- und Mittelunternehmen (KMU) wird mit Stolz auf Tradition verwiesen.

Auch Managementmethoden altern

Doch die Nachkommen, die Jungen, die die Unternehmungen erfolgreich durch das 21. Jahrhundert führen sollen, die Manager und die Mitarbeiter dürfen bei aller Traditionsverbundenheit einige Fehler nicht machen: Mit den Produkten und Leistungen von gestern können wir nicht die Kunden von morgen zufriedenstellen, können wir sie nicht begeistern. Wie Hermann Hesse es so schön in seinem Gedicht „Stufen" ausdrückt: „Wie jede Blüte welkt und jede Jugend dem Alter weicht, blüht jede Lebensstufe, blüht jede Weisheit auch …"

Wir dürfen nicht vergessen, dass all die großen geistigen Leistungen, die sich in den jeweiligen Zeitläuften als bahnbrechende Innovationen zeitigten, einem Alterungsprozess unterliegen. Das ist gewiss nichts Neues. Neu aber ist, dass auch vormals geniale unternehmerische Ideen, Methoden und Managementwerkzeuge nur die Erkenntnisse ihrer jeweiligen Zeit sind. Viele dieser Weisheiten gingen ein in neue innovative Produkte, Dienstleistungen und Methoden und fallen uns heute nicht mehr auf. Wir als die Nachfahren der geistigen Entwicklung bauen auf dieses Erbe wie selbstverständlich auf.

So sind zahlreiche Methoden und Werkzeuge, die wir aus dem Logistikmanagement kennen, zu ihrer Zeit innovativ und im Vorantreiben des Fortschritts für Unternehmen, Gesellschaft und den einzelnen Menschen mächtig und erfolgskritisch gewesen. So muss auch der durch das Logistikzeitalter der letzten 25 Jahre geprägte Manager und Mitarbeiter Altes, Vertrautes und Bewährtes aus seiner unmittelbaren Berufswelt hinter sich lassen, um für Neues offen zu sein. Und gleichermaßen gilt: Mit den Methoden und Werkzeugen von gestern können wir nicht die Anforderungen der Kunden von morgen zufriedenstellen oder gar begeistern.

Die Neue Welt des SCM

Die Welt des Kunden, des globalen Konsumenten, ist eine gänzlich andere geworden. Heute stehen nicht mehr einzelne Unternehmungen im Wettbewerb, sondern ganze Lieferketten, Supply Chains und Wertschöpfungsnetzwerke. Der Mensch im Zeitalter des Supply Chain Managements muss lernen, dass eine lieferkettenübergreifende Sichtweise eine notwendige Voraussetzung sein wird, um das Überleben der Unternehmen zu sichern und im besten Falle das Unternehmen zum Blühen zu bringen. Der Übergang von der Optimierung einzelner mehr oder weniger isolierter Sichtweisen zum unternehmensübergreifenden Denken und Handeln in Lieferketten ist eine besondere analytische und mentale Herausforderung. Analytik und soziale Intelligenz der Mitarbeiter werden noch mehr gefordert.

Viele Mitarbeiter, die sich daran gewöhnt haben, eingefahrene Routinen, Regeln und Methoden entlastend anzuwenden, müssen die neuen Herausforderungen der Welt der Wertschöpfungspartnerschaften proaktiv annehmen und souverän darauf zu gehen. Und nochmals möchte ich Hermann Hesse zitieren: „Kaum sind wir heimisch einem Lebenskreise und traulich eingewohnt, so droht Erschlaffen."

Geistiges im Unternehmen

All die Produkte und Dienstleistungen und all die neuen Managementwerkzeuge sind letztendlich etwas Geistiges. Sie beinhalten oftmals tausende Ideen und die unermüdlichen Energien von Generationen von Menschen. Die Produkte sind letztlich materialisierte geistige Wesen, die des Menschen Gedanken, Emotionen und das Handeln der jeweiligen Zeit zum Ausdruck bringen. Auch die neuen Verfahren und Werkzeuge des Supply Chain Managements haben geistige Wurzeln, die von abertausenden Menschen, ob Wissenschaftler, Unternehmer, Manager oder namenlose Mitarbeiter und unbekannte Denker über die letzten Jahre entwickelt wurden, um mit ihrem Erkenntnisdrang den hohen Anforderungen der Kunden gerecht zu werden. Für all die großen Fortschritte unserer Zeit sind schließlich immer auch die Unternehmungen mit ihren motivierten Mitarbeitern verantwortlich.

Wenn wir den Schritt schaffen wollen, die globalen Anforderungen durch den Kunden des 21. Jahrhunderts als positive Herausforderung zu sehen, dann können wir mit Hermann Hesse schließen: „… nur wer bereit zu Aufbruch ist und Reise, mag lähmender Gewöhnung sich entraffen… Wohlan denn, Herz, nimm Abschied und gesunde!"

Das Geschäft hinter dem Geschäft –
Neue Kernkompetenzen

Kein Unternehmer kann es sich leisten sein ureigenes Geschäft nicht von der Pike auf zu beherrschen. Diese recht banal klingende Feststellung mündet in die Theorie der Kernkompetenzen. Die Fragen, die sich jedoch im Zeitalter des Supply Chain Managements stellen, sind mit Sicherheit von größerer Tiefe und Bedeutung.

Reicht es aus, sein Geschäft von der Basis her zu verstehen? Genügt es, seine Kunden und seine Lieferanten zu kennen? Ist es ausreichend, seine Produkte und Dienstleistungen im Detail zu überblicken? Oder ist in Zeiten der globalen Netzwerkbildung die Frage der Kernkompetenzen eine selbstverständliche Voraussetzung für das Überleben jedes Unternehmens? Genügt es, „nur" sein Geschäft zu verstehen? Sind womöglich die Kernkompetenzen ganz woanders hingewandert?

Die neuen Kernkompetenzen

War es in früheren Zeiten ausreichend, vordergründig sein Geschäft zu verstehen, so wird es im 21. Jahrhundert notwendig, das Geschäft hinter dem Geschäft zu kennen und zu begreifen. Wir wollen diese Feststellung anhand eines einfachen Beispiels aus der Praxis verdeutlichen.

Ein Importhändler im Bereich modischer Bekleidung muss viele Monate vor der effektiven Auslieferung der Ware durch den Hersteller sogenannte Vororder (frühe Bestellungen) platzieren, um die unsicheren Nachfragemengen zu wettbewerbsfähigen Preisen abdecken zu können. Je früher er diese Vororder platziert, umso höher sind die Bonuszahlungen, die er vom Hersteller erhält. Die Boni orientieren sich primär am Volumen, an der Vari-antenzahl und an der Vorlaufzeit der Orderplatzierung. Der Importeur erhält also eine umso größere Bonuszahlung, je früher die Vororder, je größer das Kaufvolumen und je größer die Anzahl auch exotischer und neuer Varianten platziert wird. Schickt der Importhändler keine Vororder, dann ist er auf Spotware mit höheren Preisen und unsicherer Abdeckung angewiesen. Und bekommt keinen Bonus.

Am Ende des Wirtschaftsjahres überprüft der Importeur das Betriebsergebnis. Zu seiner großen Überraschung entspricht das Betriebsergebnis in etwa der Höhe der von den Herstellern erhaltenen Bonuszahlungen! Zufall? Notwendigkeit? Wie ist das zu interpretieren?

Obwohl der Importeur seine Kernkompetenz im Beschaffen, Importieren und Verkaufen von Kleidung gesehen hat, ist die eigentliche — die neue Kernkompetenz — eine völlig andere geworden. Nicht der Handel mit Kleidung bringt den Betriebsgewinn, sondern die Übernahme von Risiken und Unsicherheiten im Rahmen der Supply Chain.

Was sagt der Supply Chain Manager?

Je besser sich der Importeur mit den Eigentümlichkeiten und Unwägbarkeiten der globalen Lieferkette auseinandersetzt, umso größer ist die Gewinnwahrscheinlichkeit. Je mehr es der neue Unternehmer schafft, dank der Werkzeuge des Supply Chain Managements die richtigen Risiken, die richtigen Unsicherheiten korrekt einzuschätzen und zu bewerten, umso stärker zahlt sich seine neue Kernkompetenz aus.

Das Geschäft hinter dem Geschäft

Das Aushandeln und Verteilen von Risiken und das Finden einer neuen Rolle im Rahmen der globalen Liefernetzwerke ist das „Geschäft hinter dem Geschäft." Wer diese Grundgedanken des Supply Chain Managements nicht versteht, kann sich noch so mühen und bemühen. Denn die neue Welt − die Welt des Supply Chain Managements − verteilt Unternehmergewinne für die verbindliche Übernahme von Risiken und Unsicherheiten.

Viele Unternehmen müssen in Zukunft nicht nur ihr Geschäft verstehen, sondern vor allem das Geschäft hinter ihrem Geschäft. Vordergründig sind es nach wie vor die Waren, die Materialien, die Produkte und die Dienstleistungen, die wir für das eigentliche Geschäft halten. Hintergründig sind es die nicht sichtbaren Zeichen des Geschäfts. Es sind die globalen Wertschöpfungs- und Liefernetzwerke, die sich weltweit den geeignetsten Partner suchen, unabhängig davon, was produziert wird, was gehandelt wird oder welche Dienstleistungen angeboten werden. Das ist das Spannende an den neuen Kernkompetenzen.

Es wird Zeit, dass Sie sich mit dem Geschäft hinter ihrem Geschäft beschäftigen. Bevor es andere tun.

The Structure of a Supply Chain

Basic Question

Frequently the question arises what these supply chains actually look like and what they consist of. In order to answer this question we need to revisit what Supply Chain Management stands for. The definition of supply chain management reads as follows:

Basic answer – Definition of SCM

SCM is the management of a network of interconnected businesses, also referred to as a Business Enterprise, involved in the ultimate provision of product and service packages required by end customers.

Supply chain management spans all movement and storage of raw materials, work-in-process inventory, and finished goods from point of origin to point of consumption. SCM involves the design, planning, execution, control, and monitoring of supply chain activities with the objective of creating net value, building a competitive infrastructure, leveraging worldwide logistics, synchronizing supply with demand and measuring performance globally.

From One to Many Chains

To make the subject a little more complex is the fact that most companies involved in international trade have more than one supply chain, each of them having its own characteristics and strategies. In order to understand the mechanicsm of a supply chain we need to familiarize ourselves with some of the terminology frequently used in supply chain management. What we see and what we look at will depend on where we have positioned ourselves in the supply chain.

Upstream – Supply Side of Chain

For this exercise we assume we are the manufacturer and put ourselves right in the center of the supply chain. From this position we could now look to the left or to the right which in supply chain terms we call "upstream" or "downstream" the supply chain.

Upstream the supply chain is all about sourcing of the raw material that will be required on the production line. It involves finding the right sources of supply, correct packaging, the best possible transport modes for the respective product, the management of supplier and material and a host of other activities until the material arrives at manufacturing at the right time, quantity and quality.

Let's assume we are a manufacturer of tooth brushes. Not claiming to be an expert on tooth brushes I do guess we would be sourcing raw material from our supply base such as plastic granulates in all different colors, bristles of all types in order to be able to manufacture the tooth brushes.

Downstream – Demand side of Chain

Downstream the supply chain refers to the client facing side of the business. It involves the management of finished goods from the production line to the distributor or end user. This can involve finished goods warehouse operations, all types of transportation modes including the related compliance procedures, guarantee or warrantee agreements resulting in return logistics.

Leading on from my story above this now involves getting the tooth brushes to our client as per their purchase order.

Kapitel 2
Denken und Handeln in erweiterten Systemen

Viele Unternehmen mit engagierten Mitarbeitern und Managern sind sehr mit sich selbst und dem Tagesgeschäft beschäftigt. Über den berühmten Tellerrand sehen sie nicht hinaus. In den letzten Jahrzehnten hat jedoch die internationale Vernetzung — die Globalisierung — die Unternehmen aufgeschreckt.

Die notwendige Systemerweiterung, vom Unternehmen zum Teil eines globalen Liefernetzwerks, ist vor allem durch die logistische Leistungsverkettung ermöglicht worden. International agierende Beteiligte an allen Standorten der Welt werden in ihrem Wertschöpfungsprozess in die logistischen Lieferleistungen eingebunden. Das Ergebnis sind konkurrenzfähige Produkte und Leistungen für den Endkunden.

Der entscheidende Quantensprung vom alten Denken hin zum Denken und Handeln in erweiterten Systemen wird durch das Supply Chain Management ermöglicht. Nicht mehr nur einzelne Unternehmen auf der gleichen Wertschöpfungsstufe, sondern ganze Lieferketten und Wertschöpfungsnetze stehen nunmehr im härter werdenden Wettbewerb. Derjenige, der im leistungsfähigeren Wertschöpfungsnetzwerk eingebunden ist, hat zukünftig die entscheidenden erfolgskritischen Wettbewerbsvorteile auf seiner Seite.

„Logistiker" der Zukunft

Die Werkstoffe des Logistikers sind Raum und Zeit. Der Logistiker verbindet dieses untrennbare Paar zu einer für jedes Unternehmen gewinnbringenden Ordnung. Da Zeit und Raum in unserer Welt sehr knapp sind, sind sie die wesentlichen werthaltigen Werkstoffe für die Unternehmen. Wer ehedem mit den siamesischen Zwillingen Raum und Zeit schonend umzugehen vermochte, konnte sich im harten globalen Wettbewerb behaupten.

Auch wenn die Logistik in den letzten Jahrzehnten einen großen Beitrag geleistet hat, um den Wohlstand auch für die entferntesten Teile der Weltbevölkerung zu steigern, gelangen wir mit der klassischen Logistikbrille an unsere unternehmerischen Grenzen. Mit Supply Chain Management (SCM) können wir diese Grenzen öffnen.

Die drei Grundbedingungen des SCM

Der „Logistiker" der Zukunft ist der Supply Chain Manager. Er analysiert und gestaltet die globale Wertschöpfungskette von der Entwicklung eines Produkts oder einer Dienstleistung bis zum Absatz an den Kunden. Seine hohe Kunst besteht nun darin — und das ist das Entscheidende am SCM —, dass drei wesentliche Anforderungen erfüllt sein müssen:

1. Der Gesamtgewinn (Mehrwertleistung) der Wertschöpfungskette wird erhöht.
2. Die Einzelgewinne (einzelne Mehrwertleistungen) der beteiligten Wertschöpfungselemente werden erhöht oder zumindest nicht schlechter gestellt.
3. Das Preis-/Leistungsverhältnis für den Endkunden wird verbessert.

Wie ist das möglich? Durch die Analyse und Neugestaltung der gesamten ineffizienten Wertschöpfungskette kommt es zu einer Neuverteilung von Risiken, Kosten und Handlungsoptionen und damit zu völlig neuen Möglichkeiten der Kooperation der einzelnen Wertschöpfungselemente innerhalb des gesamten Wertschöpfungsnetzwerks. Formal ausgedrückt: Die vielen kleinen lokalen Optima werden in ein globales Optimum überführt und dabei jedes einzelne lokale Optimum durch Neuverteilung von Risiken, Kosten und Handlungsoptionen verbessert oder zumindest nicht verschlechtert (Paretoeffizienz).

Jetzt liegt es an den Ausbildungsinstitutionen und der Unternehmen, das Wissen, die Fertigkeiten, das Know-how rasch und konsequent mit ihren kompetenten Wissens- und Erfahrungsträgern zu vermitteln. Springen Sie auf! Der SCM-Zug fährt ab...

Take a step backwards – Managers and Elephants

As the saying goes "every journey starts with a small step". This to some extend could be applied to Supply Chain Management — SCM — just as well.

Managers and elephants

Most companies are trying hard to opti-
mize the movement of goods between
suppliers, production facilities
and clients. One of the key focus
points to achieve this is the setting and measurement of KPI's
(Key Performance Indicators) and to
measure them closely on a dashboard.
This focus on specifics sometimes pro-
vides us with a misleading picture and it
might be worth it to take a step backwards
to gain a broader view of the subject. I call it "if you stand too close to
an elephant you will not see much of the animal".

So once we have stepped back where do we begin? Ultimately the
objective of a logistics operation is to improve supply chain performance. So why not starting with looking at the very essence of a supply chain — the continuous flow of shipments through all the different milestones.

Are "perfect shipments" really "perfect"?

If they would all be "perfect shipments" moving from end to end we
would all have very efficient supply chains. We do, however, live in
the real world and not everything goes according to plan all the time.
One of the first questions we need to ask ourselves is how we define
a "perfect shipment?". The "Supply Chain Council" — SCC — offers
the following standards for what it calls the perfect order within the
supply chain:
• Delivered complete
• Delivered on time
• Complete and accurate documentation
• Perfect condition

Even though this seems to be a good starting point, in the real world it
might just happen that we satisfy all your clients' needs and require-
ments by meeting all the above standards, however, for our own business these shipments turn out to be a loss.

Possible solutions: Tradeoffs

So in many instances we will be forced to make some "tradeoffs".
The "perfect" is simply the optimal mix of metrics and performance

tradeoffs considering both, the client and the company. Getting there begins with an evaluation of five key areas of shipping effectiveness. SC Managers should focus on the following underlying questions when managing the movement of products:

Product: Are the right goods being moved?
Place: Are the products where they are supposed to be all times?
Time: How timely are the shipments of a given product from one place to the other?
Cost: What is the total cost of moving a product from one place to the other?
Quality: Are the clients overall expectations being met?

Die gewürfelte Zukunft

Einer der meist verwendeten Begriffe in der Sprache des Managements ist Optimierung. Auch wenn wir nicht zu streng sein wollen und die Frage beiseitelassen, ob eine Optimierung in und von offenen komplexen Systemen wie Unternehmen und Lieferketten überhaupt möglich ist – vielleicht wäre die bescheidenere Variante einer Verbesserung angemessener, sind grundlegendere Fragen drängender.

Optimierung – ein Wiesel-Wort?

Was ist grundsätzlich unter Optimierung zu verstehen? Gibt es nicht nur ein Optimum, gibt es viele Optima? Vielleicht ist der Begriff Optimum nur ein „Wiesel-Wort" im Hayekschen Sinne? Vom Ökonomen F.A. von Hayek sind jene Begriffe als Wiesel-Wörter bezeichnet worden, die inhaltsleer geworden sind, Begriffe, deren Inhalt wie die Eier von Wieseln ausgesaugt werden und zur Hülle verkommen. Und was hat das mit Supply Chain Management zu tun?

„Optimierungen" und „Optima" als deren Ergebnisse sind ausschließlich systemgebunden. Es hängt vom gewählten System und den damit einhergehenden Systemgrenzen, also den jeweiligen Elementen und Relationen des Systems ab, ob wir von einem Optimum sprechen können. Um ein Beispiel zu geben: Typischerweise sind optimierte Materialbestände eines isoliert betrachteten Unternehmens keine optimierten Materialbestände der jeweiligen vor- oder nachgelagerten Lieferkettenstellen. Auch viele weitere Systemelemente des offenen komplexen Systems Unternehmung sind nur bei isolierter Sichtweise, beispielsweise aus der einer einzigen Abteilung, im besten Fall optimal. So sind die vielfach zitierten wirtschaftlichen Losgrößen (EOQ = Economic Order Quantity) „optimal" immer nur in Bezug auf eine bestimmte Datenverfügbarkeit eines begrenzten Systems. Insofern sind Begriffe wie „Optimierung" und „Optimum" keine Wiesel-Wörter, sondern bewegliche Ziele. Auch wenn in diesem Buch vielfach von Optimierungen gesprochen wird, ist darunter immer nur eine Verbesserung des jeweiligen Zustands zu sehen. Diese Verbesserungen können in einer möglichen Kostenreduktion oder in möglichen Leistungs- und Qualitätsverbesserungen liegen.

Eine kopernikanische Wende

Die Autoren des vorliegenden Sachbuchs vertreten die Überzeugung, dass Supply Chain Management nicht nur eine graduelle Erweiterung des Logistikbegriffs ist. Das Management von Supply Chains ist aus der Sicht der Autoren eine kategorial neue Sichtweise im Rahmen des Managements komplexer Systeme. Wir haben es mit einer kopernikanischen Wende im Management zu tun. Darunter verstehen wir einen grundlegenden Musterwechsel im jeweiligen System.

SCM: Keine graduelle Erweiterung der Logistik

Das gilt auch für die sehr weit entwickelte Ausprägung der Logistik in Form der Netzwerklogistik. Manche sprechen vom Netzwerkmanagement, reden damit aber noch immer nur von moderner Logistik, die ihrerseits weiterhin in rasanter Entwicklung ist.

Auch wenn wir die Logistik als die Gestaltung, Planung, Steuerung und Überwachung von Güterflüssen und den damit einhergehenden Informations- und Zahlungsflüssen von der Entwicklung eines Produktes über den Absatz bis hin zur Redistribution mit minimalen Kosten und Kapitaleinsatz zur bestmöglichen Befriedigung von Kundenbedürfnissen verstehen wollen: Wir sehen keine direkte Schnittmenge mit dem Kernbegriff des Supply Chain Managements.

Logistik – Raum-Zeit-Kontinuum

Der Logistikbegriff ist letztlich primär an den Transfer physischer Produkt-Dienstleistungs-Kombinationen im Zeit-Raum-Kontinuum gebunden. Logistik verändert die Objekte in ihrem Zustand (Zeit, Raum, Anordnung, Menge), schafft die optimalen Voraussetzungen, um diesen Transfer zu bewältigen, und hat ein klares Verfügbarkeitsziel, das auf den jeweiligen Kunden, also die nachgelagerte Stelle, ausgerichtet ist.

Versorgungsleistung von Systemen

Somit hat die klassische wie auch die moderne Ausprägung des Logistikbegriffs die Versorgungsleistung von komplexen Systemen zu gewährleisten, und das mit minimalem Verbrauch an knappen Ressourcen (Kapital, Menschen, Energie, Sicherheiten, Möglichkeiten).

Wir können den Logistikbegriff noch so abstrakt formulieren, wir können die Logistikziele noch so evolutionstheoretisch ausrichten, wir können die Aufgaben der Logistik noch so kasuistisch ausgestalten, wir können auch in Zukunft die Logistik um Netzwerküberlegungen und anderes erweitern — wir werden keine Schnittmenge mit dem Supply Chain Management finden. Die Schnittmenge bleibt inhaltsleer, weil sich Logistik und Supply Chain Management definitiv kategorial unterscheiden.

Was also ist SCM? In der Kurzfassung: Für die Autoren ist Supply Chain Management eine universelle, systemtheoretische, konzeptionelle und methodische Ausrichtung des Managements offener, komplexer Systeme, das wirklichkeitsbezogene Randbedingungen berücksichtigt.

In der Langfassung wird manches deutlicher:

1. SCM ist das Management der gezielten Erweiterung von Systemen und deren Grenzen zum Zwecke der Leistungsverbesserung. Diese Verbesserung ist immer als eine Total Cost of Ownership (TCO) beziehungsweise als eine Total Performance of Ownership (TPO) im Rahmen des erweiterten Systems zu evaluieren. Aus der Sicht des einzelnen Unternehmens ist die gesamte Lieferkette das erweiterte System.

2. Supply Chain Management ist eine über alle offenen komplexen Systeme anwendbare Methode des Suchens, Auffindens, Analysierens und Bewertens neuer Handlungsräume, Optionen, Freiheitsgrade und Chancen. Somit ist SCM auf keine konkrete funktionelle Ebene reduzierbar und auch typischerweise nicht in einzelnen Unternehmen oder Abteilungen lokalisierbar. SCM muss alle betrieblichen Funktionen durchdringen. Organisatorisch kann und wird es klar zuzuordnende Stellen und Personen geben, die die Anforderungen managen.

3. SCM ist auf alle Unternehmungen, Lieferketten, Liefer- und Wertschöpfungsnetzwerke — egal ob in der Industrie, im Handel, in der Dienstleistungsbranche oder auch im Informationsmanagement — übertragbar. Mit dem SCM werden „Optimierungen" neu gedachter Systeme durch Erweiterung und dadurch Veränderung der Systemgrenzen gesucht. Gerade im Bereich der Dienstleistungen sind die mit Abstand größten Potentiale zu heben, da diese von der Logistikseite besonders stiefmütterlich behandelt wurde.

Praxisbeispiel: Produktionsleiter wird Wertstromleiter

Ein konkretes Beispiel für eine SCM-Maßnahme ist die Erweiterung der klassischen Produktionsleiterfunktion in Industriebetrieben. Künftig soll die Funktion zu einem „Wertstromleiter" mit systemweiten Aufgaben und Kompetenzen erweitert werden. In dieser neuen Funktion ist der Stelleninhaber von der Entwicklung eines Produktes bis hin zum Absatz an den Kunden für Kosten und Erlöse verantwortlich. In einigen Industrie- und Handelsbetrieben der Konsumgüterbranche sind derartige Entwicklungen erkennbar. So wird beispielsweise die Funktion des Materialwirtschaftlers oder Warenwirtschaftlers auf die Querschnittsfunktion Wertstromleiter ausgedehnt. Die neue Funktion drückt die Lieferkettenverantwortung aus und gibt dem Verantwortlichen die notwendigen Kompetenzen in die Hand.

Neue Märkte durch SCM

Die größte Veränderung, die vom Supply Chain Management ausgelöst wird, ist die nun mögliche Erschließung völlig neuer Märkte. Bei zu befürchtenden oder bereits eingetretenen Markteinbrüchen kann die Variation der Systemgrenzen zu völlig neuen Produkt-Markt-Kombinationen führen. Der Erfolg des Internethändlers Amazon liefert dafür das beste Beispiel. Viele andere werden soeben weltweit erprobt. Das SCM greift direkt in die Wertschöpfung von Engineering, Beschaffung, Produktion und Fertigung sowie Verkauf und Entsorgung ein. Wenn man das konsequent zu Ende denkt, bahnt sich hier geradewegs eine betriebswirtschaftliche Revolution an.

SCM ist nicht notwendigerweise inhaltlich geprägt. Selbst die Reduktion des SCM auf unternehmensübergreifendes Lieferkettenmanagement greift zu kurz. Ja, es ist ein Teil des SCM. Wer aber nicht die enormen Chancen sieht, die sich auch auf anderen Feldern  durch die gezielte Erweiterung der Grenzen von Systemen eröffnen, beschränkt sich auf eine selbstbegrenzte, konservative und unnötige Perspektive. In der Praxis ist das noch häufig vorzufinden. Noch!

Grenzen des SCM – „Aufbohren"

Wenn also die gezielte Erweiterung von Systemen und deren Grenzen („Aufbohren von engen Systemgrenzen", Bretzke) in vielen Fällen – nicht notwendigerweise – zu völlig neuen Handlungsoptionen führt, warum dehnt man nicht die Systemgrenzen bis ins Unermessliche aus? Wäre es daher nicht zielführend, überhaupt „alle Grenzen fallen" zu lassen, wenn durch eine ständig erweiterte Sichtweise immer wieder Vorteile lukrierbar sind?

Auch Systemgrenzen haben zu managende Grenzen

Die Grenzen des jeweiligen Systems werden durch zahlreiche Einschränkungen des menschlichen Geistes und der unternehmerischen Rolle gezogen. Auch die Systeme und ihre Systemgrenzen weisen ein Optimum auf. Dies hängt sehr eng mit Fragen der „diskontierten Unsicherheiten der Zukünfte" zusammen.

Was ist vom Supply Chain Management zu erwarten?

Man muss gewiss kein Prophet sein, um sagen zu können, dass SCM zuerst von den global agierenden Konzernen implementiert werden wird (was ja auch schon seit vielen Jahren getan wird). Die Begrifflichkeit des SCM ist nicht nur in der Literatur uneinheitlich, sondern auch in der Praxis. Einheitlich ist nur, dass SCM fälschlicherweise zu sehr auf die Versorgungsleistung physischer Produkte und Produkt-/

Leistungs-Kombinationen angewandt wird. Viele Kleine und Mittlere Unternehmen (KMU) werden von dieser epochalen Welle mitgerissen, ob sie wollen oder nicht. Und viele werden, wenn sie diese Veränderung nicht mitmachen wollen oder können, nicht überleben.

Der Großteil der derzeitigen Unternehmen wird auf ein Arbeitseinkommen reduziert sein. Dies ist zwar auch heute schon bei einem nicht unerheblichen Teil der KMU der Fall, jedoch mit dem gewaltigen Unterschied, dass dies mit den Methoden und Werkzeugen des SCM offenkundig wird. Unternehmer werden sichtbar zu „Arbeitern" degradiert, die Unternehmergewinne reduzieren sich auf eine zu vernachlässigende Größe. Wer aber nur mehr Arbeitseinkommen generiert, wird früher oder später durch Wettbewerber in Niedriglohnländern ersetzt. Das ist die große Gefahr zahlreicher Unternehmungen, die beim SCM nicht mitmachen wollen.

Seit Jahren werden ganze Wertschöpfungsstufen regelrecht geschluckt und zu Handlangern dominierender fokaler Unternehmen degradiert. Solch führende Unternehmen sind häufig die Initiatoren des Managements von Lieferketten. Wer also seine Zukunft selbst in die Hand nimmt, ist aktiv am Stricken der Netze beteiligt und daher auch potentiell in der Lage, als fokales Unternehmen im Rahmen der Neuaufstellung von Lieferketten zu agieren. So ist beispielsweise Amazon im Verlagswesen das Paradebeispiel eines fokalen Unternehmens. Es treibt die Entwicklung voran und kann genau deshalb seine Zukunft aktiv gestalten.

Bei der Vorwärts- beziehungsweise Rückwärtsintegration übernehmen Einzelhändler Großhandels- und Importfunktionen und Großhändler Einzelhandels- und/oder Herstellerfunktionen. Hersteller ringen mit Handelsunternehmen um die besten Plätze in den Liefernetzwerken. Aktuelles Beispiel ist die berüchtigte „Abhollogistik" großer Handelskonzerne in Verbindung mit zahlreichen Markenartikelherstellern. Die Händler wollen die organisatorische und logistische Kontrollspanne in die Hand bekommen und bestehen darauf, selbst die Ware aus den Werken der Hersteller abzuholen. Noch ist der Kampf offen.

Kurzfristige und langfristige Aussichten

Auf kurze Sicht haben wir es mit keinen großen Überraschungen zu tun, da die Würfel schon längst gefallen sind. Die Services der Dienstleister werden immer weniger abgrenzbar, klassische Beschaffungs-, Produktions- und Absatzfunktionen bekommen zusehends fließende Übergänge. Dienstleister beispielsweise im klassischen Logistikbereich übernehmen mehr und immer rascher Funktionen, die früher dem Einkauf, der Produktion oder dem Verkauf zugeordnet waren. Die Gründe hierfür sind zahlreich. Letztlich sind es vor allem die besseren Möglichkeiten der Effizienznutzung entlang der Lieferketten. Dass sich die klassischen betrieblichen Funktionen immer mehr in die Richtung übergreifender Funktionen auflösen, bedarf keines Propheten. Das ist bereits gewürfelte Zukunft.

Langfristig werden Emergenzen, also neu auftretende, höherwertige Phänomene, eine noch nicht klare Konturen annehmende Rolle spielen. So sehr das Internet in den letzten Jahrzehnten unsere Welt verändert hat und sich auf praktisch allen Gebieten Strukturbrüche aufgetan haben, so sehr wird die SCM-Welle das Denken über und in Wirtschaft und Gesellschaft verändern. Schon rollt die Welle Sustainable Supply Chain Management (SSCM) auf uns zu. Denn immer mehr Menschen fragen nach dem verantwortungsbewussten Umgang mit knappen Ressourcen, nach der Corporate Social Responsibility (CSR) und nach der Rolle des Menschen in einer Welt der unaufhörlichen Zeitkompression.

Das Vignetten-Desaster

Die Grundlagen der Logistik werden häufig anhand der bekannten „6 R" (für: sechs Richtige) erklärt. Die Logistik hat demnach die zentrale Aufgabe,

- das richtige Produkt,
- in der richtigen Menge,
- mit der richtigen Qualität,
- am richtigen Ort,
- zur richtigen Zeit,
- mit den richtigen Kosten

verfügbar zu machen.

Die Lösung dieser Aufgaben erscheint den meisten Studierenden oder Mitarbeitern als fast peinlich einfach. Ein Beispiel aus der jüngeren österreichischen Geschichte soll die Schwierigkeiten, die bei sehr einfach wirkenden Problemstellungen entstehen können, aufzeigen:

Als Anfang 1997 in Österreich erstmals die Autobahn-Vignetten eingeführt wurden, kam es bei der Versorgung der Autofahrer mit den verschiedenen Arten von Vignetten (Tages-, Wochen-, Monats- und Jahresvignetten) zu Qualitätsproblemen und Versorgungsengpässen.

Verantwortlich dafür war eine Unterorganisation des Wirtschaftsministeriums. Sie hatte eine logistische Anforderung zu lösen, die folgendermaßen lautete: Die Materialqualität der Vignetten zu definieren und die Vignetten mittels öffentlicher Ausschreibung vom Bestbieter zu beschaffen. Mit anderen Worten: Die richtigen Vignetten in der richtigen Menge, in der richtigen Qualität, am richtigen Ort und zur richtigen Zeit zur Verfügung zu stellen. Dies alles unter der Bedingung der richtigen Kosten, denn schließlich führte die Regierung die Vignette aus Haushaltsüberlegungen ein.

Worin bestand die Schwierigkeit dieser logistischen Anforderung?

Erstens: In der erstmaligen Einführung der Autobahnvignetten in Österreich und daher in einer denkbar schlechten Datenbasis. Vor allem konnte die Nachfrage nicht vorhergesagt werden: Wer wird wann, welche, wie viele Vignetten wo kaufen?

Zweitens: Die eigentliche Schwierigkeit aus logistischer Sicht bestand vor allem in einem Zielkonflikt. Rein theoretisch wäre es möglich gewesen, jede Verkaufsstelle vollständig zu versorgen, zum Beispiel mit der Belieferung jeder Verkaufsstelle mit jeder Vignettenart bereits im Herbst 1996. Dadurch wären aber die Kosten geradezu explodiert. Denken wir an die Herstellungskosten der Vignetten, an die nicht minder hohen Logistikkosten (Haupttransport, Umschlag, Verteilung und Feinverteilung) und an die Kapitalbindungskosten.

Zielkonflikt zwischen Lieferfähigkeit und Kosten

Somit kann und wird es in der Praxis durchaus vernünftig sein, keine hundertprozentige Versorgung anzustreben, sondern bewusst und rational eine Abwägung (Trade-off) einzugehen und zu sagen: Aus Gründen der Kostenoptimierung wollen wir nur einen Versorgungsgrad von 95 Prozent sichern. Anzumerken wäre, dass es in diesem berühmt-berüchtigten Beispiel nicht um die Diskussion der zahlreichen Pannen geht, die berechtigterweise Kritik von Politik, Medien und Bevölkerung ernteten. Es geht lediglich darum zu erkennen, dass sich einfach scheinende Aufgaben bei genauer Betrachtung als durchaus schwierig herausstellen können.

Die Werkzeuge des SCM

Mit den Methoden und Werkzeugen des Supply Chain Managements und ausgebildeten SC-Managern hätte man dieses Problem mit hoher Wahrscheinlichkeit nicht gehabt, da die zahlreichen Schwierigkeiten, die bei der Erstversorgung von Vignetten auftraten, im Vorfeld erkannt worden wären. Man hätte gewisse Übergangsfristen vorgesehen. Auch bei den Nachfrageprognosen verfügt man heute dank enger Einbindung der repräsentativen Kunden über mächtige Prognosewerkzeuge. Der Zielkonflikt zwischen Lieferfähigkeit und Kosten würde heute mit dem Werkzeug des News-Vendor-Modells (auch „Zeitungsjungenmodell" genannt, siehe Anhang) gelöst. Das Zeitungsjungenmodell vermag die Unter- und Überbestandskosten modellhaft in ein Optimum zu bringen, insbesondere in Fällen unsicherer Nachfrage über eine Periode. Schließlich musste klar gewesen sein, dass kleine Händler risikoavers agieren könnten; daher mussten sie eine großzügige Möglichkeit erhalten, die nicht verkauften Vignetten an den Hersteller zurückgeben zu können. Wenn Ihnen also ein Problem klein vorkommt, dann muss es noch lange nicht einfach zu lösen sein. Schon gar nicht wenn es sich um Probleme in Logistik und SCM handelt.

Netze knüpfen, anstatt nur dabei zuzusehen

Der Quantensprung im Management der letzten Jahrzehnte ist das Lieferkettenmanagement, also das Managen von zum Teil globalen Lieferketten und Liefernetzwerken. Dabei ist entscheidend, dass Sie nicht nur als Beobachter Ihres Unternehmens agieren und dass Sie ausschließlich Ihr Liefer- und Versorgungsnetz überblicken. Der entscheidende Schritt wird sein, dass Sie selber beim Knüpfen des Netzes dabei sind. Im Knüpfen des Netzes entstehen für Sie die Märkte der Zukunft. Wenn Sie diese Rolle als Unternehmer oder als Manager nicht übernehmen, dann werden Sie zusehen müssen, wie andere die sich neu auftuenden Märkte erobern.

Logistik vs. Supply Chain Management: Das Neue am SCM

Vielfach hört man den Vorwurf, hinter dem Begriff Supply Chain Management stecke keine wirklich neue Idee. SCM sei nur eine Erweiterung des Logistikbegriffs und beinhalte nichts qualitativ Neues. Freilich hat die logistische Theorie und Praxis innerhalb der letzten 30 Jahre einen enormen Wandel vollzogen, vom ursprünglichen Kern der TUL-Logistik (Transport, Umschlag und Lager) bis hin zur Netzwerklogistik. Das alles ist richtig, zeugt aber vom Unwissen in Bezug auf die Natur des Supply Chain Managements und den Kerngedanken des modernen SCM.

Das Lieferkettenmanagement ist das Managen von Lieferketten. Die Lieferkette bezieht sich sowohl auf greifbare (physische) Produkte als auch auf nichtgreifbare Dienstleistungen. Diese Produkte und Dienstleistungen entstehen häufig über das Zusammenspielen zahlreicher Beteiligter in einem Liefernetzwerk. Das Liefernetzwerk beinhaltet nicht nur die Urlieferanten von zum Beispiel Rohstoffen oder Lohnveredelungsleistungen, sondern beinhaltet auch die Produkt-/Dienstleistungskomponenten in den Bereichen des eigenen Unternehmens.

Durch die systematische Ausweitung der Gestaltungskraft des eigenen Unternehmens in Richtung vorgelagerter Lieferanten und nachgelagerter Abnehmer entstehen oftmals völlig neue und chancenreiche Handlungsoptionen. Zumindest werden die Lieferketten durchsichtig und lassen neue Handlungsmöglichkeiten erkennen.

Im Zuge der neuen Rollenfindung im Netzwerk gibt es selbstverständlich nicht nur Gewinner. Denn in der neuen Transparenz werden mitunter Rollen von vor- und/oder nachgelagerten Stellen sichtbar, die keinen oder keinen nennenswerten unternehmerischen Wert darstellen. Somit gibt es auf dem Weg zu neuen Kooperationen Verlierer, die entweder ihre Rolle zur Gänze verlieren oder auf ein Arbeitseinkommen reduziert werden. Arbeitseinkommen sind lediglich Entschädigungen für entsprechende aufgewendete Arbeit, die jedoch keine unternehmerischen Funktionen beinhalten. Das wundert nicht. Viele Unternehmen können schon heute keine Unternehmergewinne generieren, weil sie über Jahre hinweg keine unternehmerische Rolle einnehmen.

Neue Märkte durch neue Lieferketten

Nachdem die wesentlichen Supply Chains neu aufgestellt sind, entstehen entweder schlüssig oder auch vertraglich vereinbart neue Liefer- und Leistungsketten, die gegenüber den Alternativen Stabilität und Vorteilhaftigkeit für alle Beteiligten der Lieferketten aufweisen müssen. Darin besteht unter anderem die hohe Kunst des SCM: Dass diese wesentlichen Ketten eine gewisse Dauerhaftigkeit erlangen, ohne Opportunitätsverluste einzufahren. Hohe Transaktionskosten am Markt in Form von Such-, Informations-, Koordinations- und Systemwechselkosten begünstigen das Managen von Lieferketten und stabilisieren geschlossene, zeitlich begrenzte Kooperationen.

Die neuen Absprachen entlang der vertikal geführten Lieferketten können nicht alle Details für alle Zukunft vordefinieren. Daher muss man die Bereitschaft auch zu Lücken aufbringen. Diese Lücken können entweder durch Vertrauen geschlossen werden oder durch Anreize für engagiertes, abgestimmtes Verhalten, zum Beispiel durch die Vereinbarung zeitlich eng begrenzter Verträge. Das Repertoire auf diesem Gebiet ist groß.

Optimieren der Hauptleistungsketten

Kritische Geister des SCM-Gedankens sehen in der umfassenden Optimierung von Leistungsnetzen eine nicht mit Erfolg und Gewinn durchführbare Anstrengung. Hier kann emotionslos und nüchtern folgende Antwort gegeben werden: Das Managen von Lieferketten kann im eigenen Hause beginnen, denn man weiß, welche enormen Reibungsverluste es in vielen Unternehmen gibt. Wenn die Abstimmungen im Hause weit fortgeschritten sind, wird eine Systemerweiterung auf die wesentlichen, die kritischen Lieferketten möglich.

Kritische Lieferketten sind Hauptleistungsketten innerhalb des Netzwerks. Sie sind in Bezug auf ein bestimmtes Anforderungskriterium der Lieferleistung und/oder der globalen Lieferkosten erfolgskritisch. Zu den kritischen Anforderungen zählen unter anderen bestimmte Ressourcen (zum Beispiel Rohstoffe), bestimmte Arbeitsleistungen (zum Beispiel Lohnveredelungsleistungen in einem Niedriglohnland), zeitkritische Stellen (zum Beispiel in der Durchlaufzeit der eigenen Fertigungsstellen) oder auch Vertriebsleistungen (zum Beispiel mangelnde Kundenbetreuung). Auch mangelhafte Prognosen gehen zu Lasten des Erfolgs.

Diese permanente Abstimmungsarbeit entlang der Lieferketten gehört zu den laufenden Kernleistungen des Supply Chain Managements. Somit greift das SCM nicht nur in die klassische Versorgungsleistung der Lieferkette ein, sondern auch und vor allem in die substanziellen Wertschöpfungsleistungen von Beschaffung, Produktion, Verkauf und Entsorgung. Das Einbinden von Lieferanten und Vorlieferanten sowie von Kunden und den Kunden nachgelagerten Stellen öffnet ein wesentliches Verbesserungspotential.

Beginnen Sie also schon jetzt, zuerst im eigenen Hause, Ihr Liefernetzwerk zu knüpfen. Weiten Sie Ihre Knüpfarbeit auf die vor- und nachgelagerten Stellen aus, bevor andere damit beginnen. So bleiben Sie Herr Ihrer unternehmerischen Zukunft.

Kernkompetenzen: Der Kern der Zwiebel

Kernkompetenz ist ein gern verwendeter Begriff für den eigentlichen Wettbewerbsvorteil eines Unternehmens. Die Ökonomen C.K. Prahalad und Gary Hamel stellten Anfang der 90er Jahre die These auf, dass ein Unternehmen permanent Wettbewerbsvorteile generieren müsse, um am Markt bestehen zu können. Also: überlegene Leistungen gegenüber dem Wettbewerb, Leistungen, die für den Kunden von erheblicher Bedeutung sind, und wahrnehmbare sowie dauerhafte Leistungen.

Für das SCM kommen Kernkompetenzen immer dann ins Spiel, wenn es um Outsourcing geht, also um die nachhaltige Fremdvergabe ganzer Leistungsteile entlang der Lieferkette, die aus Sicht des Unternehmens keine Kernkompetenz darstellen. Das Problem, das sich jedoch mit den Kernkompetenzen ergibt, ist ein sehr vielschichtiges — ähnlich den Schichten einer Zwiebel.

„Das Zwiebel-Problem"

Auf den ersten Blick scheint das Konzept klar und praktikabel. Hier bewegen wir uns noch auf einer recht abstrakten Ebene der Sprache, darauf sagt sich alles einfach und leicht. Wenn wir jedoch einem Unternehmer oder einem Manager die Frage stellen, was denn die Kernkompetenzen seines Unternehmens seien, kommen sie meist in eine leichte Schräglage.

Vielfach werden Fähigkeiten und Fertigkeiten des Unternehmens genannt, die aber in den meisten Fällen weder eine überlegene Leistung gegenüber dem Wettbewerb darstellen noch in irgendeiner Weise dauerhaft und nachhaltig sind. Manchmal holen die Manager weiter aus und versuchen, die Kernkompetenz in der Ganzheit der Leistungserbringung und -erstellung des Gesamtunternehmens zu erkennen. Wir bewegen uns somit geradewegs vom Kern weg. Die Argumentation mit der Komplexität des Geschäfts soll meist nur die unklare Sicht des Managements verschleiern.

Schicht um Schicht – Wo ist der Kern?

Je mehr wir in das konkrete Business eines Unternehmens eindringen, umso mehr wird erkennbar, dass es tatsächlich schwierig wird, einzelne Wettbewerbsvorteile des Unternehmens auszumachen. Die vermeintlichen Core Competencies erweisen sich als Standardleistungen, die ohne besondere Schwierigkeit auch am Markt zugekauft werden könnten. Freilich soll nicht verschwiegen werden, dass manche Unternehmen tatsächlich über Kernkompetenzen verfügen, die den eingangs genannten strengen Anforderungen gerecht werden. Doch auch diese Unternehmen können sehr häufig nicht ihre eigentliche Kernkompetenz klar artikulieren und damit auch vermittelbar machen.

Viele aufgezählte Kernleistungen sind nur Hygienefaktoren. Das bedeutet, dass sie keine Wettbewerbsvorteile generieren, sondern allenfalls Wettbewerbsnachteile verhindern. So nannte mir kürzlich ein Unternehmer als Wettbewerbsvorteil des eigenen Unternehmens die ausgeprägte Freundlichkeit des Außendienstes. In der Tat: Probieren Sie einfach mal das Gegenteil von dem aus, das jemand als Kernkompetenz nennt, und Sie werden erkennen, ob es sich um eine Kernkompetenz handelt oder nicht. In unserem Fall wäre das die ausgesprochene Unfreundlichkeit des Außendienstes!

Je weiter wir Schicht um Schicht in Richtung Kern der Zwiebel vordringen, umso mehr müssen wir erkennen, wie schwer es ist, ihn zu erreichen. Einige Unternehmen versuchen, durch Fremdvergabe logistischer Leistungen an ein ausgegründetes Tochterunternehmen sensible Bereiche unter der eigenen Kontrolle zu halten. In der Praxis ist das oft eine Vorstufe zur herkömmlichen Outsourcing-Lösung, um Widerstände durch eine zeitliche Zwischenstufe zu mildern.

Im Rahmen des Supply Chain Managements werden heute Leistungsteile fremdvergeben, die noch vor wenigen Jahren als Tabuzonen galten. Nicht nur die klassischen Unternehmensteile werden fremdvergeben, zum Beispiel Fuhrpark, Lager, Verpackung und Kommissionierung. Vielmehr sind wir heute mit SCM-Konzepten wie Vendor Managed Inventory (VMI = lieferantengesteuertes Bestandsmanagement) so weit gekommen, dass das gesamte Bestandsmanagement einem oder mehreren Dienstleistern bzw. Lieferanten übergeben wird. In vielen Fällen wird die Leistung nicht nur kostengünstiger, sondern auch besser erbracht. Wie ist das möglich?

Das klassische Konzept der Kernkompetenzen ist häufig nur eine Arbeitshypothese für das Management. Angesichts der enormen Dynamik am Markt und in der Neufindung von Wertschöpfungspartnerschaften sind die alten Wettbewerbsvorteile, sprich: die bisherigen Kernkompetenzen oft verschwunden oder auf dem Weg dorthin. Das Konzept der Kernkompetenzen im strengen Sinne ist folglich kaum zu erreichen, da eine Dauerhaftigkeit von Wettbewerbsvorteilen auf freien Märkten nicht zu halten ist. Auch Markenhersteller kommen durch die zunehmende Marktmacht des Handels immer mehr unter Druck.

Praxisbeispiel – Getränkebranche

In der Getränkeindustrie und im Getränkehandel werden schon lange die Synergien der Getränkeabfüller („Bottler") und der Getränkezustellung genutzt. Auf einer Tour werden mehr Servicestellen erreicht und die Transportmittel besser ausgelastet. Daraus können Kostenvorteile für alle Beteiligten der Lieferkette abgeleitet werden. Die Zustellkosten des Markenherstellers werden gesenkt, die Zustellkosten der Bottler werden gesenkt, und der Kunde erhält die erwirtschafteten Kostenvorteile „in the long run" vergütet.

SCM – „Die neue Kernkompetenz"

Die neuen Kernkompetenzen bestehen im Auffinden und Schließen von leistungsfähigen, strategischen Partnerschaften im Rahmen des SCM. Unternehmen, denen es gelingt, über ihre isolierte Sichtweise hinauszugehen und Optimierungen bei Kosten und Leistungen in systematisch angelegten, unternehmensübergreifenden Lieferketten und Netzwerkpartnerschaften zu finden, werden die Grundlagen für mögliche Wettbewerbsvorteile schaffen und die Hindernisse für mögliche Wettbewerbsnachteile aus dem Weg räumen.

Entscheidend ist hier, dass nicht das vordergründige Produzieren, Handeln und Liefern von Produkten und Leistungen in Zukunft „die" Kernkompetenz darstellen wird. Im Zeitalter des Supply Chain Managements sind die Kernkompetenzen auf die Metaebene gesprungen: die effiziente Gestaltung von Lieferketten und Wertschöpfungspartnerschaften. Somit ist das richtige Analysieren von Risiken und Handlungsoptionen entlang der Lieferkette und die entsprechende Verteilung auf die einzelnen Beteiligten der Wertschöpfungspartnerschaft die neue Kernkompetenz. Wer diesen Quantensprung in seinem Denken und Handeln verinnerlicht, wird in seinem Unternehmen völlig neue Chancen und Gewinnpotentiale erkennen.

Mit Ernüchterung müssen wir abschließend feststellen, dass sich die alte Vorstellung eines festen Kerns der Zwiebel in die Vielschichtigkeit des Problems der dauerhaften Wettbewerbsvorteile auflöst. Es gibt keine dauerhaften Wettbewerbsvorteile ohne zusätzliche Anstrengung. Alles, was wir im Unternehmen erreichen können, ist das Schaffen zeitweilig überlegener Leistung, die für den Kunden von erheblicher Bedeutung ist und durch Kommunikation und Marketing wahrnehmbar gemacht wird. Diese überlegenen Leistungen sind insbesondere durch die zahlreichen Konzepte und Werkzeuge des Supply Chain Managements erreichbar. Das vordergründige Tun des Unternehmens wird in Zukunft kaum eine Kernkompetenz darstellen — und schon gar nicht eine dauerhafte.

Schließen wir daher mit realistischer Bescheidenheit: „Dauerhaft ist letztlich nichts im Leben, schon gar nicht ein Wettbewerbsvorteil."

Facettenreichtum von „Beständen" in der Supply Chain

Die Beteiligten von Lieferketten (Lieferanten, Hersteller, Händler, Kunden, Endkunden) werden in den meisten Fällen durch Zeit- und/oder Materialpuffer voneinander entkoppelt. Das bewirkt, dass die Lieferkette nicht bei jeder kleinen, ungeplanten Abweichung bricht und damit anfällig wird. In den meisten Lehrbüchern wie auch in der Managementpraxis werden nur die Materialpuffer als Bestände bezeichnet, obwohl aus analytischer Sicht alle möglichen Puffer Bestände darstellen:

Materialpuffer:	Materialbestände oder Materialvorräte
Zeitpuffer:	Zeitbestände oder Zeitvorräte
Kapazitätspuffer:	Kapa-Bestände oder Kapa-Vorräte
Handlungspuffer:	Bestände an Handlungsoptionen oder Vorräte an Optionen
Risikopuffer:	Bestände an Risikovermeidung/-minderung oder Vorräte an Risikominderung
Flexibilitätspuffer:	Bestände an Flexibilität oder Vorräte an Flexibilität
Puffer an Optionen:	Bestände an Optionen oder Vorräte an Optionen (z.B. Rechte)

Sie können diese Bestände auch Vorräte nennen. Entscheidend ist jedoch, dass Bestände oder auch Vorräte sich nicht explizit auf Materialbestände oder Warenbestände beziehen müssen. Dieser „Klick" im Denken ist wichtig für das bessere Verständnis des SCM.

Ungepufferte Lieferketten-/netzwerke

Die genannten Puffer, die sich von der Vielzahl beliebig erweitern lassen, sind immer Bestände im analytischen Sinn und werden in die Lieferketten und Netzwerke gezielt eingebaut, um das Liefernetzwerk gegen ungeplante Ereignisse stabil zu halten. Sie mildern ebenso regelmäßig auftretende Schwankungen. Komplexe Netzwerke sind ohne Entkoppelungen, also ohne jegliche Puffer, ohne jegliche Bestände, besonders anfällig. Wir kennen die Achillesferse beispielsweise von Just-in-Time-Anlieferungen, insofern diese mit einer Einquellenversorgung (Single-Sourcing) von kritischen Teilen verbunden sind. Die fließgetakteten Produktionslinien benötigen zahlreiche Bestandsfacetten, wie wir aus der logistischen Theorie und Praxis wissen.

Die hohe Kunst des Lieferkettenmanagements besteht nun darin, langgliedrige und komplexe Lieferketten mit dem vollen Repertoire an Beständen auszustatten, ohne dabei allzu hohe Verluste durch die Pufferbestände einzufahren.

So wird der Aufbau von Materialpuffern oftmals hohe Kosten der Lagerung und der Finanzierung von Materialien verursachen (Kapitalbindungskosten). Zusätzlich kann noch die Gefahr der Veralterung von Materialien und Waren drohen (Obsoleszenzrisiko). In manchen Fällen, zum Beispiel bei der getakteten Fließfertigung, sind an der Montagelinie nicht die notwendigen Räume vorhanden, um alle Varianten zu lagern. Somit stellt sich bereits beim Aufbau von Materialbeständen die drängende Frage, ob die Lieferkette womöglich mit nur sehr geringen bis keinen Materialbeständen auskommt. Zusätzlich ist beim Aufbau von Just-in-Time-Anlieferungen zu beachten, dass die Synchronisierung der Teileanlieferungen über die gesamte Lieferkette zu erfolgen hat. Dies entspricht aber vielfach nicht der gelebten Praxis, da die Bestände oftmals nur an die vorgelagerte Stelle verschoben werden und daher keine ganzheitlichen Vorteile bringen. Die Bestände werden sprichwörtlich nur über „den Zaun geworfen." Solche Lösungen haben mit Supply Chain Management und deren Kerngedanken nicht viel zu tun!

Die Lösung des Dilemmas: Trade-Offs

Nun sind wir beim Dilemma der richtigen Gestaltung von Materialbeständen. Und wiederum werden wir das Problem mit Trade-Offs (Abtausch von Zielen zur Lösung von Zielkonflikten) lösen müssen. Wir werden also die vorhin genannten Nachteile durch den gezielten Einsatz von möglichst geringen Materialpuffern an den richtigen Stellen beheben. In der Praxis ist das immer wieder eine enorme Herausforderung, sowohl strategisch als auch operativ in der hochbelasteten Tagesarbeit von Disponenten, Logistikern und SC-Managern. Die entscheidende Erweiterung der Systemüberlegungen über die gesamte relevante Lieferkette bildet schließlich die eigentliche Herausforderung aus der Sicht des Supply Chain Managements.

Sie sehen also bereits jetzt, dass die eindimensionale Betrachtung von Materialbeständen viele Fragen aufwirft, die nach konkreten praxisnahen Antworten lechzen. Wollen wir uns einen weiteren, typischen Bestand anschauen:

Die Facette Zeitpuffer – Zeitbestände

Zeitpuffer sind notwendige Maßnahmen zur Verkettung von Lieferkettenelementen, um die einzelnen belastbaren Elemente nicht zu sehr synchronisieren zu müssen. „Belastbar" bedeutet, dass die Elemente in Spitzenbedarfen ausreichend ausgelegt und dimensioniert sein müssen. Eine vollständige zeitliche Synchronisation ist in der Realität nur schwer möglich. Bauen wir aber große Zeitbestände ein, dann verlieren wir massiv in Bezug auf die Gesamtdurchlaufzeit. Je mehr Zeitpuffer wir also in die Lieferketten einbauen, umso mehr werden wir im harten Zeitwettbewerb gegenüber den Mitbewerbern untergehen. Die Lieferperformance wird vermutlich nicht ausreichen. Es tauchen aber mit den großen Zeitpuffern weitere Probleme auf, die sich zum Beispiel in Lagerhaltungskosten, Kapitalbindungskosten und möglicherweise zusätzlichen Handlingkosten niederschlagen. Trotzdem: Wir benötigen die Zeitpuffer, um die Schwankungen der Prozesszeiten auszugleichen. Je höher also der Wert der Termintreue, umso wichtiger sind die Zeitpuffer. Schließlich sollte man nicht vergessen, dass bei extrem hohen Liefertreueanforderungen die Zeitpuffer überproportional ansteigen. Auswege aus diesem Dilemma bilden schlankere Prozesse, die mit weniger Schwankung auskommen und besser steuerbar sind.

Verschlankung und Beschleunigung von Prozessen – Cross Docking (CD)

Hierfür gibt es im Lieferkettenmanagement zahlreiche Strategien. Cross Docking, die filial- oder zielgerechte Vorkommissionierung und die verkuppelte sortierte Verteilung von Gütern an die entsprechenden Empfangsstellen über Cross-Docking-Plattformen, ist nur eine davon. Die gezielte Verschlankung und Beschleunigung von Vorgängen, Vorgangsknoten und Kanten entlang der Lieferkette ist ein wesentliches Werkzeug mit vielen Funktionen.

So wird man beispielsweise bei sehr zeitkritischen und zeitflüchtigen Produkten wie zum Beispiel Frischgemüse und Tageszeitungen Zeitbeschleunigungen vornehmen, die sowohl auf der physischen als auch auf der informatorischen Ebene liegen werden. So werden beispielsweise bei der Frischgemüseernte „Efficient Unit Loads", das sind standardisierte Ladeeinheiten und Ladeträger, verwendet, die beginnend von der Ernte am Feld bis hin in das Supermarktregal der Handelsorganisationen keinen Ladeträgerwechsel mehr vornehmen. Diese High-Speed-Logistik verträgt kaum mehr eingebaute Zeitpuffer zur Bündelung, Ordnung oder auch Sicherung von Lieferketten. Interessant ist in diesem Zusammenhang ein durchgängig verfolgbarer Auftragsstatus im Sinne von Track & Trace (Sendungsverfolgung und Sendungsrückverfolgung). Mittels RFID-Tags (Radio Frequency Identification-Labels) ist das informationstechnisch keine große Herausforderung mehr. Heute werden immer mehr ganze Lieferketten im Textilbereich, in der Schuhindustrie, in der Lebensmittelindustrie und vielen weiteren Branchen mit überwachbaren Sendungsdaten über RFID gesteuert. RFID ist also nicht nur ein Identifikationswerkzeug, sondern insbesondere ein kluges Werkzeug des modernen Supply Chain Managements.

Bestände an Optionen (Rechte)

Als letztes Beispiel von Beständen wollen wir uns Optionenbestände herausgreifen. Bei diesem Werkzeug greifen wir tief in die Wertschöpfungskette ein.

In die Verträge zwischen den Beteiligten der Lieferkette werden zahlreiche Optionen eingebaut. Optionen sind Rechte, die der Käufer oder der Verkäufer bis zu einem bestimmten Zeitpunkt in einem bestimmten Ausmaß ausüben oder verfallen lassen kann. Diese Optionen können einseitig oder auch wechselseitig gestaltet und ausgeübt werden.

Hat also ein Käufer zum Beispiel 30 Prozent des Grundvertrages in Form einer einseitigen Kaufoption von Rohgurken mit dem Urproduzenten, beispielsweise einer Genossenschaft von Bauern, vereinbart, dann kann der Käufer dieses Recht bis zu einem vordefinierten Zeitpunkt nutzen oder auch nicht. Der Vorteil des Käufers dieses einseitigen Optionsrechts besteht darin, dass er relativ spät, nämlich wenn die Nachfrageprognosen schon besonders genau sind, relativ exakte Abnahmemengen nennen kann. Somit wird durch die Optionsrechte eine wesentlich bessere Übereinstimmung von Nachfrage und möglichem Absatz gewährleistet.

Auf diesem Gebiete ist in der einschlägigen SCM-Literatur kaum bis gar nichts zu finden. Das zeigt auch, wie sehr SCM in der Theorie noch den alten Sichtweisen der selbstbegrenzten Aufgaben der klassischen Logistik verhaftet ist. Hier sind noch erhebliche Potentiale zu heben, hier eilt die Praxis vielfach der Theorie voraus. Es gibt aber auch zahlreiche Fälle, in denen die Theorie des SCM visionäre Sichtweisen mit hohen Potentialen nicht in die Praxis überführen kann. Praxis und Theorie sprechen oft Sprachen, die nicht miteinander kompatibel sind.

Worin sind die möglichen Nachteile von Optionen zu finden? Je mehr der Käufer — in unserem vorhin angeführten Praxisfall von Delikatessgurken — fix vom Produzenten abnimmt, umso besser und preisgünstiger kann der Abnehmer versorgt werden. Möchte der Abnehmer im Zuge der Optionengestaltung einen hohen Prozentanteil an Absatzrisiken auf den Urproduzenten auslagern, umso höher werden die Preise ausfallen und umso risikoreicher wird die Versorgung durch den Urproduzenten. Denn eines ist klar: Auch der Urproduzent ist in der gleichen Situation, dass die Zukunft ungewiss ist und dass diese Ungewissheit auf andere Beteiligte ausgelagert werden soll. Hier werden die isolierten Sichtweisen der einzelnen wirtschaftlich und rechtlich selbständigen Unternehmen sichtbar.

Schleusen öffnen – Kernaufgabe des SC-Managers

Wer nun in einer Lieferkette welche Risiken und Unsicherheiten übernehmen kann und soll, ist eine der entscheidenden Fragen des Lieferkettenmanagements. Dafür gibt es kein Rezept, das für alle Fälle die beste Lösung darstellt. Es ist immer im konkreten Einzelfall zu überlegen, wo die Engpassstellen in der Lieferkette gegeben sind. Diese Engpässe, nennen wir sie Schleusen, müssen geöffnet werden, so dass ein „Flow" entsteht. Solche Schleusen bilden immer den sogenannten Minimumsektor der jeweiligen Lieferkette. Sie sind meist bestimmt durch Kosten, Risiko, Kapital und Handlungsoptionen. Darauf muss der SC-Manager besonders achten und diese fair auf die einzelnen Beteiligten verteilen.

Der rote Faden des Gemeinsamen

In einer unternehmensübergreifenden Lieferkette wird die durchgängige, optimale Gestaltung von Lieferketten im Sinne des bestmöglichen Einsatzes des Gesamtrepertoires an Bestandswerkzeugen zu einer enormen Herausforderung. Jeder Aufbau und Neuaufbau von Lieferketten geht mit einer massiven Veränderung für alle Beteiligten einher. Solche Musterwechsel sind für das Unternehmen und für die Mitarbeiter besonders turbulente Erfahrungen. Sie haben aber ihren Sinn und Zweck erfüllt, wenn eine neue, höhere Systemebene erreicht wird. Damit ist auch die sozioökonomische Dimension des SCM angesprochen.

Somit ist der SC-Manager nicht nur ein hochbelasteter Analytiker, sondern und insbesondere ein hochbelasteter Manager, der immer wieder den roten Faden des Gemeinsamen sucht, um letztlich für alle Lieferkettenbeteiligten zusätzliche Gewinne und Nutzen zu generieren.

Collaboration and the great Benefit it can produce

Collaboration, although frequently used in our supply chain vocabulary but not as often applied as a tool to cut cost. Supply Chain Managers in their aim to drive cost out of the supply chain are looking at every possible angle for savings. Surprisingly, one of the strategies which can create a lot of value is many times overlooked — Collaboration.

Once all the efficiency gains and optimization opportunities have been implemented it will become difficult for Supply Chain Managers to drive out further cost of their transportation and inventory budgets. This might be the right time to look at the subject of collaboration. Collaboration exercises or projects can be kicked off with anyone providing services in one of your supply chains. In our case study today it was an initiative between an OEM, a logistics service provider and the related supplier base.

Final analysis of one the OEM's strategic supply chains quickly showed that there are two major cost drivers remaining, namely:

1. The cost of packaging & packaging material.
2. The poor container utilization factors due to poor packaging design.

The challenge

- A large supplier base in southern Europe.
- Suppliers responsible for packaging and packaging design.
- Suppliers delivering into a consolidation hub in Barcelona.
- Logistics service provider packing containers and dispatching them to final destination.

The approach

The OEM commissioned the logistics service provider to get in contact with the supplier base and "jointly" work out a more cost effective solution for the client.

The solution

- From the outset it was agreed upon that container utilization will receive the highest priority.
- To achieve maximum results the future concept was based on 40 ft. high cube containers only.
- The logistics service provider joined forces with a specialized packaging company and designed card board packaging units for inner and outer packaging applications.
- The final measurements of the card board boxes allowed for optimal stowing factors in the containers.
- Suppliers delivering components unpacked (in their own returnable packaging units e.g. gitterbox) into the consolidation center.
- The logistics provider taking over the final packaging and container stowage.

The collaborative results

- 13 % saving on packaging and material.
- 21 % reduction of FCL shipped due to 98 % utilization factor.
- 29 % reduction of total transportation cost.

Kapitel 3
Neuausrichtung und Strategien

Sind die Kerngedanken des Supply Chain Managements (SCM) im Kopf angekommen und die Begeisterung für den Aufbau oder Neuaufbau von Liefer- und Wertschöpfungsketten entfacht, taucht unweigerlich die Frage nach den Strategien der Umsetzung auf. Deren Grundlage sind Visionen und daraus abgeleitete Unternehmensziele.

SCM setzt, anders als noch in der Logistik, bei den Wettbewerbszielen an und übersetzt diese in Strategien der gemeinsamen, unternehmensübergreifenden Wertschöpfungs- und Lieferleistung entlang der Lieferkette. Es greift tief in die Gestaltung der Wertschöpfungsprozesse ein und stellt selbst mit seinen Strategien Wertschöpfungsprozesse dar. Beginnend bei der Geschäfts- und Produktidee über das Engineering, Einkauf, Fertigung, Verkauf bis hin zur Entsorgung, umfasst das Management von Wertschöpfungsketten alle relevanten Unternehmensfunktionen. Somit ist SCM ein integraler Teil der Unternehmensstrategie und bestimmt als solches auch die Unternehmensziele entscheidend mit.

Strategien der Strategen – Strategos

Darf ich Sie ins klassische Griechenland entführen? Lassen wir uns nieder auf einem schattigen Plätzchen der Agora Athens und denken kurz über *Strategie* nach. Für einen athenischen Bürger jener Zeit waren die *strategoi* angesehene Männer der Stadt, der Polis. Die Polis Athen war in zehn Phylen aufgeteilt, und aus jeder wählte die Volksversammlung jährlich einen Strategen (*Strategos*). Diese waren die militärischen Oberbefehlshaber Athens, die an der Spitze des Heeres und der Flotte standen. Ihre großen militärischen Erfolge machte sie auch zu Anführern, die die politischen Geschicke ihrer Heimat maßgeblich beeinflussten.

Die Strategen der Logistik und der Supply Chains, die Strategen der modernen Zeit, sind nicht minder bedeutend für die Versorgungsleistung und den ständigen Kampf um Fortschritt und Wohlstand der Völker. Sie sind freilich nicht so öffentlich bekannt wie damals, im alten Athen, aber nicht weniger bedeutsam als Quelle und Ursprung der Schaffung von Werten in unserer vernetzten Welt. Die Anforderungen an sie werden vom globalen Kunden immer weiter getrieben, und es ist kein „Zurückstecken" in erkennbarer Nähe. Im Gegenteil, die Ansprüche werden fast täglich höher und die Lieferketten nicht minder komplex und global. Welche Strategien stehen den Strategen grundsätzlich zur Verfügung? Begeben wir uns in die Niederungen der unternehmenslogistischen Strategien und in die Basisstrategien des Managements globaler Wertschöpfungsketten:

Logistikstrategien

Die Strategien der Logistiker und der Supply Chain Manager lassen sich im Prinzip auf drei Basisstrategien zurückführen (nach Timm Gudehus): bündeln, ordnen und sichern.

Diese Grundstrategien stehen untereinander in einem Spannungsverhältnis. Durch die jeweilige Nutzung einer Basisstrategie kann eine andere in ihrer Wirkung gemindert werden. Überdies sind in der Realität zahlreiche Überlappungen mit simultanen Strategieansätzen vorzufinden, die auch gemischte Effekte bewirken.

Bündelungsstrategien orientieren sich an Kostenzielen

Mit der Grundstrategie des „Bündelns" werden vor allem *Kostenziele* verfolgt. Das optimale Bündeln in der Praxis erfordert primär Bündelungsstrategien, die in erster Linie von der strategischen Ausrichtung der Unternehmensziele abhängen. Die Bündelungsstrategien sind ein Mittel zur Erreichung der übergeordneten Unternehmensziele. Als typische Beispiele von Bündelungsstrategien nennt Timm Gudehus:

- Segmentieren von Aufträgen und Produktprogrammen (zum Beispiel ABC-Analysen, XYZ-Analysen),
- Zusammenfassen von Mengen zu Komplettladungen,
- Bildung von Sammelaufträgen, Serien- und Batchaufträgen, Nachschub und Produktion in optimalen Losgrößen (Economic Order Quantity),
- Zentralisieren von Beständen zur Nutzung von Skaleneffekten (Größeneffekte) und Zentralisierungseffekte (Gesetz der großen Zahlen),
- Zusammenfassung von Dienstleistungen in Kompetenzzentren,
- Zusammenfassen von kleinen Einzelsendungen zu Sammelsendungen,
- Planen, Gestalten und Organisieren von Sammelladeverkehren.

Ordnungsstrategien orientieren sich an Leistungszielen

Mit der Grundstrategie des „Ordnens" werden vor allem *Leistungsziele* verfolgt. In manchen Fällen ist damit auch eine Kombination aus Leistungszielen und Kostenzielen besser erreichbar. Das optimale Ordnen erfordert Ordnungsstrategien, die von der strategischen Ausrichtung der Unternehmensziele abhängt. Die Ordnungsstrategien sind schon aus Gründen der enormen Anzahl an berechenbaren Ordnungsmöglichkeiten (Permutationen) ungleich komplexer als die Anzahl der Bündelungsstrategien (Partitionen). So wird das optimale Ordnen einer relativ kleinen wie einer großen Anzahl strategischer Elemente mit Hilfe klarer Ordnungsstrategien überschaubar.

Timm Gudehus nennt diese typischen Beispiele von Ordnungsstrategien:
- Priorisierungsregeln bei Aufträgen,
- ABC-Klassifizierungen,
- Reihenfolgenplanungen und Sequenzierungen,
- Tourenplanungen,
- Packoptimierungen,
- Prioritätenregelungen,
- Lagerplatzoptimierungen.

Sicherungsstrategien orientieren sich an Qualitätszielen

Mit der Grundstrategie des „Sicherns" werden vor allem *Qualitätsziele* verfolgt. Das
optimale Sichern erfordert primär
Sicherungsstrategien, die wiederum
in erster Linie von der strategischen
Ausrichtung der Unternehmensziele
abhängen. Die Sicherungsstrategien
sind ein Mittel zur Erreichung der übergeordneten Unternehmensziele
in Abstimmung mit den jeweiligen Wettbewerbsstrategien von Supply
Chains und Unternehmungen.

Sicherungsstrategien beeinflussen in vielen Fällen nicht nur Qualitätsziele, sondern beeinflussen meist indirekt auch Kosten- und Leistungsziele.

Auch seien wieder die von Timm Gudehus genannten Beispiele auf-
geführt:
- Sicherung von Verfügbarkeit (Lieferbereitschaftsgrad, Prozessana-
lyse, Notfallpläne, Ausfallstrategien),Sendungsverfolgung (tracking),
- Rückverfolgung von Produkten (tracing),
- Sicherheitsbestände und Unterbrechungsreserven,
- Eiserne Bestände, Kapazitätsreserven, Puffer,
- Qualitätssicherungsmaßnahmen,
- Sicherheitsketten bei der Rückverfolgbarkeit von qualitätskriti-
schen Waren (Sustainable Supply Chain Management),
- Risikobewältigung, Risikoausgleich und anderes.

In vielen Fällen steigen die Kosten von Sicherungsstrategien überproportional mit dem Grad der gewonnenen Sicherheit an. Augenfällig
wird das besonders bei extrem hohen Anforderungen, beispielsweise
an die Lieferfähigkeit von Material und Waren. Somit sind Strategien
und Kosten stets gegeneinander abzuwägen.

Die wesentlichen Zusammenhänge zwischen dem Mitteleinsatz und
dem Erreichbarkeitsgrad des jeweiligen Ziels fußen häufig auf statistischen, mathematischen und ökonomischen Zusammenhängen.
Gerade hier wird der SC-Manager mehr denn je gefordert.

Gesamtstrategien

Für die Gestaltung, Planung und Disposition eines komplexen Netzwerks von Unternehmen oder Lieferketten sind über die logistischen

Basisstrategien des Bündelns, Ordnens und Sicherns hinaus die notwendigen Gesamtstrategien zu beachten. Sie beinhalten komplexe Maßnahmenbündel zur Erreichung der wesentlichen Unternehmensziele im weltweiten Wettbewerbsumfeld von Supply Chains. Diese Gesamtstrategien bilden in der Regel die Rahmenvorgaben für Logistiker, innerhalb derer die Basis- und Teilstrategien eingebettet sind. Die unternehmensstrategische Ausrichtung — also die Wettbewerbsstrategien — werden ihrerseits wiederum von den Basisstrategien beeinflusst. Dieser permanente Abgleich von Top-Down und Bottom-Up ist in der Praxis von Supply Chains der Regelfall, das Lehrbuch mit seiner sauberen Trennung von Zielen und Mittel eine didaktische Reduktion und der Ausnahmefall.

Epochale Höchstleistungen

Auch wenn die genannten Basisstrategien nicht so spektakulär klingen, wie mancher erwarten würde, so sind sie doch bedeutungsvoll, kreativ und wirksam. Ihre Ergebnisse führen vielfach zu Leistungen von epochalem Ausmaß.

Endmontagewerke von Automobilherstellern, die Just-in-Time (JIT) und Just-in-Sequence (JIS) *produktionssynchron* über lange Lieferketten hinweg versorgt werden, sind absolute Höchstleistungen menschlichen Geistes. Die Gestaltung, Planung und Steuerung dieser komplexen Systeme sind noch nie dagewesene Spitzenleistungen. Und ebenso sind Handelsmärkte mit teilweise mehr als 150.000 ständig verfügbaren Artikeln aus mehr als 100 Ländern der Welt das Ergebnis historischer menschlicher Grenzleistungen.

Wir, die globalen Kunden, bekommen davon kaum bis gar nichts mit. Und das ist gut so!

Der gesunde Hausverstand und seine Grenzen im SCM

Ich selbst bin ein Anhänger des gesunden Hausverstands, des „common sense", wie er im angloamerikanischen Raum bezeichnet wird. Doch das gilt nur für den Alltag. Wie rasch wir mit dem Alltagswissen an unsere eigenen engen Grenzen stoßen, soll dieses Kapitel zeigen. Es geht um den Alltagsbegriff „Pünktlichkeit", der aber im Supply-Chain-Management (SCM) eine eminente Rolle spielt. Vor allem die belastbare Pünktlichkeit, die verbindliche Terminzusage auch bei Spitzenbelastungen ist eine beträchtliche Herausforderung für alle Lieferkettenbeteiligten. In der Fachsprache spricht man von *ATP – Available to Promise*, und es bedeutet so viel wie ein „festes Lieferversprechen", auf das sich der Partner verlassen kann.

In der Fachsprache des SCM spricht man nicht von Pünktlichkeit, sondern von Termintreue (TT), Liefertermintreue (LTT) und On-Time-Delivery (OTD). Generell ist die Termintreue im SCM ein ganz zentrales Element der Strategie und somit der Planung und Steuerung von Lieferketten.

Von der Pünktlichkeit zur Termintreue

Der SC-Manager benötigt daher messbare (operationalisierte) Aussagen. Ohne Messbarmachung gibt es keine Messung und ohne Messung keine konkreten Handlungsanweisungen. Ohne konkrete Handlungsanweisungen gibt es keine konkreten Pläne und keine konkreten Ausführungen. Aber gerade diese stellen ja in der Praxis des SCM die Crux dar. Entscheidend ist, dass der Begriff „Pünktlichkeit" genau definiert und operationalisiert wird und damit unter anderem zu einem managebaren Fachbegriff „Termintreue" wird.

„Was Du nicht messen kannst, kannst Du nicht managen." (Peter Drucker)

Die Termintreue ist das Verhältnis der terminlich korrekten Lieferungen zur Gesamtanzahl der Lieferungen. In der Fachliteratur greift die Termintreue auf die Wahrscheinlichkeitstheorie zurück. Hatten wir zum Beispiel bei einer Just-in-Time-Anlieferung 1000 Zustellungen (a) vorgenommen und davon waren 990 terminlich korrekt (b), dann sprechen wir von einer Termintreue von b/a = 0,99 = 99 Prozent. Diese Daten können sowohl im Nachhinein (ex post) als auch steuernd im Vorhinein (ex ante) eingesetzt werden.

Welche Daten benötigt nun der SC-Manager, um eine sichere Aussage machen zu können? Er benötigt eine konkrete terminliche Kundenanforderung, die in Form eines Termintreuewertes ausgedrückt ist, er benötigt des Weiteren die Anlieferzeiten, die aus der nahen Vergangenheit gemessen wurden, und schließlich kann er mit Hilfe der Statistik die Lieferzeitschwankungen, also die mittlere Abweichung von der durchschnittlichen Anlieferdauer ermitteln.

Ein Praxisbeispiel soll das verdeutlichen. Der Kunde verlangt eine Termintreue von ca. 99,9 Prozent, auf keinen Fall darf zu spät geliefert werden. Die mittlere Anlieferzeit ist aus einer großen Anzahl von Lieferzeitmessungen mit 35 Minuten ermittelt worden. Die mittlere Abweichung beträgt +/– 6 Minuten. Wir können folglich die Termintreueforderung des Kunden erfüllen, wenn wir 53 Minuten vor dem vereinbarten Termin losfahren. Und so hat der Zeitstratege gerechnet: Die Anforderung von 99,9 Prozent entspricht einer sogenannten 3-Sigma-Anforderung (1 Sigma steht für eine mittlere Abweichung vom Mittelwert, 3 Sigma daher für drei mittlere Schwankungen). Das bedeutet, dass insgesamt drei Schwankungsgrößen zum Durchschnitt zu addieren sind: 35 Minuten plus 3 mal 6 Minuten ergeben somit 53 Minuten. Um eine Termintreue von 99,9 % zu gewährleisten, muss der LKW 53 Minuten vor der geplanten Ankunft das Werksgelände verlassen. Der ausgebildete SC-Manager kann mittels Statistikkenntnissen und den entsprechenden Programmen (Excel) alle möglichen Lieferanforderungen bei entsprechender Datenverfügbarkeit (Mittelwert, mittlere Abweichung) berechnen.

Fünf Gründe, warum der gesunde Hausverstand versagt

1. Der gesunde Hausverstand erkennt nicht, dass Pünktlichkeit etwas mit Wahrscheinlichkeit zu tun hat.
2. Auch wenn der gesunde Hausverstand Pünktlichkeit als Wahrscheinlichkeitsaussage erkennen würde, könnte er damit nicht kalkulieren.
3. Dem gesunden Hausverstand ist der Prozessbegriff als Abfolge von Handlungen mit einem berechenbaren Verbrauch der Ressource Zeit unbekannt.
4. Der gesunde Hausverstand kann nicht oder nur sehr umständlich mit Massendaten umgehen.
5. Der gesunde Hausverstand kann systemische Wirkungszusammenhänge im Zusammenhang mit Aussagen über die Zeit und Zeitverbräuche schwer erkennen.

So wie ein Tischlermeister, der eine einschlägige Ausbildung und viel Erfahrung im Umgang mit dem Werkstoff Holz hat, zum Holzexperten wird, so ist auch ein Supply Chain Manager dank des permanenten professionellen Umgangs mit dem Werkstoff Zeit ein „Zeitexperte". Wenn bei Ihnen im Unternehmen also das Thema Zeit und Termintreue ein virulentes Problem darstellt, dann sollten Sie einen Experten für Zeitprobleme hinzuziehen. Es gibt dafür Fachleute, die Ihnen mit mehr als nur einem gesunden Hausverstand zur Seite stehen. Zeit und Termintreue sind eine viel zu ernste Sache, um Allgemeinmediziner daran herumdoktorn zu lassen.

Wenn das Beste nicht gut genug ist – Strategien in engen Grenzen

Vielfach hört man im Alltag, dass jemand sich stets bemüht, das Beste zu geben. Auch in Unternehmen geben Mitarbeiter und Manager — meist — das Beste. All das will ich gerne glauben. Trotzdem sei mir folgende Frage gestattet: Ist das gut genug?

Aus der Logistik kennen wir die Problemanforderung einer möglichst optimalen Rundfahrt (Tour), zum Beispiel im Zuge der täglichen Belieferung von Kunden mit Waren. Diese Touren werden üblicherweise von Mitarbeitern der Logistik geplant und optimiert. Zu diesem Zwecke gibt es unter anderem ein sehr einfaches Verfahren, das auf den Namen „Verfahren des besten Nachfolgers" hört.

Praxisbeispiel – das Rundreiseproblem (Travelling Salesman-Problem)

Ein Zusteller von Waren, der am Ausgangsort (Zentrallager) startet, möchte alle anzufahrenden Orte *genau einmal* besuchen und danach zum Ausgangsort zurückkehren. In welcher Reihenfolge hat er die Orte zu besuchen, damit der Gesamtaufwand des Reiseweges in Bezug auf Zeit und Kosten minimal ist?

A sei der Ausgangsort, B, C, D, E seien die anzufahrenden Stationen. Der Aufwand in Euro, um von Ort zu Ort zu gelangen, ist in der untenstehenden Tabelle gegeben. Wir schließen Einbahnstraßen aus und geben vor, dass jeder Ort nur einmal angefahren werden darf.

	A	B	C	D	E
A	–	10	12	24	26
B	10	–	150	14	26
C	12	150	–	12	62
D	24	14	12	–	56
E	26	26	62	56	–

Mit Hilfe dieser Transportkostentabelle können wir leicht eine Rundreise planen. Von A aus liegt B am kostengünstigsten (Aufwand 10 Euro). Weiter von B zu D (14 Euro), von D zu C (12 Euro), von C zu E (62 Euro) und schließlich von E zu A (26 EUR). Die so ermittelte Rundreise verläuft also in der Reihenfolge A, B, D, C, E, A und kostet insgesamt 124 Euro.

Immer das Beste – Step by Step

Vielleicht erkennen Sie bereits einen Zusammenhang zwischen der Eingangsfrage – Ist das Beste gut genug? – und dem hier präsentierten kleinen Praxisbeispiel?

Wir haben zu jedem Zeitpunkt der Rundreise immer den bestmöglichen Nachfolger gesucht und als bestes Ergebnis für die gesamte Rundreise 124 Euro errechnet. Wir haben also immer das Beste gegeben! Von Ort zu Ort – step by step – immer das Beste. Aber ist das wirklich die beste Lösung? Spiegeln die aufgewendeten 124 Euro im konkreten Beispiel tatsächlich die kostengünstigste Rundreise?

Ausgehend von einem Ausgangsort, wird der mit dem geringsten Aufwand erreichbare Ort ausgewählt. Das macht man Schritt für Schritt, bis man wieder zum Ausgangsort zurückgekehrt ist. Jedoch können bei der Einbeziehung der letzten Orte ungünstige Gesamtlösungen entstehen, da die Summe aller Teiloptima kein hinreichendes Kriterium für ein Gesamtoptimum darstellt. Das Verfahren des besten Nachfolgers zeichnet sich dadurch aus, dass vor allem am Anfang sehr gute Ergebnisse erzielt werden. Am Ende kommt jedoch sehr häufig das sprichwörtliche dicke Ende.

Das Lösungsverfahren des besten Nachfolgers hat eine extrem enge Systemgrenze. Diese beinhaltet lediglich die Sicht vom jeweiligen angefahrenen Ort bis zum nächstbesten Ort. Wir denken bei diesem Verfahren nicht über den nächsten Ort hinaus. Daher ist es völlig belanglos, wie die Gesamtstruktur der Standorte ist. Die Optimierungen sind bei diesem Verfahren immer nur auf lokale Teiloptima gerichtet. Das Gesamtziel ist aber nicht, möglichst viele Teiloptima zu erreichen, sondern ein Gesamtoptimum!

Ein Gesamtoptimum wird bei diesem Verfahren nicht einmal in Erwägung gezogen, weil man unausgesprochen davon ausgeht, dass die Addition zahlreicher Teiloptima automatisch ein Gesamtoptimum ergeben muss. Dies ist der Trugschluss, den wir mitunter auch des Öfteren im Alltag begegnen. Denken Sie nur an Ihre Kindererziehung. Sie haben doch immer das Beste gegeben, oder? Und ist dabei auch immer das beste Ergebnis herausgekommen? Denken Sie darüber nach, während wir etwas tiefer in die Materie hineingraben.

Systemgrenzen erweitern

Wir ahnen schon jetzt, dass der ständige Versuch, das Beste zu geben, keine hinreichende Bedingung für das Beste im Gesamten ist. Dies gilt selbstverständlich auch für das Managen kompletter Supply Chains.

Wenn jedes Unternehmen für sich das Beste gibt, ohne gesamtübergreifend entlang der Supply Chain das Beste in Abstimmung mit den Beteiligten der Supply Chain zu erreichen, dann kann das Gesamtergebnis verheerend sein.

Um nun unser Beispiel auch zum Abschluss zu bringen, so kann gesagt werden, dass es durch andere Tourenplanungsverfahren (Heuristiken) wesentlich bessere Gesamtergebnisse gibt.

Die beiden besten Lösungen im Beispiel lauten: $A-C-D-B-E-A$ und $A-E-B-D-C-A$. (Eine Rundreise kann immer in beide Richtungen erfolgen, daher gibt es immer zwei Lösungen.) Der Gesamtaufwand beträgt nun noch 90 Euro. Das systemübergreifende Optimum liegt um 34 Euro unter dem Ergebnis der Rechnung mit dem „besten Nachfolger", das sind nahezu 30 Prozent. Wie ist das möglich?

Supply Chain Management – Management erweiterter Systeme

Wo auch immer wir Optimierungen vornehmen, lautet die entscheidende Frage, wie weit wir die Grenzen des Systems ziehen wollen.

Supply Chain Management ist das Management erweiterter Systeme, zum Zwecke der Verbesserung von Performance und/oder Kosten enger gesteckter Systeme.

Kurzfristige Gewinne (quick wins) einzufahren, ist meist einfach und populär. Langfristig jedoch sind solche Verfahren häufig nicht nur suboptimal, sondern oft verheerend.

Versuchen Sie daher, bei Ihren Überlegungen über Ihren Tellerrand hinauszudenken und Ihr Handeln in ein erweitertes System zu rücken. Das erweiterte System muss von Ihnen überschaubar sein und aus Risikosicht auch einschätzbar. Dann können Sie die richtigen Strategien einsetzen, denn Strategien sind ebenso systemabhängig, wie dies auch die Unternehmensziele sind.

Sie werden die größeren Früchte Ihrer etwas späteren Ernte mehr als genießen.

Das Rätsel der seltenen Schuhgröße – Naturgesetze im SCM

„Der Mensch ist in seinem Verhalten und in seinem Handeln unberechenbar." Wer würde diesen Satz nicht bedingungslos unterschreiben? Es gilt für das menschliche Handeln schlechthin, oder? Der Mensch mit seinen spezifischen Eigenheiten, seinen teilweise eigentümlichem Verhalten, der Mensch als einzigartiges Wesen ist letztlich unberechenbar.

Für das Handeln des Menschen im Rahmen von Unternehmen und von Liefernetzwerken (Supply Chains) steht nicht so sehr ein ganz bestimmter Mensch im Mittelpunkt. Wir interessieren uns vielmehr für die Muster großer Datenmengen menschlichen Handelns. Wir interessieren uns für die typischen, statistisch erfassbaren Handlungen von Menschen und Menschengruppen. Und damit nähern wir uns den Gesetzen der Statistik und der Ökonomie. Dazu schauen wir uns ein Praxisbeispiel aus dem Alltag an.

Praxisbeispiel – „Die seltene Schuhgröße"

Sie interessieren sich für ein bestimmtes Schuhmodell. Daher gehen Sie in ein Schuhgeschäft und fragen danach. Der Verkäufer meint, dass sich das von Ihnen gesuchte Modell sehr gut verkauft habe und dass nur mehr wenige Größen auf Lager seien. Er sieht dort nach, kommt zurück und sagt Ihnen, dass nur noch einige sehr kleine Größen vorhanden seien. Alle anderen Größen seien ausverkauft.

„Es sind oftmals die seltenen Größen, die mir immer wieder Schwierigkeiten machen. So wie Ihre Größe, mein Herr. Schuhgröße 47 hatte ich im Vorjahr im Übermaß vorhanden, aber dieses Jahr waren sie gleich ausverkauft. Warum das so ist, kann ich Ihnen nicht erklären. Es ist mir ein Rätsel", klagt der Verkäufer.

Wir wollen versuchen, dieses Rätsel zu lösen. Dazu sollten wir ein wenig über die Supply Chain des „Shoe-Business" wissen. Folgende Prämissen möchten wir kurz erläutern, um auf des Rätsels Lösung zu kommen.

Prämissen der Supply Chain des „Shoe-Business"

1. Die Kundennachfrage nach Schuhgrößen ist normalverteilt. Die häufigsten Größen werden im Normalbereich (sogenannter 1-Sigma-Bereich = ca. 68 Prozent) nachgefragt. Die besonders kleinen und die besonders großen Größen werden entsprechend selten nachgefragt.
2. Die Zentraleinkäufer der großen Schuhhandelsunternehmen müssen das jeweilige Schuhmodell bereits viele Monate vor Saisonbeginn vorordern. In der Vororder der Einkäufer spiegelt sich die Normalverteilung der Schuhgrößen eines bestimmten Schuhmodells wider. Von den häufig nachgefragten Größen werden mehr und von den nicht so häufig nachgefragten Größen werden weniger geordert.
3. Neue Modelle kommen sehr häufig nur ein einziges Mal auf den Markt. Unverkaufte Waren werden am Ende der Saison zu einem niedrigen Preis verkauft.
4. Die neuen Modelle werden nach Fertigstellung und zu Saisonbeginn den jeweiligen Filialen gemäß ihren voraussichtlichen Verkaufsmöglichkeiten zugeordnet.
5. Die Filialen werden in den meisten Fällen nach dem Push-Prinzip mit dem neuen Modell versorgt. Das heißt, dass die einzelnen Filialen mit den ihnen zugeordneten Saisonmodellen nur einmal oder in manchen Fällen einige wenige Male versorgt werden. Die Filialen müssen versuchen, die bestellten Mengen zu verkaufen.

All das weiß natürlich unser Verkäufer. Aber kennt er auch die Naturgesetze, denen die Supply Chain unterliegt?

Die Naturgesetze der Supply Chain

Eines davon ist ein zentrales Gesetz der Statistik, das Gesetz der großen Zahlen. Es bezieht sich auf einen Sachverhalt, der den Menschen schon vor langer Zeit aufgefallen war und der seine erste wissenschaftliche Formulierung vom französischen Mathematiker Poisson im 19.

Jahrhundert erfuhr. Das Gesetz der großen Zahlen besagt im Wesentlichen, dass die Schwankungen, Unsicherheiten und Oszillationen eines Mittelwertes umso kleiner werden, je größer der Stichprobenumfang ist.

Was heißt das für unsere Schuhe? Nachfrageprognosen für gängige Schuhgrößen, die in großen (!) Stückzahlen nachgefragt werden, sind mit wesentlich geringerer Unsicherheit behaftet als Prognosen für sehr seltene Schuhgrößen. Das ist der Grund dafür, warum seltene Größen entweder häufig ausverkauft sind oder im Übermaß übrigbleiben. Die genauen Berechnungen sind leicht erlernbar. Aber falls Sie sich mit der Mathematik und Statistik nicht so anfreunden können, ist das auch kein großes Problem. Konsultieren Sie einen SC-Manager. Wesentlich ist nur, dass Sie diese Zusammenhänge erkennen und somit auch ein Verständnis für die Strategien im SCM entwickeln.

Strategien für „Exoten"

Wir sehen also, dass wir mit einem kleinen ökonomischen und statistischen Grundrepertoire etlichen Problemen der Lieferkette auf die Spur kommen können und gleichzeitig die Rätsel des Alltags besser verstehen lernen. Im Supply Chain Management gibt es mittlerweile sehr mächtige Software-Tools, die die Nachfrageprognosen deutlich optimieren und dadurch Angebot und Nachfrage besser zusammenführen. Dies führt zu niedrigeren Kosten für alle SC-Beteiligten und zu einer deutlich besseren Versorgung für den Konsumenten.

Andererseits sind im SCM zahlreiche Systemelemente entwickelt worden, die auch seltene Varianten (sogenannte Exoten) mit einer sehr hohen Verfügbarkeit sicherstellen. Dies gelingt beispielsweise durch die Strategie der Bündelung seltener Varianten an zentralen, teilweise virtuellen, Plattformen, so dass die einzelnen dezentralen Elemente wie Filialen rasch und lieferfähig zugreifen können. Das strategische Zauberwort dafür lautet „Bündelung".

Mit der Strategie der Bündelung und damit einhergehender hoher Lieferbereitschaft können bei kurzen Lieferzeiten auch Exoten steuerbar gemacht werden. Die Fortschritte auf diesen Gebieten sind in der Tat sehr beeindruckend. Hier ist die Logistik mit ihren klassischen Strategien sehr weit gedrungen. Für das SCM sind nun unternehmensübergreifende Strategien notwendig, um weitere Effizienzgewinne aus den erweiterten Systemen zu generieren. Die dazu gehörenden Zauberwörter lauten „Variantenmanagement", „Postponement" und ATP (Available-to-Promise).

Kosten selbst auferlegter Begrenzungen – Denkfallen im Vertrieb

In zahlreichen Unternehmen der Konsumgüterindustrie wird der gewerbliche Endkunde von drei Seiten des zu liefernden Unternehmens versorgt. Für den akquisitorischen Teil sind meist — gebietsweise aufgeteilt — Außendienstmitarbeiter (AD) tätig. Der AD wird von zugeordneten Innendienstverkäufern unterstützt. Häufig handelt es sich hierbei um Telefonverkäufer (TV), die nach Abklärung der vertrieblichen Rahmendaten durch den AD lediglich noch aktiv die Bestellungen des Kunden aufnehmen, administrieren und disponieren. Schließlich spielt noch als dritte Stelle der Zusteller (ZS) eine Rolle, der die Produkte zum Kunden bringt. Dieses Triumvirat des Vertriebs versorgt den Kunden mit der Erfüllung seiner Anliegen.

Praxisfall – AD und Tourenplanung

Um sich das ein wenig besser vorstellen zu können, nehmen wir ein typisches Unternehmen aus dem Bereich der Tiefkühlkost-Branche (TKK) heraus.

Der AD ist ständig auf der Suche nach neuen Kunden wie Hotels, Restaurants, Tankstellen und Cafés und hat — nachdem ein Neukunde akquiriert werden konnte — nun ein Kundenanlageformular, in dem die wesentlichen Stammdaten des Kunden aufgenommen werden sollen. Typischerweise werden insbesondere solche Informationen erhoben, die notwendig sind, um den Kunden in regelmäßigen Abständen zu beliefern. Der AD entscheidet häufig bereits vor Ort beim Kunden, wann dieser beliefert wird und welche möglichen Liefereinschränkungen bestehen.

Logistische Stammdaten:

— Lieferadresse
— Anruftag und Liefertag
— Lieferrhythmus und saisonale Lieferrhythmen
— Liefereinschränkungen (zum Beispiel Zeitfenster, Zwei-Fahrer-Zustellung, Klein-LKW)
— Sonstige Lieferdaten (zum Beispiel Kleinmengenzuschlag für die Zustellung, Abholrabatte)

Das Kundenanlageformular enthält somit eine klare Vorlage für die nachfolgende Tourenplanung. Üblicherweise ist jedem AD ein bestimmtes Verkaufsgebiet zugeordnet und jedem AD ein oder mehrere TV und ebenso mehrere ZS. Der große Vorteil dieser jahrzehntelang geübten Vertriebsmethode ist die rasche, einfache und vor allem geübte Zuordnung der jeweiligen Tour. Die eigentliche Tourenplanung ist somit weitgehend vordefiniert. Ein Disponent oder Tourenplaner muss nur noch den Neukunden auf die vom AD vorgesehene Tour einplanen oder manchmal mögliche alternative Touren adjustieren. Von Zeit zu Zeit und in der Hochsaison muss er weitere Touren einschieben.

Wer würde dieser Methode der Tourenplanung nicht uneingeschränkt mit Euphorie beipflichten? Die Tourenplanung wird durch gebietsweise Clusterung des Verkaufsgebiets mit dem vertrieblichen Triumvirat AD-TV-ZS bestens und dauerhaft versorgt. Sowohl akquisitorisch als auch logistisch. Oder?

Selbst auferlegte Begrenzungen

Aus meiner beraterischen Praxis weiß ich, dass die meisten Unternehmer und Manager diesen Fragen nicht nur uneingeschränkt zustimmen, sondern eine mögliche Gegenposition als befremdlich empfinden. Angesichts der langjährig geübten Vertriebs- und Distributionsmethode kann man sich kaum etwas anderes vorstellen. Analysiert man diesen Praxisfall jedoch mit der Brille des SCM, dann sieht man relativ rasch, dass diese Vertriebs- und Distributionsmethode auf zahlreichen selbst auferlegten Begrenzungen beruht.

Bei der Neuanlage eines Kunden gibt der Kunde einen bestimmten Liefertag vor. Daraus ergibt sich dann der Anruf, der Bestell- oder Abruftag. Hierin liegt bereits eine massive selbst auferlegte Einschränkung mit weitreichenden negativen Auswirkungen. Denn alle anderen Zustelltage sind somit keine freien Handlungsmöglichkeiten mehr für den TKK-Hersteller. Gibt der Kunde als Liefertag beispielsweise Dienstag vor, dann ist Montag der Anruftag. Ende. Würde man aber nur die Ausschlusstage vom Kunden aufnehmen, also jene Tage, an denen der Kunde nicht beliefert werden kann oder will (in der Gastronomie zum Beispiel der Ruhetag), dann verblieben mehr als ein Werktag, an denen grundsätzlich zugestellt und angerufen werden könnte. Nehmen wir als Ausschlusstag den Mittwoch, dann verbleiben noch Montag, Dienstag, Donnerstag, Freitag und Samstag als mögliche Zustelltage. Die gesamte Tourenplanung wird bei der Neukundenanlage und somit beim Einfädeln des Neukundenauftrags im Vorhinein zementiert. Völlig unnötigerweise.

Die nächsten Probleme dieser Selbstbeschränkung fließen in alle weiteren Wertschöpfungstätigkeiten des Tiefkühlkost-Unternehmens, auch wenn wir die Produktion der Tiefkühlkost im engeren Sinne einmal außen vor lassen. Der Telefonverkauf, die Auftragsabwicklung, die Disposition, die Lagerhaltung, die Kommissionierung, die Verpackung, der Versand und schließlich die Beladung in einer engpassgesteuerten Beladestrasse oder an engpassgesteuerten Slots (Rampen).

Die Kosten selbst auferlegter Begrenzungen, die in vielen Fällen nicht einmal bewusst vollzogen werden, sind in der Praxis erheblich. In allen folgenden Lieferkettenstufen werden bereits durch die Festlegung des AD mit dem Kunden auf einen bestimmten Liefertag die wichtigsten freien Handlungsmöglichkeiten beschränkt, zugunsten einer fragwürdigen „langfristigen Übung", die nur in seltenen Fällen ausreichend kompensatorisch wirken kann.

„Nachfragespitzen in Nachfragetäler legen" (Bretzke)

Die größten Vorteile der Aufgabe der Selbstbeschränkung ergeben sich in hochausgelasteten Zeiten im Telefonverkauf und im Lagerbereich. Nachfragespitzen könnten flexibel in Nachfragetäler gelegt werden. Entscheidend für diesen SCM-Weg ist das Einbinden des Verkaufs in die bereichsübergreifende Lieferkette. Der Verkauf hat allerdings nun mehr relevante Kundendaten aufzunehmen.

Die (besseren!) SCM-Stammdaten:

– Präferierte Zustelltage
– Präferierte Anruftage
– Zustellrhythmen und Anrufrhythmen segmentiert nach Saisonen
– Lagerkapazitäten (zum Beispiel in Form von Schachteln, Kisten, Kleinladungsträger)
– Stapelfaktoren (Anzahl der möglichen Stapelung der Ladungseinheiten im Lager)
– Aufnahme aller Liefereinschränkungen und -störstellen sowie Abhilfen
– Möglichkeiten der Selbstabholung
– Möglichkeiten von Abgabestellen (sogenannte „unattended deliveries")

The Demand-Side of Supply Chain

Gerade die Verkäufer an der Front hätten die Aufgabe, die Demand-Side of Supply Chain Management zuallererst zu prüfen. Wenn dies für logistische Aufgabenstellungen nicht möglich ist, dann ist ein SC-Manager zuständig, um die notwendigen Informationen vom Kunden im Sinne eines proaktiven CRM (Customer Relationship Management) zu erhalten. Schönwetterverkäufer müssen sich in Verkäufern im Sinne der „Demand-Side of Supply" verändern.

Zahlreiche weitere Details aus meiner Beraterpraxis wären diesbezüglich zu nennen. Für viele Verkäufer und Möchtegernverkäufer ist der Kunde nach wie vor ein unbekanntes Wesen. „Wir müssen unseren Kunden kennen", hat Peter Drucker bei einer eindrucksvollen Rede gesagt und damit genau den Punkt angesprochen, den wir hier aus der Sicht des SCM kritisieren. Wir beschäftigen uns zu sehr mit unseren eigenen Problemen, ohne den Kunden einzubeziehen. „Der Kunde als besserer Mitarbeiter" ist das Stichwort für die Demand-Side of Supply Chain Management.

Was können wir aus diesem Praxisfall auf der analytischen Ebene lernen?

Kosten der selbst begrenzten Handlungsmöglichkeiten

Versuchen Sie, sich auf allen Stufen der Wertschöpfungskette zeitlich viele freie Handlungsmöglichkeiten zu schaffen. Je früher Sie selbst eine Handlungsbegrenzung zulassen, umso schwieriger und kostenintensiver werden alle nachfolgenden Stufen der Lieferkette. Lassen Sie sich die Kosten Ihrer Selbstbeschränkung von Ihrem Supply Chain Management berechnen oder noch besser: Lassen Sie sich Alternativen zu Ihren Handlungsbegrenzungen geben. Im konkreten Fall des TKK-Herstellers konnten durch Zusammenwirken des Unternehmens, der Kunden und der Kunden der Kunden wie auch einiger Logistikdienstleister, Lieferanten und Vorlieferanten die ursprünglichen Distributionskosten um einen zweistelligen Prozentbereich gesenkt werden und das bei gleichem Service-Level. Die Consultingaufwendungen für das TKK-Unternehmen waren innerhalb von sechs Monaten eingespielt. Kapitalrückflussdauern (ROI) von solch kurzer Zeit sind in den meisten Investitionsentscheidungen geradezu utopisch.

Also: Holen Sie sich Ihr Geld mit Supply Chain Management.

Nutzen falscher Entscheidungen – Kosten von Fehlentscheidungen

Sowohl im Alltag als auch im Beruf müssen wir Entscheidungen treffen. Den Entscheidungen gehen — je nach Tragweite — sinnvollerweise mehr oder weniger aufwändige Überlegungen voraus. Nennen wir sie etwas sperrig: Entscheidungsfindungsphasen. Doch auch diese müssen irgendwann zu Ende sein, und man muss entscheiden. Die Entscheidung selbst ist immer in die Zukunft gerichtet, also grundsätzlich unsicher und beinhaltet eine Auswahl an verfügbaren Alternativen. Denn ohne Alternativen kann man nicht von Entscheidung sprechen: Ein Gefangener eines Gefängnisses kann zwar sagen, dass er sich für das Gefängnis entschieden hat, aber das ist keine Entscheidung; er fügt sich seinem Schicksal. Schauen Sie also, dass Sie als Unternehmer, als Manager oder auch als Mitarbeiter niemals in Situationen geraten, in denen Sie sich fügen müssen.

Falsche Entscheidung vs. Fehlentscheidung

Eine sehr interessante Unterscheidung wird von H.A. Ulfers im Buch „Der Consultance-Berater" getroffen. Darin wird unterschieden zwischen „Fehlentscheidung" und „falscher Entscheidung". Was ist der Unterschied?

Eine *falsche Entscheidung* wird so interpretiert, dass sie zum jeweiligen Zeitpunkt, aus den gegebenen Wirkungszusammenhängen und unter den bekannten Randbedingungen im Vorhinein (ex ante) korrekt war, sich jedoch im Nachhinein (ex post) als falsch herausgestellt hat. Das ist insofern leicht nachvollziehbar, da jede Entscheidung in eine unsichere, risikobehaftete Zukunft gerichtet ist und auf häufig subjektiv verzerrten Risikoüberlegungen beruht. Im Rückblick lässt sich also diese Entscheidung, trotz negativen Ausgangs dennoch als korrekt evaluieren, aber unglücklicherweise eben mit negativem Ausgang.

Die *Fehlentscheidung* jedoch war bereits zum Zeitpunkt der Entscheidung durch den Manager oder Unternehmer durch die Wirkungszusammenhänge und deren Randbedingungen absehbar falsch. Also nicht nur im Nachhinein, sondern auch im Vorhinein. Freilich kann auch eine Fehlentscheidung in besonderen Fällen zu einem positiven Ergebnis führen. Wir würden dann vermutlich hemdsärmelig von „Windfall Profit" sprechen.

Nutzen von falschen Entscheidungen

Aufgrund der bisherigen Ausführungen können wir bereits Kosten und Nutzen abschätzen:

Im Falle der falschen Entscheidung haben wir grundsätzlich alles richtig gemacht, weil wir die Wirkungszusammenhänge korrekt analysiert haben, die zahlreichen relevanten Randbedingungen (Kontingenzen) detailliert erfasst haben, den Zeitpunkt der Entscheidung optimal gewählt haben etcetera, und leider trotzdem ein negatives Ergebnis erzielt. Das negative Ergebnis ist jedoch auf die Unsicherheits- und Ungewissheitsessenz zurückzuführen. Es gehört eben auch das Quäntchen Glück zum Entscheiden. Aber was bringt uns diese Feststellung?

Die falsche Entscheidung, die sich im Nachhinein als falsch herausstellt, beschert uns jedoch eine neue Datenlage, eine neue Datenlandschaft. Wir können daraus für zukünftige Entscheidungssituationen lernen. Das ist der Nutzen von falschen Entscheidungen. Auch wenn wir ein negatives Ergebnis mit der falschen Entscheidung erzielt haben, haben wir danach einen Wissensvorsprung erzielt. Dieses Hineintauchen in eine von vielen möglichen Zukünften verschafft uns einen Mehrwert. Aus Fehlentscheidungen hingegen können wir nur lernen, dass wir uns das nächste Mal mehr anstrengen müssen und dass diese Anstrengung möglicherweise Nutzen bringt.

Kann man Würfeln lernen?

Analytisch kann man die Verbesserung der Entscheidungsfähigkeit mit einem Beispiel aus der Wahrscheinlichkeitstheorie besser fassen.

Wenn Ihnen jemand sagen würde, dass er besser würfeln kann als Sie, dann würden Sie bestimmt sagen, dass das Unsinn sei, oder? Na klar, würfeln kann man nicht lernen! Bitte: Warum nicht? Die Frage ist nicht dumm. Denn die Verbesserung einer bestimmten menschlichen Fähigkeit setzt voraus, dass die Fähigkeit trainierbar ist. Trainierbar ist jedoch nur etwas, das auch grundsätzlich vom Menschen beherrschbar ist, etwas, das wir unter Kontrolle bekommen. Das Würfelglück aber werden Sie niemals unter Kontrolle bekommen, denn dahinter stehen physikalische Gesetzmäßigkeiten, die Stand heutiges Wissen nicht beherrschbar sind. Würfeln ist ein vollständig stochastischer, ein zufallsbedingter Prozess. Wir haben keine Möglichkeit, den Zufall zu beeinflussen, außer wir tricksen! Würden also unsere Entscheidungen rein von der Analytik her auf gleicher Basis geschehen, dann wäre es sinnlos von Managementfähigkeiten, Entscheidungsfähigkeiten und Talenten zu sprechen.

„Bounded Rationality"

Bei zahlreichen Verträgen und Kooperationsabkommen innerhalb der Supply Chain werden die Beteiligten mit Anreizen — meist von Controllern — gespickt, die von ihnen entweder unbeeinflussbar sind oder bei denen die anzureizenden Personen aus Planabweichungen nichts lernen können. Zusätzlich kommt bei zahlreichen Anreizsystemen noch hinzu, dass diese Systeme völlig übersteuert sind. Das heißt, dass der Betroffene keine Wirkungszusammenhänge mehr erkennen kann. Und selbst wenn er das könnte, wäre ihm ein adäquates Handeln nicht möglich, weil es viel zu kompliziert und ungeeignet wäre für unsere eingeschränkte menschliche Rationalität (Herbert Simon spricht von „bounded rationality"). Viele vermeintliche Anreizschemata in der Unternehmenspraxis sind so gehalten, dass der anzureizende Mensch keinen Einfluss auf die treibende Größe hat. Daher ist ein solches Anreizschema völliger Unsinn.

Metaphorisch ausgedrückt könnte man sagen, dass wir den Mitarbeiter dazu bringen wollen, dass er „würfeln lernt". Doch was kann der Mitarbeiter rationalerweise wirklich lernen? Der „Würfel" ist nur eine Metapher für Vertragsbestimmungen in Supply Chains, die entweder von den betroffenen Beteiligten nicht beherrschbar oder die von den SC-Beteiligten nicht planbar sind, bestenfalls prognostizierbar mit einem Planungshilfsmittel. Solche Verträge und Abkommen haben in fairen Supply-Chain-Kooperationen nichts zu suchen. Voraussetzung dafür ist jedoch das Erkennen dieser unbeherrschbaren und nicht planbaren Elemente. Dazu ist es vielfach nötig, etwas tiefer zu graben und den Dingen auf den Grund zu gehen. In meiner beraterischen Praxis kommen mir sowohl lieferanten- als auch kundenseitig Verträge unter, die von den betroffenen Beteiligten Fähigkeiten abverlangen, die kontrolliertes Würfeln und die vollständige Rationalität eines homo oeconomicus erfordern.

Was können wir tun?

Im Rahmen von Unternehmensnetzwerken und Wertschöpfungspartnerschaften gibt es bei Kenntnis von bestimmten Risikostrukturen und Unsicherheitslandschaften bestimmte taktische Züge, die den jeweiligen Risiken und Unsicherheiten analytischer angeschmiegt sind als andere. Wir können zwar nicht würfeln lernen, wir können aber über das Spiel, in dem gewürfelt wird, so viel wissen und erfahren, dass wir einen Wettbewerbsvorsprung erzielen können. Sie müssen also das System, in dem Sie agieren, genau kennen und daraus — auch bei zufallsbedingten Prozessen — mögliche bessere Handlungsoptionen ableiten.

Resümierend halten wir fest, dass wir bei genauer Analyse der Wirkungszusammenhänge des Handelns und bei Beachtung der zahlreichen Details an Randbedingungen in den Supply Chains und mit einem Quäntchen Glück auf der richtigen Seite sind. Strategisch Handeln ist immer „in die Zukunft stechen", ein Abenteuer, das durch stetiges Vorwärtsschreiten neues Wissen und dadurch Nutzen stiftet.

Strategen des Tagesgeschäfts – Disponenten

Wer immer Disponenten in der Praxis erlebt hat, weiß, mit welch enormen Unwägbarkeiten diese „Strategen des Tagesgeschäfts" (Timm Gudehus) zu kämpfen haben. Wir sprechen hier in erster Linie von den Material- und Warendisponenten in Industrie, Handel und Gewerbe, die die optimalen Zuordnungen und Zuteilungen hinsichtlich Art, Menge, Zeit und Ort der Transferprozesse zu steuern haben. Transferprozesse ändern nicht das Produkt an sich, sondern nur den Zustand des Produkts in Zeit, Raum, Anordnung oder Menge. Da sind auf der einen Seite die Servicegrade, falls überhaupt explizit vorgegeben, zu halten. Andererseits unterliegt der Disponent oft einem enormen Kostendruck. Auch bei den Kosten gibt es oft keine expliziten Vorgaben, so dass die verbleibenden Lücken häufig durch „muddling through" (Durchwursteln) geschlossen werden.

Wir wollen hier aber nicht nur von den mentalen Belastungen sprechen, mit denen diese Tagesstrategen zu kämpfen haben. Vielfach sind die Rahmenbedingungen, innerhalb derer diese logistischen „Leistungssportler" tages- und stundengenaue Optima finden sollen, fragmentiert und unvollständig, so dass viel Spielraum, oftmals zu viel Spielraum, verbleibt, was in Orientierungslosigkeit und wahrgenommene Ohnmacht mündet.

Bei all ihrer beeindruckenden Leistung im Tagesgeschäft muss man den Unternehmen leider vorwerfen, Disponenten viel zu wenig zu schulen. Vielfach wissen sie über die wesentlichen Wirkungszusammenhänge der Logistik und der Supply Chains kaum bis gar nicht Bescheid. Oft ist nicht einmal bekannt, dass es auf diesem Gebiet in den letzten 15 Jahren analytische und praxisorientierte Fortschritte fast ungeahnten Ausmaßes gegeben hat.

Disponieren kann man nicht lernen!(?)

Ein wesentlicher Grund für diesen betrüblichen Missstand ist darin zu sehen, dass die unverrückbare Überzeugung besteht, dass das Disponieren nicht erlernbar ist. „Disponieren ist reine Talentsache", höre ich sehr häufig nicht nur von Disponenten selbst, sondern auch von Unternehmern und Managern. Diese Aussage wird vielfach emotionsbehaftet verteidigt, falls sie von einem Dritten in Frage gestellt wird. Damit ergibt sich die praktisch unbefriedigende Situation, dass die meisten Disponenten ins kalte Wasser geworfen werden und nach dem Prinzip „to swim or not to swim" überleben müssen. Somit wird die Arbeit eines Disponenten, insbesondere in der Einarbeitungszeit, zu einem Überlebenstraining mit offenem Ausgang. Wer die ersten Monate überlebt, wird bestehen können, so die oft geäußerte Überzeugung. Auch diese starre Meinung wird durch die Praxis widerlegt. Es gibt kaum einen Fachbereich mit so hohen Fluktuationen, trotz relativ guter Bezahlung.

Disposition – Cockpits und Simulatoren

Mittlerweile gibt es auch in zahlreichen deutschsprachigen Ausbildungsplänen exzellent entwickelte Softwareprogramme, mit denen zukünftige Disponenten optimal geschult und auf ihre Anforderungen hin trainiert werden können. Das Herzstück der Dispositions-Cockpits besteht darin, dass üblicherweise von einzelnen Servicegraden (wie Lieferfähigkeit, Termintreue, Lieferzeit) als Spitzenkennzahl abgeleitet zahlreiche Dispositionsparameter eingestellt werden können und zahlreiche Daten systematisch verändert werden können. Die Vorgabe klarer Dispositionsparameter stellt für den Disponenten eine massive Entlastung dar.

Die Parametrisierung von Absatz-, Artikel- und Logistikdaten fällt meist nicht mehr in den Kernbereich eines Disponenten. Trotzdem wäre es in der Praxis notwendig, dass erfahrene Disponenten auch hier ihr Erfahrungswissen einbringen können. Denn nur durch die enge Zusammenarbeit zwischen Disponent und Zentralsteuerer können weitere Verbesserungen erzielt werden. In der Praxis sind das leider häufig nicht miteinander kommunizierende Gefäße.

Mit speziellen „Simulatoren" kann quasi im Trockentraining beinahe alles ausprobiert werden, um Zusammenhänge in der Disposition vernetzt zu erkennen und zu verstehen. Die Disponenten werden — durchaus vergleichbar mit der Ausbildung von Flugzeugpiloten — sys-

tematisch auf ihre verant-
wortliche Arbeit vorbereitet
und spezifisch trainiert. Die
Möglichkeiten dieser Cock-
pits beziehungsweise Simulatoren sind mittlerweile
fast unbegrenzt. Heute sind
Dispositionen auf Simula-
toren bereits für sehr langgliedrige Fertigungsprozesse
und Supply Chains möglich.
Supply-Chain-Cockpits bieten exzellente Möglichkei-

ten, um auch sehr komplexe Lieferketten unternehmensübergreifend
zu steuern. Gerade auf dem Gebiet der zuverlässigen Lieferzeitzusage
(belastbare Lieferzeiten, Available-to-Promise) hat sich in den letzten
Jahren geradezu eine Revolution aufgetan. In SAP sind beispielsweise
mittels APO (Advanced Planner & Optimizer) Möglichkeiten gegeben,
die vor wenigen Jahren als utopisch angesehen worden wären.

In zahlreichen Firmen- und Seminartrainings konnten von unseren
Dozenten bereits hunderte Disponenten in Logistik und SCM auf ihre
Arbeit effektiv vorbereitet werden. Erfahrene Disponenten erhalten
weitere praktische und analytische Inputs und sind immer wieder
begeistert, wie hoch der praktische Lerneffekt ist.

Schwachpunkt – Analytik

Bei aller Euphorie für die Fähigkeiten und Fertigkeiten der Disponenten in Logistik und SCM und bei allen beeindruckenden Tagesleistun-
gen der Disponenten muss jedoch eines kritisch geäußert werden: Dies
betrifft die Kenntnisse für die wesentlichen Wirkungszusammenhänge
in Logistik und Supply Chains. Der große Schwachpunkt der meisten
Disponenten liegt im Erfassen und Umsetzen der analytischen, statistischen und ökonomischen Wirkungszusammenhänge. Diese sind
deswegen so unterentwickelt, weil man der tiefen Überzeugung ist,
dass man das Disponieren nicht lernen kann.

Zahlreiche Kenntnisse der Wirkungszusammenhänge und Kausalitä-
ten sind notwendig, um überhaupt auf soliden theoretischen Beinen
zu stehen und diese in die konkrete praktische Arbeit umzusetzen.
Viele Disponenten sind entweder völlig ahnungslos oder haben sich
über die langjährige Erfahrung durch Versuch und Irrtum so manche
Kenntnisse autodidaktisch — schmerzhaft und mit hohen Effizienz-

verlusten — angeeignet. Diese Art zu lernen, ist für den Disponenten meist sehr langwierig und für das jeweilige Unternehmen teuer, manchmal zu teuer.

Nutzen Sie die genannten Möglichkeiten, so dass Sie mit viel Freude und Effizienz das Beste für sich und für Ihr Unternehmen herausholen. Halten Sie sich dabei an folgende Leitidee: „Es gibt nichts Praktischeres als eine gute Theorie." (Albert Einstein)

Kapitel 4
Performances von Lieferketten – Optimieren und Balancieren

Sind nun die Kerngedanken des Lieferkettenmanagements in mögliche Handlungsstrategien gegossen worden, so ist es die herausfordernde Arbeit des Supply Chain Managers, diese Strategien im Unternehmen in die Tat umzusetzen. Im Mittelpunkt jeder Verbesserung der Liefer- und Wertschöpfungsketten steht immer die Verbesserung der Gesamtperformance. Und davon kann nur gesprochen werden, wenn *alle* Beteiligten der Chain besser als zuvor gestellt (oder zumindest nicht schlechter gestellt) werden. Das schließt den Endkunden ausdrücklich ein.

Auch wenn vielfach von Optimierung der Lieferperformance gesprochen wird, so ist die bescheidenere und realistischere Variante die Verbesserung von Liefer- und Leistungswerten entlang der Chain. Dazu muss das System „Unternehmung" auf weitere Beteiligte der Lieferkette ausgeweitet werden.

Damit geraten die Risiken, Unsicherheiten, Kosten und Handlungsoptionen in den Blick. Je komplexer Liefernetzwerke sind, umso höher sind die Anforderungen an das SCM. Daher können Lieferketten nur in bestimmten Fällen ganzheitlich gemanagt werden. Jede Systemerweiterung hingegen birgt Potentiale der Kostensenkung und Leistungsverbesserung für alle Beteiligten.

Virtuose Zeitkünstler

Die Kernkompetenz von Logistikern und SC-Managern liegt im rationalen Umgang mit der knappen Ressource Zeit. Dazu benötigt man angemessene Zeitstrategien. Auch wenn sich in der Praxis Ziele und Strategien wechselseitig beeinflussen, sollten Sie nicht Strategien mit Zielen verwechseln.

Wettbewerbsziele – Zeitstrategien

Strategien sind Mittel zum Erreichen bestimmter Ziele. So könnte beispielsweise ein Unternehmen das Wettbewerbsziel verfolgen, dass bestimmte zu entwickelnde und zu produzierende technische Produkte in weniger als sechs Monaten auf den Absatzmarkt gelangen sollen. Ein solches Ziel wird als „Time to Market" bezeichnet und beschreibt die Zeitdauer, bis ein Produkt von der Idee zur Marktreife gelangt. Zum Erreichen dieses Ziels benötigt man Strategien, Verfahren, Methoden und Werkzeuge. Das wird von Logistikern und von Supply Chain Managern erwartet, wenn die Zeitstrategien Lieferkettenbeteiligte am gemeinsamen Ziel einschließt.

Sie sehen, wie eng die jeweiligen Wettbewerbsziele mit den Zeitstrategien von Logistik und Supply Chain Management verknüpft sein können. Manchmal sind die vorgegebenen Ziele zu ambitiös, weil es beispielsweise keine ökonomisch adäquaten Zeitstrategien dafür gibt. Dann muss man aus einem Bündel möglicher Ziele ein passenderes auswählen. In der Praxis sind Ziel-Strategie-Schleifen der Normalfall und nicht die Ausnahme.

Die Ressource Zeit ist mittlerweile von so eminenter Bedeutung für Unternehmungen und für das Lieferkettenmanagement, dass der Begriff des Zeitwettbewerbs fast zu einem Allgemeinbegriff geworden ist. Auf dem Gebiete der Zeitstrategien gibt es unzählige Werkzeuge zur Bewältigung der immer stärker steigenden Anforderungen. Der Werkzeugkasten ist oftmals nur noch von einschlägigen Experten überschaubar.

Praxisbeispiel – Auch Einstein hatte nur 24 Stunden

Interessant scheint doch zu sein, wie solche Zeitstrategien mehr aus der knappen Zeit herausholen. Auch Einstein hatte nicht mehr als 24 Stunden.

Sehen wir uns eine typische Zeitstrategie an, die in der Ablaufplanung verwendet wird. Die Zeitstrategie wird *Johnson-Algorithmus* genannt.

Gegeben sind zwei Maschinen M_1 und M_2 und sechs Aufträge A_1, A_2, A_3, A_4, A_5, A_6, zu deren Bearbeitung die Maschinen M_1 (Fräsen) und M_2 (Polieren) notwendig sind.

Folgende Tabelle (Matrix) gibt die Bearbeitungszeiten in Stunden der sechs Aufträge A_i auf den Maschinen M_j an.

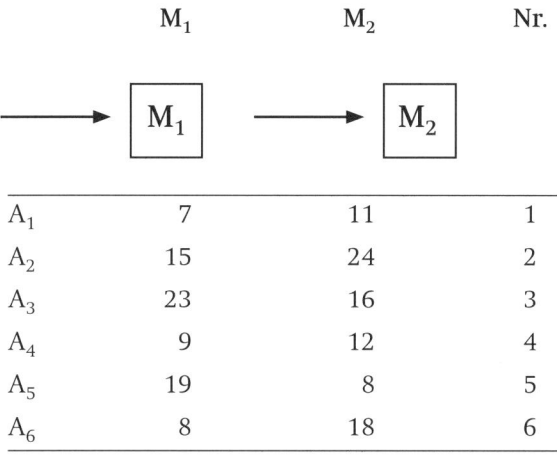

	M_1	M_2	Nr.
A_1	7	11	1
A_2	15	24	2
A_3	23	16	3
A_4	9	12	4
A_5	19	8	5
A_6	8	18	6

Jeder Auftrag hat eine bestimmte technologische Reihenfolge: Vor dem Polieren auf der Maschine M_2 muss das Fräsen auf Maschine M_1 stattfinden. Es soll ein zeitlicher Ablaufplan (Auftragsreihenfolge) gefunden werden, damit eine minimale Durchlaufzeit entsteht. Die Durchlaufzeit beginnt mit der Bearbeitung des ersten Auftrags auf der Maschine 1 und endet mit dem Ende der Bearbeitung des letzten Auftrags auf Maschine 2.

Hier wird eine möglichst kurze Durchlaufzeit gefordert. Zu diesem Ziel führt eine bestimmte Zeitstrategie. Das Ziel könnte auch anders lauten: maximale Kapazitätsauslastung oder minimale Wartezeit oder minimale Maschinenleerzeiten. Der SC-Manager muss die jeweils adäquate Strategie dafür einsetzen:

First-Come-First-Go (FCFG)

Eine bestimmte Zeitstrategie ist typischerweise für ein bestimmtes Ziel ausgelegt. Die bekannteste Zeitstrategie für Auftragsreihenfolgen folgt dem Prinzip „First-Come-First-Go" (FCFG): Derjenige Auftrag, der zuerst hineinkommt, ist zuerst dran. In unserem Falle wäre das der Auftrag A_1. Interessant dabei ist aber, dass diese Zeitstrategie nur für bestimmte Ziele sinnvoll ist. Bei anderen liefert sie keine gute Performance. Das Erreichen einer maximalen Performance ist von der jeweiligen Strategie abhängig. Die wiederum hängt von der konkreten Anforderung ab. Wünscht sich der Produktionsleiter eine maximale Kapazitätsauslastung, dann ist eine gänzlich andere Zeitstrategie notwendig, als wenn das Ziel eine minimale Durchlaufzeit wäre. Diese Tatsache ist vielen nicht bewusst.

Ob Sie nun an der Wursttheke warten, sich an einer Kasse anstellen, im Wartezimmer des Meldeamtes ausharren oder sich an einer Mautstation anstellen – immer treffen wir auf eine bestimmte Zeitstrategie, und sehr häufig ist es die Strategie First-Come-First-Go. Diese Strategie empfinden viele von uns als gerecht. Die jeweiligen Zeitstrategien müssen also weiteren Kriterien gerecht werden, um sie einsetzen zu dürfen.

Typische Kriterien, nach denen Zeitstrategien ausgewählt werden:

Fairness: Niemand soll dauerhaft vernachlässigt werden. Vermeiden Sie das „Verhungern" (starvation) von Aufträgen.
Effizienz: Die zur Verfügung stehenden Ressourcen sollen möglichst vollständig ausgelastet werden.
Leistung: Möglichst viele Prozesse werden in möglichst kurzer Zeit abgearbeitet.
Transparenz: Die einzelnen Schritte der Zeitstrategien werden in ihrem Ablauf und in ihrer Zuordnung zu Ressourcen klar kommuniziert und sind für alle Beteiligten sichtbar nachvollziehbar.
Termineinhaltung: Aufträge, die zu einem bestimmten Termin beendet sein müssen, werden so geplant, dass der Termin eingehalten wird (zum Beispiel Aufträge mit hohen Pönalen).

Sie sehen, das mit den Zeitstrategien ist gar nicht so einfach. Zahlreiche Kriterien sind einzuhalten, wenn wir bestimmte Ziele oder Zielbündel erreichen wollen. Sie kennen sicherlich die Situation an der Supermarktkasse: Sie stehen dort mit einem wohlgefüllten Einkaufswagen und hinter Ihnen fragt jemand mit einem Stück Kaugummi: „Darf ich vorgehen?" Auch hier handelt es sich um eine ganz bestimmte Zeitstrategie.

Wir versuchen in unserem Praxisbeispiel zunächst die Zeitstrategie FCFG, weil sie die mit Abstand einfachste Methode ist.

Mit der Zeitstrategie First-Come-First-Go ist die Reihenfolge der Aufträge, wie sie hereingekommen und abgearbeitet werden, vorgegeben: $A_1 - A_2 - A_3 - A_4 - A_5 - A_6$.

Die Durchlaufzeit nach der Methode FCFG beträgt 100 Zeiteinheiten. Ist das die minimale Durchlaufzeit? Oder könnte man die Aufträge anders reihen und damit eine kürzere Durchlaufzeit erreichen? Die Lösung ist sehr einfach, angesichts der Tatsache, dass lediglich zwei Maschinen relativ wenige Aufträge zu bewältigen haben. Um die − theoretisch − minimale Durchlaufzeit ermitteln zu können, genügen einige sehr einfache Überlegungen:

Sie brauchen nur die Spaltensummen von Maschine M_1 und Maschine M_2 zu bilden. Die Spaltensumme von Maschine M_1 beträgt 81 Zeiteinheiten und die von Maschine M_2 beträgt 89 Zeiteinheiten. Daher ist die Gesamtdurchlaufzeit 96 Zeiteinheiten. Somit muss man lediglich zur höheren Spaltensumme, also von M_2, die sieben Zeiteinheiten addieren, das ergibt dann (89 + 7) Zeiteinheiten = 96 Zeiteinheiten. Wir wissen nun also, dass die − theoretisch − minimale Durchlaufzeit 96 Zeiteinheiten beträgt. Wir wissen aber nicht, wie diese Aufträge von der Reihenfolge her eingesteuert werden müssen. Wir wissen nicht einmal, ob das praktisch möglich ist.

Der Johnson-Algorithmus

Das optimale Ergebnis wird mit der Zeitstrategie von Johnson (Johnson-Algorithmus) ermittelt. Grundsätzlich wäre es natürlich denkbar, dass wir sämtiche Möglichkeiten durchprobieren (Verfahren der vollständigen Enumeration). Wir hätten also insgesamt 720 Möglichkeiten durchzuprobieren (6! = 6 Fakultät). Die theoretisch mögliche durchlaufzeitminimale Reihenfolge lautet dann:

$A_1 - A_6 - A_4 - A_2 - A_3 - A_5$.

Sie können selbst herausfinden, welche Durchlaufzeit mit dieser Sequenz erzielt werden kann. Dies können Sie mittels Visualisierung durch ein GANTT-Diagramm (Balkendiagramm) nachvollziehen oder rechnerisch über eine Matrizenrechnung (Tabellenrechnung).

Natürlich muss niemand – außer Lehrende, Forscher und Wissenschaftler – solche Verfahren händisch rechnen können. Besonders interessant ist jedoch die Logik des Verfahrens. Aus dieser Logik heraus kann man viel über die Logik der Koordination von Zeit in einem System lernen.

Allgemeine Voraussetzungen für den Einsatz einer adäquaten Zeitstrategie

- Auf jeder Maschine kann zur gleichen Zeit nur ein Auftrag bearbeitet werden.
- Die Aufträge werden ohne Unterbrechung (ohne Zwischenschieben eines anderen) auf den Maschinen bearbeitet.
- Die Aufträge sind unteilbar.
- Die Bearbeitungszeiten der Aufträge auf den Maschinen sind bekannt.
- Die Bearbeitungszeiten sind unabhängig von der Auftragsfolge.
- Wird eine Maschine frei, dann wird sofort der nächste Auftrag des Ablaufplanes in Angriff genommen, sofern einer vorhanden ist.
- Verlässt ein Auftrag eine Maschine, dann wird er der nächsten Maschine zugeführt, sofern diese frei ist.
- Transportzeiten (Übergangszeiten) zwischen den einzelnen Maschinen können vernachlässigt werden.
- Zwischenprodukte (unvollendete Aufträge) können zwischen den Stufen (Maschinen) gelagert werden, falls sie warten müssen.
- Dabei ist die technologische Reihenfolge für alle Aufträge gleich, und die Aufträge müssen eine Maschine nur einmal durchlaufen.

Klare Ziele: Wettbewerb und Zeit

Die Zeitstrategien zeigen uns, dass wir für die optimale Anwendung einer bestimmten Strategie klare Zielvorgaben benötigen. Diese Zielvorgaben müssen mit entsprechenden Randbedingungen unmissverständlich beschrieben sein. Bevor Sie sich also hektisch in eine Aufgabe zur Zeitoptimierung von Abläufen stürzen, versuchen Sie Ihr Ziel oder Ihr Zielbündel in Übereinstimmung mit den Wettbewerbszielen (z.B. minimale Lieferzeiten, maximale Termintreue, maximale Flexibilität, maximale Kapazitätsauslastung) zu bringen. Die Formulierung von Wettbewerbszielen und damit einhergehenden Strategien ist eine ausgesprochene Managementtätigkeit.

Jede Zeitstrategie ist nur in Bezug auf ein bestimmtes System und in Bezug auf ein bestimmtes Systemziel oder Systemziele rational anwendbar. Ein über alle Zeitstrategien erhabenes Verfahren wurde noch nicht gefunden und wird in einem selbst begrenzten System mit begrenzter Datenverfügbarkeit vermutlich nie zu finden sein.

Zeitstrategien und Supply Chains

Was wir aber tun können, und damit sind wir mitten im Management von Supply Chains, ist, eine systematische Erweiterung der noch zu stabilisierenden Systemgrenzen vorzunehmen, um weitere Optimierungspotentiale heben zu können.

So könnten sich beispielsweise mit den vor- und nachgelagerten Stellen einer komplexen Produktion prozessübergreifende Handlungsoptionen auftun, die zu weiteren zeitstrategischen Gewinnen führen können. Dazu müssen die Lieferkettenbeteiligten Daten transparent machen, um eine lieferkettenübergreifende Strategie zur Steigerung der Gesamtperformance zu erreichen. Wir erinnern: Die Gesamtperformance darf jedoch keinen Lieferkettenbeteiligten, auch nicht den Endkunden, schlechter stellen. Mit diesen Voraussetzungen ist der SC-Manager in all seinen Strategien zur Steigerung der Performance im besten Sinne des Wortes begrenzt.

Gibt es „die beste" Zeitstrategie?

Vielen Managern ist nicht bewusst, dass es die einzig richtige Zeitstrategie nicht gibt und auch gar nicht geben kann. Unausgesprochen wird davon ausgegangen, dass es irgendwie die beste Zeitstrategie geben muss. Das ist aber ein fataler Irrtum und führt häufig dazu, dass von Mitarbeitern Unmögliches verlangt wird. Denn es gibt immer nur eine bestimmte beste Zeitstrategie in Bezug auf eine bestimmte klar formulierte Anforderung. Einige häufig angewandte Zeitstrategien seien unten exemplarisch aufgeführt (nach Prof. Dr. Ulrich Thonemann):
• First-Come-First-Go (FCFG)
• Shortest Process Time (SPT)
• Earliest-Due-Date (EDD)
• Moore Algorithmus

Die jeweilige Zeitstrategie weist ganz konkrete Vorzüge auf. Manche haben ihre Stärke darin, dass möglichst wenige Verspätungen von Vorgängen auftreten; Andere, dass die auftretenden Verspätungen möglichst zeitlich kurz sind. Es zahlt sich für jeden Manager aus, sich grundlegend und grundsätzlich mit Zeitstrategien auseinanderzusetzen, denn schließlich geht es um einen der wichtigsten Rohstoffe, den knappen Rohstoff Zeit.

Zwischen Skylla und Charybdis – Unternehmerische Meerengen

Dem deutschen Bühnenautor Ludwig Fulda verdanken wir folgende Beschreibung des rechten Wegs des Menschen: „Liegt Skylla links, Charybdis rechts bereit, was kann dem armen Erdenbürger glücken. Der falsche Weg ist Meilen breit, der rechte schmäler als ein Messerrücken."

Odysseus musste auf seiner Heimfahrt von Troja eine Reihe von Gefahren bestehen, bis er endlich in Ithaka ankommend seine geliebte Gattin Penelope in die Arme schließen konnte. Eines der gefährlichsten Abenteuer war die Fahrt durch eine Meerenge zwischen Skylla und Charybdis. Skylla hauste auf einem Felsen, eine in ein Ungeheuer verwandelte Nymphe mit allen Attributen eines Ungeheuers, eine Vielzahl an Mäulern, unzählige Zähne, zu viele Köpfe und zu viele Füße. Ihre Höhle befand sich gegenüber des todbringenden Strudels Charybdis. Der Weg hindurch wurde für viele Gefährten des Odysseus zum nassen Grab.

Zwischen Skylla und Charybdis einen Weg durch strudelnde und gefährliche Gewässer zu finden, das Schiff in schwierigen Zeiten auf Kurs zu halten, erfordert Erfahrung, Risikobereitschaft und Ruhe. Auch der Supply Chain Manager hat immer wieder solche gefahrvollen Meerengen zu passieren. Mit ruhiger Hand in unruhigen Zeiten muss er vorgehen, um eine für den Fortgang des Unternehmens und der Lieferkette erfolgreiche Lösung zu finden, in der er weder vom Wettbewerb „aufgefressen" noch von den vertikalen Lieferkettenbeteiligten „herabgesogen" wird.

Im Mittelpunkt des Managements steht der homo agens, der handelnde Mensch. Der handelnde Mensch ist im Zusammenwirken mit anderen das entscheidende Werkzeug des Managements, insbesondere des Managements von Liefer- und Leistungsketten.

Im Supply Chain Management steht jedoch nicht nur der handelnde Mensch im Mittelpunkt des Interesses, sondern der handelnde Mensch in Bezug auf mögliche Kooperationen mit anderen Menschen und Menschengruppen, hier: mit anderen Lieferkettenbeteiligten und Wertschöpfungspartnern.

Kooperation ist nun per se nicht das Ziel des Unternehmens. Kooperation dient „nur" der systemübergreifenden Verbesserung der eigenen Performance. Wir dürfen niemals schwärmerisch und naiv davon ausgehen, dass das Gemeinsame grundsätzlich das Gute und das Bessere an sich ist. Wir gehen realistischerweise davon aus, dass jedes Unternehmen aus nachvollziehbarem Eigennutz eine möglichst hohe Gesamtperformance anstrebt und anstreben muss, um im Wettbewerb des Marktes überleben zu können. Wir gehen sogar so weit und sagen, dass jeder Unternehmensführer verpflichtet ist, sein Unternehmen mit möglichst geringem Kosteneinsatz zu einem gegebenen Unternehmensziel zu bringen beziehungsweise mit einem gegebenem Kosteneinsatz ein maximal ausgeprägtes Unternehmensziel anzustreben.

Die strategische Position

Das Supply Chain Management als universelle Methode des gezielten Einsatzes von Werkzeugen zur systemübergreifenden Verbesserung der Performance einer Leistungskette und damit auch der Transparenzmachung von Kosten, Risiken und Unsicherheiten kann zur Darstellung des Status eines Unternehmens zum Zeitpunkt x Wesentliches beitragen.

Jedem Manager sollte bewusst sein, dass jegliches menschliche Handeln in eine mehr oder weniger unbekannte Zukunft gerichtet ist. Schon der österreichische Ökonom Ludwig von Mises wusste: „Dass die Zukunft immer unbekannt ist und dass der Mensch handelt, sind nur verschiedene Ausdrucksweisen ein und desselben Tatbestands."

Was können diese Worte zum Management der Lieferketten beitragen?

Früh entscheiden oder möglichst spät entscheiden?

Wenn wir bedenken, dass jegliches Handeln des Menschen in eine ungewisse Zukunft langt, erkennen wir, dass die vor uns liegende Zeit zwischen der Entscheidung für eine Handlung und des Eintritts der Wirkungen einer Handlung umso unsicherer wird, je weiter beides zeitlich auseinanderfällt. Daher würde es sinnvoll sein, die Entscheidung möglichst spät zu treffen. In der Praxis geht einer Entscheidung meist eine mehr oder minder lange Entscheidungsfindungsphase voran. Das heißt, wir benötigen eine mögliche zuverlässige und umfassende Datenbasis, um zu wirkungsvollen Entscheidungen und Plänen zu kommen. Je später wir entscheiden, umso aussagekräftiger wird voraussichtlich die Datenbasis sein. Womit sich die Frage stellt: Warum verlegen wir uns nicht lieber auf die Improvisation?

Die Antwort: Weil wir damit unsere Handlungsspielräume verringern. Unsere Handlungsoptionen sind umso größer, je zeitferner wir unsere Entscheidungen treffen.

Wir kreuzen also mit unseren Entscheidungen stets in einer Meerenge. Entscheiden wir zu früh, dann haben wir eine relativ schwache Datenbasis und relativ unzuverlässige Prognosen beispielsweise über Nachfrage und Absatz. Entscheiden wir aber spät, dann haben wir zwar eine exzellent ausgerichtete Prognose, aber kaum mehr Spielraum für Reaktion oder gar Aktionen. Daher gibt es einen schmalen Grat für optimale Entscheidungen.

Logik und Praxis des Managements

Je mehr Alternativen und Opportunitäten eine Entscheidung ausschließt, umso gehaltvoller ist die Entscheidung. Je mehr sie jedoch an praktischen Gehalt gewinnt, umso risikoreicher ist die jeweilige Managemententscheidung. Ob sie dann auch erfolgreich ist, ist eine ganz andere Frage. Denn jede Entscheidung ist mit Risiken, Unsicherheiten und Ungewissheiten behaftet. Wir haben die Möglichkeit, diese zu mindern, abzuwälzen oder ganz zu vermeiden. Eines muss aber klar sein: Unternehmerisches Handeln bedeutet Übernahme von Risiken und Inkaufnahme von Ungewissheiten. Daher ist die gänzliche Vermeidung von Risiken eine vollständige Abkehr vom Unternehmertum.

Also bewegen sich Unternehmer und Manager ständig zwischen Skylla und Charybdis. Riskieren sie zu viel, dann werden sie „aufgefressen". Riskieren sie zu wenig, werden sie „aufgesogen". So alt die mythologischen Weisheiten auch sein mögen, so nah und mit voller Wucht treffen sie uns in Beruf und Alltag. Und, anders als bei Odysseus, ist die Meerenge zwischen Skylla und Charybdis immer wieder zu passieren.

Strategic Sourcing – Are you Managing your Suppliers?

With all the emphasis in recent years on Just-in-Time (JIT) manufacturing strategies and low inventory levels Supply Chain Managers had to start dealing with a significant increase in risk to secure supply.

Adding to the problem is the fact that due to the uncertain economic conditions suppliers had to deal with continuously changing forecasts and drove down their production schedules not be stuck with any non-required inventory and related cost.

For Supply Chain Managers this results in a much more serious exposure to supply chain disruptions that they need to deal with.

So how does one run a production line in a JIT environment with no or limited inventory, and, at the same time, minimize the risk of a line stop?

Strategic sourcing and risk management will be some of the key areas to focus on. This of course requires the involvement of suppliers to make the necessary changes to our supply chains. Companies need to implement a *Supplier Management System* to achieve the desired results.

Suppliers will play a key role in your business, regardless what business you are in. A well-managed supplier relationship will result in reduced risk, increased customer satisfaction, lower costs, better quality, and better service. In addition when problems arise, a well-managed supplier will ensure he plays his role in finding a solution.

The objective of Supplier Management is to negotiate the lowest possible price. It is to continuously work with your supplier base to reach a working relationship that will mutually benefit both organizations.

As the title of this article already implies — strategic sourcing is to select the best possible partner who will support your business. In return the supplier will surely expect some type of commitment of your company to end up in a win/win situation on which a long term relationship can now be built.

So where does one start and what are the critical success factors of *supplier management in order to enhance performance?* Here are just a few one could begin with:

Supplier selection process – select the right supplier for the right reasons. Build a team consisting of the key stakeholders in your company, and, based on your selection criteria, jointly select the winner.

Build long term relationships – this will only work if you focus on win/win scenarios which create value for both parties.

Invite your strategic suppliers to your strategy meetings – this will increase their understanding of your business and challenges and can result in a competitive advantage.

Try to understand their business too – In your aim to build long term partnerships it will be highly beneficial if you understand their business too.

Over communicate – your strategic suppliers need to know what you are planning. Share forecasts and production schedules etc.

Set goals and monitor performance – Don't just assume that everything goes according to plan once the contract is signed, specifically during early stages. Jointly set KPI's and monitor them closely.

Die Ferse des Achilles – Die Achillesferse von Toyota

Mythologie und Management

Der älteste verschriftlichte Mythos, den uns Homer hinterlassen hat, handelt von einem Helden. Achilles, der vor Troja Unzählige in die Unterwelt warf, erlitt selbst einen tragischen Tod. Laut späteren Ausschmückungen des Mythos wollte Thetis ihrem sterblichen Sohn

Unverwundbarkeit verleihen, so tauchte sie ihn an der Ferse haltend in das Wasser des Styx. Achilles war unverwundbar, bis auf jene Stelle, an der ihn die Mutter hielt, doch der von Apoll gelenkte todbringende Pfeil traf ihn genau an jener Stelle, an seiner Achillesferse.

Alles und jeder ist zumindest an einer kleinen Stelle verwundbar. Menschen und Menschenwerk, also auch Organisationen, Gemeinschaften, Unternehmen und Liefernetzwerke, sind verwundbar. Das ist für uns SC-Manager jedoch nicht entscheidend, sondern dass wir mit der Verwundbarkeit umzugehen lernen und dabei folgende wesentliche Elemente eines Supply Chain Risk Managements beachten:

1. Es muss uns klar sein, dass jedes Unternehmen und jedes Liefernetzwerk grundsätzlich verwundbare Stellen aufweist.
2. Je enger ein Unternehmen mit seinem Zuliefernetzwerk verbunden ist, zum Beispiel durch Materialbestände und Zeitpuffer, umso verwundbarer ist das ganze System.
3. Wenn wir die verwundbaren Stellen eines Unternehmens oder Liefernetzwerks kennen, dann benötigen wir angemessene Gegenstrategien. Das reicht von einem systematischen Risikoausgleich bis hin zu klar kommunizierten Notfallplänen.
4. Sehr unwahrscheinliche Ereignisse werden gerne unterschätzt, weil sie nicht mit dem Schadensausmaß gewichtet werden. Somit sind seltene Ereignisse mit enormem Schadensausmaß von SC-Managern zu berechnen.
5. Die intuitive Vorstellung von der geringen Eintrittswahrscheinlichkeit extrem seltener Ereignissen hat mit der Wirklichkeit nichts gemein.

Die Achillesferse von Toyota

Wie stark eine Just-in-Time-Produktion von einem einzigen Zulieferer abhängen kann, beschreibt das mittlerweile berühmt gewordene Feuer beim Zulieferer Aisin. Der japanische Autobauer Toyota bezog die betroffenen Zulieferteile für Bremsen zu 99 Prozent von Aisin, und genau diese Fabrik wurde 1997 komplett von einem Feuer zerstört. Toyota hatte zu diesem Zeitpunkt nur Lagerbestände von wenigen Tagen, manchmal nur mit vier Stunden Reichweite. Innerhalb kürzester Zeit kam die Produktion in praktisch allen japanischen Toyota-Werken zum völligen Erliegen. Toyota war an seiner Achillesferse getroffen worden. Toyotas Zuliefernetz war gerissen, Hunderte von Fabriken in Japan standen still. Denn täglich wurden Zigtausende Bremsteile benötigt, deren einzige Produktionsstätte abgebrannt war. Der geschätzte Produktionsausfall lag schließlich bei etwa 100.000 Fahrzeugen, der Gewinnverlust bei rund einer Milliarde Euro. Ökonomen berechneten, dass dadurch die japanische Industrieproduktion pro Tag um 0,1 Prozent zurückging.

Wie konnte es dazu kommen?

Vergleichen wir unsere Supply Chain Risk-Management-Anforderungen von eingangs mit dem Vorfall bei Toyota:

1. Toyota hatte mit dem Toyota Production System (TPS) und den damit einhergehenden Just-in-Time (JIT)-Systemen so große Erfolge gehabt, dass sich die Manager von Toyota praktisch für unverwundbar hielten.
2. Bei der JIT-Zulieferung von Bremsenteilen hatte Toyota fast ausschließlich (zu 99 Prozent) auf Single-Sourcing, also Einquellenversorgung, aus einer einzigen Fabrik gesetzt und keine einzige Entkoppelungsstelle eingeplant.
3. Es gab keine Risikostrategien in Form von Risikoausgleich wie zum Beispiel eine Zwei- oder Mehrquellenversorgung oder Notfallpläne.
4. Sehr seltene Ereignisse wie zum Beispiel ein Feuer bei einer Zulieferfabrik werden systematisch unterschätzt, weil sie nicht mit dem enormen Schadensausmaß gewichtet worden sind. Hätte man dieses Szenario durchgespielt und Vorsorge getroffen, dann wäre es nicht zu dieser Existenzbedrohung gekommen.
5. Gut ausgebildete Supply Chain Manager wissen, dass auch sehr unwahrscheinliche Fälle in sehr kurzer Zeit gehäuft auftreten können. Die Vorstellung, dass ein Jahrhundertereignis regelmäßig nur alle hundert Jahre auftaucht, entspringt unserer Intuition. Und die trügt. Die Wahrscheinlichkeit, dass ein sogenanntes Jahrhundertereignis innerhalb eines Managerlebens bis zu drei Mal auftritt, ist durchaus im realistischen Bereich.

Toyotas SCM-Strategie und was wir daraus lernen können

Toyota hat aus diesem Fall Konsequenzen gezogen und seine SCM Strategie völlig neu überdacht. Das Anlieferkonzept JIT in Zusammenhang mit einer Einquellenversorgung für liefernetzwerkkritische Teile wurde durch eine Risikostreuungsstrategie ersetzt, einerseits durch Dual Sourcing (Zweiquellenversorgung), andererseits durch Splitten der Teileproduktion auf mehrere Werke ein und desselben Zulieferers (Single Sourcing nur für den akquisitorischen Teil, Multi Sourcing für den physischen Teil).

Alles ist zumindest an einer kleinen Stelle verwundbar. Wenn dies schon für die großen Helden gilt, dann umso mehr für uns. Die Mythologie ist verdichtetes Wissen um die Welt, in diesem Falle, dass Vollkommenheit nicht möglich ist. Wir sind nicht unverwundbar, und wir müssen es auch gar nicht sein. Denn wir haben Strategien gegen die Verwundbarkeit entwickelt.

Supply Chain Processes

We have to have a basic understanding about the structure and the key components of a supply chain. To breathe some life into our supply chain a number of **Processes** have to take place.

Let's start downstream our supply chain at the client/end user side.

Purchase order management (downstream) – someone needs to order product from a manufacturer based on a purchase order confirming all the required detail such as quantity, quality, lead times, buying terms etc. In supply chain terms this refers to a typical *"pull chain"* scenario, also referred to as BTO process – Build To Order. Someone pulls product from the supply chain based on a purchase order.

Demand planning and forecasting – will take place when dealing with mass produced articles. Sales forecasts and production figures will be based on information such as historical figures and market forecasts. The product will then be "pushed into the market place" and this will be a typical *"push chain"* scenario, also referred to as BTS process – Build To Stock.

MPS – Master Production Schedule – the manufacturer needs to establish if all the required resources are available to produce as per the orders or forecasts. This can refer to the number of staff, shifts worked, facilities, machinery and many other factors.

MRP – Material Requirement Planning – for just about every product there will be a **Bill Of Material BOM**. This document lists all the individual components that the finished product consists of. THE MRP Team will break down this list (sometimes referred to as a *BOM explo-*

sion) and plan the purchase of the raw material or components, set and manage inventory and safety stock levels.

Purchase order management (upstream) – in case of a pull chain strategy a similar process will take place as described downstream.

Demand planning and forecasting – in case of a push chain strategy a similar process will take place as described downstream). Finally, once the first supplier of raw material or components starts dispatching the goods we have the first physical movements and our supply chain will come alive.

Macht und Machtgefälle in Supply Chains

„Wir haben weniger gemeinsam, als uns verbindet"

Das klingt nach einem Resümee für eine Beziehung, in der es um Fragen der Rollen- und Machtverteilung von Mann und Frau geht. Es gibt dieses Phänomen aber auch im Wirtschaftsleben, wenn sich statt Mann und Frau eben Hersteller und Handel gegenüberstehen.

Lange Zeit hatte der Handel die Rolle eines Erfüllungsgehilfen für den Hersteller inne. Das zeigte sich ganz deutlich in der vertikalen Preisbindung oder Preisbindung der zweiten Hand, wie sie auch bezeichnet wird. Aus Sicht der Hersteller begann die Misere mit dem Sündenfall, dass die Verhaltensweisen der Beteiligten im Intra-brand-Wettbewerb (Wettbewerb auf verschiedenen Wirtschafts- und Produktionsstufen) erheblich beschränkt wurden. Aufgrund der Preishoheit des Handels wurde den Herstellern der direkte Einfluss auf den Point of Sale genommen.

Die Hersteller hatten in der vertikalen Preisbindung keinen Nachteil für den Verbraucher gesehen. Dank der Koordinierung konnten Transaktions- und Informationskosten eingespart werden. Diese Einsparungseffekte kamen — so die Hersteller — den Verbrauchern zugute. Sie hatten nur eines nicht bedacht: Nicht die vertikale Wettbewerbsbeschränkung etwa in Form der Preisabstimmung ist der wunde Punkt, die Gefahr geht von der jeweiligen Marktmacht der Beteiligten aus.

Das Spiel mit der Macht

Stellen wir uns die Frage: Finden die Hersteller noch ein Werkzeug, wenn eine Preisbindung des Handels *nicht* erlaubt ist? Die Antwort und gleichzeitig vermeintliche Lösung des Problems lautet: unverbindliche Preisempfehlung. Aber hält sich der Handel an diese Empfehlung? Nein, natürlich nicht. Der Handel versucht, diese Preisempfehlung zu unterschreiten oder gar zu überschreiten. Bietet er billiger an, will der Handel seine Preisgünstigkeit gegenüber dem Kunden unterstreichen. Bietet er teurer an, will er seine Gewinne mehren. Wenn dann noch Sonderaktionen des Handels ohne Absprache mit dem Hersteller erfolgen, ist der Hersteller-Händler-Konflikt schon programmiert.

Das wird Gegenmaßnahmen des Herstellers hervorrufen. Er wird seine Rabattpolitik überdenken. Durch eine niedrige Rabattgewährung gegenüber dem Handel versucht der Hersteller, den Preis am Point of Sale hoch zu halten. Sie werden es bereits ahnen: Auch dagegen weiß der Handel sich entsprechend zu wehren. Er konzentriert und bündelt Umsatzvolumina auf Handelsebene, um so seine Macht in den Verhandlungen mit dem Hersteller zu stärken. Die Generierung einer Win-Win-Situation wird immer schwieriger, vor allem wenn die unterschiedliche Ausgangssituation von Hersteller und Handel nicht bedacht wird.

Dein Ziel ist nicht mein Ziel

Während für den Hersteller jedes einzelne Produkt einen Gewinn abwerfen soll, ist der Handel nicht immer darauf bedacht. Mitunter verfolgt er das Ziel, ein bestimmtes Preisimage aufzubauen. Das zeigt sich in einer sortimentsbezogenen Preispolitik. Dann scheut der Handel auch nicht davor, Produkte unter dem Einstandspreis zu verkaufen. Oder es werden Produkte über dem vom Hersteller empfohlenen Preis verkauft, um beispielsweise ein bestimmtes Markenimage zu erzeugen. Was folgt, ist eine Umsatzkorrektur und geringerer Gewinn. Das ist ein guter Nährboden für Konflikte über die Gewinnverteilung. Das Ziel der Gewinnmaximierung von Hersteller und Handel stehen sich schlichtweg entgegen.

Natürlich kann der bereits eingeschlagene Weg weitergegangen werden. Die Verhandlungen werden härter und härter geführt, und am Ende wird es erfahrungsgemäß einen Übervorteilten geben. Das ist eine Folge der asymmetrischen Machtverteilung. Beide Partner werden mit der Situation unzufrieden sein und hoffentlich nach neuen Lösungswegen suchen. Warum also nicht eine neue Sichtweise wagen?

Das Geschäft nach dem Geschäft

Ein Neuanfang sollte aber nicht auf der alten Basis des Machtspiels gestartet werden. Es sollten neue Aspekte eingebracht werden. Eine neue Sichtweise kann durchaus das Aftersales-Business sein. Davon profitieren sowohl Hersteller als auch Handel. Erfahrungen in unterschiedlichen Branchen zeigen, dass das Aftersales-Geschäft als Treiber des Gewinns geeignet ist. Es darf nur nicht bedenkenlos eingesetzt werden.

Doch was verbirgt sich eigentlich hinter Aftersales? Am besten lässt sich das anhand der Entwicklung in der Automobilwirtschaft zeigen. Die Automobilbranche erkannte frühzeitig, dass ihre Zukunft im Aftersales-Geschäft liegt. Aber ist diese Zuversicht auch dauerhaft begründet?

Schauen wir uns zunächst die Entwicklung der Branche etwas genauer an. Der Automobilmarkt hat sich stark gewandelt. Es gibt mittlerweile neben an Fahrzeughersteller gebundene Autohändler auch freie Autohändler. Die Folgewirkung daraus ist der Kampf um jeden potentiellen Autokäufer und ein hart geführter Preiskampf.

Eine recht eigenwillige Entwicklung weist der Kfz-Ersatzteilmarkt auf, ein wichtiger Bereich im Aftersales-Business. Die Automobilhersteller produzieren nur mehr rund 20 Prozent der Ersatzteile, die restlichen 80 Prozent kommen von den Ersatzteilherstellern. Mit der Einbindung von Zulieferern hat sich deren Kompetenz gewaltig gesteigert. Das Eigenwillige dabei ist, dass die Teilehersteller in der Fahrzeugproduktion als Zulieferer für die Automobilhersteller fungieren, aber als Ersatzteilhersteller mit den Automobilherstellern in Konkurrenz stehen.

Das Aftersales-Business hat sich so weit entwickelt, dass nicht mehr das alleinige Abschlussgeschäft, also der Autokauf, im Vordergrund stand, sondern das dies mehr oder weniger als Hochtreibmittel für das Aftersales-Servicevolumen gesehen wurde. Allein in Deutschland geht es mittlerweile um ein Marktvolumen von knapp 30 Milliarden Euro. Der Trend wurde von vielen in der Branche erkannt, und manche sprechen schon davon, dass sich der Verdrängungswettbewerb drastisch verschärft hat.

Die Zuversicht ist durch diesen verschärften Wettbewerb geschwunden. Dabei hat man ganz einfach etwas Wichtiges übersehen: den Kunden. Dass die Einkommensverhältnisse der Verbraucher letztendlich beschränkt sind, ist nichts Neues. Und auch im „Geschäft nach dem

Geschäft" entscheidet der Kunde, wie viel Geld er für Serviceleistungen ausgeben will und kann.

Die Zukunft heißt Aftersales

Ja, das ist eine klare Aussage. Was zur wichtigsten Frage für die Automobilbranche geworden ist, gilt ebenso für Branchen, die jetzt erst auf das Aftersales-Business aufspringen. Mit der richtigen Strategie wird es auch in Zukunft möglich sein, gute Gewinne zu erzielen. Die Leistung, die Qualität müssen stimmen und der Preis muss wettbewerbsfähig sein. Gefragt sind gute Ideen, die kontinuierlich auf die Bedürfnisse der Kunden anzupassen sind. Somit stellen sich am Ende einige Fragen, die Ihnen als Denkanstöße dienen sollen:

- Analysieren Sie Ihre derzeitige Hersteller-Händler-Situation
- Sind Ihre Preise in Ordnung?
- Stimmen Ihre Angebote für Produkte und Dienstleistungen?
- Welche Aftersales-Geschäfte sind für Sie und Ihre Supply Chain machbar und welche Umsatzchancen ergeben sich daraus?
- Wie sieht dafür das Potential Ihrer Stammkunden aus?
- Wie viele Neukunden können sie aus dem Aftersales-Geschäft gewinnen?

Überbuchung – Verbesserung der Performance für den Kunden

Alleine der Titel dieses Essays lässt den Schluss zu, dass es sich hier offensichtlich um ein Missverständnis handeln muss. Oder um eine Paradoxie, um einen nur scheinbaren Widerspruch. Denn überbuchte Hotels, überbuchte Fluglinien, überbuchte Produktionskapazitäten und sonstige überbuchte Ressourcen sind ein Ärgernis für jeden betroffenen Kunden. Und worin sollen dann Vorteile liegen?

Bei Überbuchungen geht es möglicherweise gar nicht um Fehlhandlungen, sondern um ein bewusst eingesetztes Werkzeug in Unternehmen und Lieferketten zur Verbesserung der Performance. Nehmen wir ein Beispiel aus der Nahrungsmittelindustrie.

Praxisbeispiel – Krampusse und Nikoläuse

Alljährlich finden die gleichen Prozeduren im Lebensmittelhandel statt: das Bestellen der Krampusse und der Nikoläuse aus Schokolade. Die Hersteller dieser Produkte müssen relativ früh die Aufträge von den Handelsunternehmungen aufnehmen und die entsprechenden Ressourcen für die Deckung des Bedarfs zur Verfügung stellen. Dazu muss man wissen, dass die Nachfrageprognosen im Frühjahr, wenn geordert wird, noch sehr unsicher sind. Daher werden in die Verträge sogenannte Optionen eingepflegt, die vor allem vom Käufer bis zu einem bestimmten Zeitpunkt ausgeübt werden können. Nun begünstigen die Machtverhältnisse im Lebensmittelbereich zwar den Handel und lösen bei kleineren Produzenten bisweilen Unmut aus, haben aber keine substanziellen Konsequenzen. Auch die Hersteller können und müssen hin und wieder stornieren. Etwa die Hälfte der Hersteller nehmen deutlich höhere Bestellmengen an, als letztlich mit den verfügbaren Ressourcen und Kapazitäten zu bewältigen sind. Die Summe aus allen fixen Bestellungen liegt über den Optionsmengen, die von den eigenen verfügbaren Ressourcen, der Produktion, der Lagerhaltung, der Rohstoffe und so weiter bestimmt werden.

Warum überbuchen die Hersteller?

Es hat in erster Linie den Sinn, die vorhandenen Kapazitäten voll auszunutzen. Und das geht nur bei Überbuchung der Kapazitäten. Denn aus Erfahrung weiß man, dass es immer wieder zu Stornierungen seitens des Handels kommt. Doch beim Hochfahren der Produktionsmenge können die Stückkosten eines Produktes deutlich gesenkt werden. Der Vorteil für den Kunden und letztlich für den Konsumenten besteht darin, dass die Krampusse und Nikoläuse nun billiger angeboten werden können. Der Vorteil für die Lieferkettenbeteiligten liegt darin, dass ihre Kapazitäten immer voll ausgelastet sind und dass ihre Ressourcen voll aufgebraucht werden. So werden Leerkosten vermieden. Leerkosten sind fixe Kosten, die jedoch nicht auf eine entsprechende Menge aufgeteilt werden können.

Überbuchung im Seminarwesen

Einige der Autoren dieses Buches sind im Seminargeschäft tätig. Auch wir überbuchen. Warum? Die Antwort ist einfacher als gedacht: Viele Monate vor den geplanten Veranstaltungen, die von verschiedenen Seminarveranstaltern organisiert werden, werden die Kurse und Vorträge auf diversen Plattformen angekündigt. Für diese Seminare muss der Veranstalter Seminarvortragende buchen. Meist erfährt er jedoch erst relativ spät, ob ein Seminar überhaupt stattfindet, ob sich nämlich genügend Teilnehmer gefunden haben. Wenn der Seminarvortragende also keine Überbuchung seiner Termine vornimmt, dann hat er an einem stornierten Seminartag keine Auslastung. In manchen Fällen übernimmt das Auslastungsrisiko der Veranstalter selbst. In anderen Fällen wird das Risiko fair aufgeteilt. Ich für meinen Fall sehe jedenfalls zu, dass mein Seminarkalender „heillos" überbucht ist. Denn nur damit kann ich eine hundertprozentige Auslastung erreichen.

Überbuchung und Backup

Zugegeben: Das klingt weder ethisch noch fair. Und es wäre auch nicht in Ordnung, wenn ich die Strategie der Überbuchung nicht im Falle von standardisierten Lehrprogrammen (nicht bei personenbezogenen Programmen!) mit einer zweiten Strategie koppeln würde, nämlich mit einem Backup. Das bedeutet in diesem Zusammenhang, dass ich einen Stellvertreter mit äquivalenten Fähigkeiten benennen kann. Daher verfügt ein vollbeschäftigter selbständiger Seminarvortragender entweder über einige Mitarbeiter, die ihn inhaltlich ersetzen können oder über weitere selbständige Partner, die ebenso die Leistung durchführen können.

Vorteile für alle Beteiligten der Leistungskette

So paradox das nun klingen mag, diese Strategie der Überbuchung hat für alle Beteiligten der Leistungskette Vorteile. Warum?

1. Der Seminarveranstalter kann davon ausgehen, dass das geplante Seminar in jedem Fall abgehalten wird, selbst dann, wenn der Seminarvortragende wegen Krankheit ausfallen würde. Denn die Stellvertretung übernimmt vollinhaltlich die Leistung.
2. Findet das Seminar mangels genügend Anmeldungen nicht statt, dann muss der Seminarveranstalter keine Stornierungskosten an den Vortragenden bezahlen.
3. Die Seminarteilnehmer bekommen auf jeden Fall ein Seminar, da jeder Seminarvortragende ein Backup, in der Praxis des Seminarwesens sogar mehrere Backups, hat.
4. Die Seminarteilnehmer erhalten einen relativ günstigen Seminarpreis, da sich der Seminarveranstalter mit den Seminartrainern und deren Backups die Vollauslastung sichert.

Sie sehen also, anhand des sehr plastischen Beispiels des Seminarwesens, dass die Leistungskette bei Überbuchung fast ausschließlich Vorteile für den Kunden und für alle Beteiligten der Leistungskette aufweist. Die Vorteile für den Kunden sind umso größer, je höher die Stornierungsrate ist und je besser ein möglichst gleichwertiges Backup geschaffen wird.

Überbuchungen machen also durchaus Sinn in allen Lieferketten, um Kosten und Preise durch verbesserte Auslastung der Kapazitäten zu senken. Bedenken Sie also in Zukunft, wenn Sie von Überbuchungen hören, dass diese im Sinne des Kunden erfolgen!

Fitness Tests for your Supply Chains – Industry Benchmarking

Just like us humans go for a medical check from time to time we should put our finger on the pulse of our supply chain(s) and take it through a fitness test.

A good way to evaluate the performance is *Industry Benchmarking*. To define the meaning of it in a bit more detail I quote from Wikipedia

"Industry Benchmarking is the process of comparing one's business processes and performance metrics to industry bests or best practices from other companies".

The measurement units as I call them will be expressed in *ratios* which will assist us in the comparison against other companies. The ratios will tell us if our performance is up there with the best in class companies or if we are lacking behind below the average line and urgent action is required.

Ratios are divided into four basic categories
• Profitability Ratios
• Operating Ratios
• Valuation Ratios
• Financial Ratios

As this space will not allow for the coverage of them all we shall pick out the *operating ratios.*

The main items we measure in the category of operating ratios are

• Asset turnover
• Inventory turnover
• DIO (Days Inventory Outstanding)
• DSO (Days Sales Outstanding)
• DPO (Days Purchases Outstanding)
• Cash to Cash Cycle

For the purpose of this exercise I have picked the *Cash to Cash Cycle* which we are going to examine more closely.

A simple definition — it is the time it takes a company to turn its resources into cash.

How does it work?

In order to work out the C2C cycle we need to have the following information

DIO – the average number of days a company holds inventory before it's sold.

Days inventory outstanding = (average inventory / cost of goods sold) * 365 days

DSO – the average number of days it takes a company to collect its money's for goods sold

Days sales outstanding = (Current Receivables/Total Credit Sales) *365 days

DPO — the average number of days it takes a company to pay its suppliers.
Days purchases outstanding = (Accounts *Payable/ (Cost of Sales/365)*
The formula to work out the cash to cash cycle reads as follows —
C2C = DIO + DSO — DPO

Example 1
DIO = 45; DSO = 40; DPO 55
45 + 40 − 55 = + 30
In this example your company has a *positive* C2C of 30 days. This is however a negative result as the company pays its suppliers an average 30 days before they get paid for the goods sold. There will be a strong need for action.

Example 2
DIO = 12; DSO = 25; DPO = 60
12 + 25 − 60 = − 23
In this example the company has a *negative C2C* which is a positive result as the company collects payments for goods sold as an average 23 days before they pay their suppliers.

What we have just worked out was one operating ratio of an organization. The same exercise can of course be applied to all the type of ratio's listed above.

The result of this exercise will clearly show you how well your company is managed and where some areas are that need some urgent attention.

This type of data can be accessed freely for every public company. This is a great tool to compare yourself with some of your competitors and evaluate how well you perform against the best in class candidates.

In well managed companies this information should be available at all times.

Kapitel 5
Ein Blick in den Werkzeugkasten –
Tools des Supply Chain Managers

Siamesische Zwillinge – Zeit und Termintreue

Das Faszinierende am Management von Lieferketten ist die enge Verbundenheit mit dem Alltag. Es gibt kaum ein Segment, das sich nicht auch im Alltag, in der Alltagssprache und in Alltagsproblemen wiederfindet. Nun, das ist nicht verwunderlich, denn es geht im Prinzip immer um das Gleiche: das Handeln und das Zusammenhandeln des Menschen für eine bessere Zukunft. Das ist die untrennbare Verbindung von Wirtschaft und Alltag. Anders aber als im Alltag müssen wir im SCM tiefer graben und präziser vorgehen. Dazu benötigen wir trennscharfe Begrifflichkeiten. Wir müssen also eine bestimmte Sprachkompetenz erwerben, die weit über die Alltagssprache hinausreicht. Sprachkompetenz stellt ein wesentliches Werkzeug des Supply Chain Managers dar, denn mit Sprache verständigen wir uns.

Deckungsgleiche Begriffe

Einer der am häufigsten verwendeten Begriffe in der SCM-Literatur sind „Lieferzeit" und „Termintreue". Diese beiden Begriffe sind untrennbar miteinander verbunden und das eine kann ohne das andere nicht sein – im Beruf wie im Alltag.

Praxisbeispiel – Wohnzimmercouch

Nehmen wir folgenden Fall. Sie bestellen bei einem Möbelhaus eine Wohnzimmercouch und bekommen als ungefähre Lieferzeit beispielsweise sechs Kalenderwochen (KW) genannt. Dann sollte Ihre nächste Frage lauten: Wie sicher steht der Termin? Der Verkäufer wird antworten: Die Lieferzeit von sechs Wochen ist eine Standardlieferzeit, sie ist eine aus unseren Erfahrungen heraus recht zuverlässige Zusage. Sie fragen weiter: Wie zuverlässig ist diese Zeitangabe? Der Verkäufer wird sich vermutlich auf Erfahrungswerte herausreden und, wenn er seriös ist, sagen: Klar, es kann immer etwas dazwischen kommen. Aber im Großen und Ganzen halten unsere Termine. Sie sehen also bereits an diesem Dialog, dass „Lieferzeit und Termintreue" oder „Lieferzeit und Pünktlichkeit" zusammengehören. Aus der logistischen Praxis und aus den Forschungen in Logistik und Lieferkettenmanagement wissen wir, dass es einen untrennbaren analytischen Zusammenhang gibt und dass sich dieser Zusammenhang modellhaft berechnen lässt.

Nehmen wir an, dass die Lieferzeit tatsächlich auf sechs Wochen geschätzt wird und dass die mittleren Abweichungen von dieser Standardlieferzeit bei +/– einer Woche liegen. Das entspricht einer mittleren Lieferzeitschwankung. Dann können wir bereits jetzt eine realistische Angabe darüber machen, wie lange die tatsächliche Lieferzeit ist, wenn Sie eine Termintreue fordern, die praktische Zuverlässigkeit bietet. Wir nennen dies in der Fachsprache „belastbare Lieferzeitzusage" oder „verbindliche Lieferzeitzusage", eventuell gekoppelt mit einer Strafgebühr zu Lasten des Verkäufers.

In diesem Fall wäre bei einer Termintreue-Anforderung von 99,9 Prozent die korrekte Lieferzeitangabe neun Kalenderwochen. Denn die Termintreue-Anforderung von 99,9 Prozent ist eine 3-Sigma-Anforderung. Sigma steht für eine mittlere Abweichung, das ist in unserem Fall eine Woche. Bei drei Abweichungen zählen wir zum Mittelwert von 6 KW 3 x 1 KW hinzu und erhalten 9 KW. Somit erkennen wir, dass eine Lieferzeitangabe ohne Angabe eines belastbaren Termintreuewertes etwas völlig anderes ist als eine belastbare Lieferzeitangabe. Hier klaffen im konkreten Fall bis zu drei Wochen. Man kann relativ einfach mit Microsoft Excel über den Funktionsassistenten mit der Funktion NORMINV alle möglichen Wahrscheinlichkeitswerte abfragen. Sie müssen nur die mittlere Lieferzeit und die mittlere Lieferzeitschwankung wissen. Vorausgesetzt ist, dass die Lieferzeiten annähernd normalverteilt sind.

Modellhafte Bedingungen

Die genannten quantitativen Aussagen haben also eher Modellcharakter. Das bedeutet, dass in der praktischen Anforderung noch erheblich mehr Probleme hinzutreten können, weil modellhafte Berechnungen stets auf zahlreichen Annahmen beruhen. Welche sind das hier? Ohne Anspruch auf Vollständigkeit oder Systematik:

- Die Lieferzeitverteilung unterliegt einer Normalverteilung.
- Die Lieferzeitverteilung ist symmetrisch (also nicht links- oder rechtsschief).
- Der Mittelwert der Lieferzeit ist ein arithmetisches Mittel.
- Arithmetisches Mittel, Median und Modus sind gleich.
- Lieferzeit und Termintreue werden als zufallsbedingt angenommen.
- Es werden keine Priorisierungen vorgenommen.
- Unsicherheiten und Ungewissheiten werden nicht separat berechnet.
- Die Ereignisse für die zufallsbedingten Schwankungen sind voneinander unabhängig.
- Die Zeitstrategien sind fair im Sinne von First-Come-First-Go (FCFG)

Wir sehen also, dass auch in unserem modellhaften Fall noch zahlreiche Randbedingungen angenommen werden, die nicht unbedingt in der Praxis auftreten müssen. Daher soll bereits hier gewarnt werden vor einer allzu leichtfertigen Anwendung von Modellen in der komplexen Welt des menschlichen Handelns und Kooperierens.

Available to Promise – Vom bloßen Versprechen zum SCM

Logik der Zeit und der Zeitzusage

Wenn Sie aus dem bisher Gesagten mitnehmen können, dass Lieferzeit und Termintreue untrennbare Eckdaten sind und dass Sie die enge Koppelung dieser beiden Größen erkennen und womöglich auch berechnen können, dann haben Sie schon ein relativ tiefes Verständnis von der Logik des menschlichen Handelns in Bezug auf Probleme der Zeit bekommen. Damit ist bereits ein wesentlicher Grundpfeiler zum tieferen Verständnis des menschlichen Handelns, das den Kern unserer Überlegungen bildet, gebaut.

Der zweite Grundpfeiler betrifft das Zusammenhandeln zweier oder mehrerer Lieferkettenbeteiligter, denn eines ist auch aus dem vorhergehenden Abschnitt klar geworden: Wenn Sie eine Wohnzimmercouch in einem Möbelhaus bestellen, die erst auf Ihre speziellen Anforderungen hin produziert werden muss, dann müssen viele Wertschöpfungsbeteiligte zuverlässig zusammenspielen. Ansonsten ist es unmöglich, überhaupt eine belastbare Lieferzeitzusage (Available to Promise, ATP) zu tätigen. Standardlieferzeiten (SLZ) gehören immer mehr der Vergangenheit an, denn sie beinhalten lediglich eine unverbindliche Angabe der Lieferzeit, ohne jede explizite und erfolgszeitkritische Verantwortlichkeit.

Feste Lieferzeitzusagen (ATP) – Werkzeug des Meisters

Der Quantensprung von der SLZ auf ATP ist die zuverlässige Zusage von Lieferzeiten und eng gesteckten Zeitfenstern über eine gesamte Lieferkette hinweg. Das schwächste Glied in der Kette bestimmt letztlich die Ausgangsleistung, sofern nicht entsprechende Entkoppelungs- und Entstörungsstellen geschaffen wurden. Das Available to Promise (ATP) Konzept gehört zu den Meisterleistungen im SCM. Nicht mehr nur die Lieferzeit und die Lieferzeitzusage eines Beteiligten müssen halten, sondern *alle* in einer Lieferkette zu einer gemeinsamen Leistung verbundenen Lieferzeitzusagen müssen belastbar sein. Nach dem Multiplikationstheorem der Wahrscheinlichkeitstheorie steht und fällt die Ausgangsleistung (zum Beispiel die fertige Wohnzimmercouch zum richtigen Zeitpunkt) mit der Anzahl der Lieferkettenbeteiligten, der Anzahl der zu liefernden und unterzuliefernden Teile und Komponenten sowie der Anzahl der ausgelagerten Dienstleistungen etcetera, und zwar überproportional. Je höher also die Termintreueforderung am Ende der Kette, umso höher muss die Termintreueleistung jedes einzelnen Kettenelementes sein.

Ein Bündel von Werkzeugen des SCM

Entspannt werden solche belastbaren Zusagen (ATP) vor allem durch Entkoppelungsstellen, Materialbestände und Zeitpuffer sowie durch die Kombination von *Push- und Pull-Prinzip*. Das bedeutet, dass viele Teile und Komponenten der Wohnzimmercouch kundenanonym vorgefertigt und daher auf Lager produziert werden. Dies betrifft vor allem Normteile, die typischerweise modular verwendbar sind. Das *Push-Prinzip* ist ein wesentliches Werkzeug zur Verkürzung der Durchlaufzeiten in allen Branchen. Wenn der Kunde – wie in unserem Couch-Beispiel – sehr weit in die Produktstruktur und daher auch in die Produktionsstruktur des Endproduktes eindringen kann, dann spricht man vom *Pull-Prinzip*. Der Kunde beharrt auf einer exakten Angabe der Lieferfrist und nimmt dafür auch statistische Schwankungsgrade in Kauf. Das heißt, dass er mit einer längeren Lieferzeit zu rechnen hat. Entspannt wird hier wiederum durch ein weiteres Werkzeug des SCM, dem sogenannten *Variantenbildungspunkt*. Das ist der Punkt, an dem das Produkt – vorerst bestehend aus lagerfähigen Norm- und Modularteilen – entsprechend den Kundenwünschen ausdifferenziert wird, wo der Kunde also mit seinen Wünschen die Terminierung beeinflussen kann. Der Variantenbildungspunkt nennt sich deshalb auch Kundeneindringpunkt oder *Order-Penetration-Point (OPP)*. Zahlreiche Industrien und Dienstleister haben die Produkt- und Leistungsstruktur ihrer Produkte und Leistungen so verändert, dass der Kunde einerseits sehr weit in die Produktstruktur eingreifen kann und trotzdem mit relativ kurzen Lieferzeiten und gleichzeitig hohen Termintreuewerten rechnen kann.

Wir sehen, dass die Kombination aus SCM-Werkzeugen Höchstleistungen am Markt erzeugt, die vor wenigen Jahren in dieser Breite und in dieser Tiefe als unerreichbar galten. Fassen wir genannte Werkzeuge des SCM zusammen:
— Available-to-Promise (ATP)
— Push-Prinzip
— Pull-Prinzip
— Modularer Produktaufbau
— Standardteile und Normteile
— Lagerfertigung (kundenanonyme Fertigung)
— Auftragsfertigung (kundenspezifische Fertigung)
— Variantenbildungspunkt, auch Order Penetration Point (Kundeneindringpunkt)

Die hohe Kunst des SC-Managers besteht in der Kombination zahlreicher Werkzeuge für die lieferkettenübergreifende Verbesserung und Optimierung.

Siamesische Mehrlinge

Aus dem geschilderten Praxisfall und den dahinterliegenden koordinierten und kombinierten Lieferketten- und Liefernetzwerkleistungen kann man erkennen, dass alle relevanten Lieferkettenbeteiligten über mehrere Ebenen engstens verkoppelt sein müssen und gleichzeitig der physische Auftragsfluss entweder extrem hohe Zuverlässigkeitswerte aufweisen oder durch diverse Bestände entkoppelt sein muss: Das betrifft die Ebene des Informationsaustausches, die Ebene des physischen Austausches von Transport-, Umschlags- und Lagerleistungen, zahlreiche Value Added Services (zum Beispiel Verpackung, Labeling, Ladungssicherung) und zentral die generischen Leistungen der klassischen Funktionen Beschaffung, Produktion und Vertrieb der einzelnen Kettenelemente.

Somit sind nicht nur Lieferzeit und Termintreue siamesische Zwillinge. Einschließlich der relevanten Lieferkettenbeteiligten, die sich — mehr oder weniger konkludent — zu einer gemeinsamen Leistung verabredet haben, können wir von Mehrlingen sprechen. Auch wenn diese Untrennbarkeit nicht für immer ist: Solange sie gemeinsam belastbare Leistungen hervorbringen möchten, sind sie siamesische Mehrlinge.

Das Wurzelgesetz von Logistik und SCM

Naturgesetze in Logistik und Supply Chain

Viele Zusammenhänge logistischer Versorgungsleistungen sind nicht-linear. Dies widerspricht vielfach unserem intuitiven Zugang zu vermeintlich einfachen Kontexten in der Welt der Logistik und Supply Chains. Eines der bekanntesten Naturgesetze beruht auf ökonomischen und statistischen Gesetzmäßigkeiten. Es handelt sich um das Wurzelgesetz der Logistik, genauer gesagt, um das Quadratwurzelgesetz der Logistik. Versuchen wir dieses zentrale Gesetz anhand eines einfachen Beispiels darzustellen:

Viele dezentrale Stellen, zum Beispiel Filialen, werden aus einem zentralen Lager bedient, dessen Verbrauch regelmäßiger und besser prognostizierbar ist als die dezentralen Einzelverbräuche. Warum ist das so? Der Grund liegt im Gesetz der großen Zahlen. Je größer die Zahlen (zum Beispiel Mengen), umso kleiner ist die prozentuale Schwankung vom Mittelwert, der sogenannte Variationskoeffizient. Wenn beispielsweise bei 100 Händlern eines Fahrzeugherstellers täglich durchschnittlich 10 Einzelbestellungen für einen Fahrzeugtyp eingehen, dann hat die Streuung dieser Bestellungen – unter der Voraussetzung einer Normalverteilung – ein bestimmtes Ausmaß, das statistisch einfach berechenbar ist. Die Gesamtanzahl der Bestellungen und ihre Schwankung lassen sich in jedem Fall leichter abschätzen als die konkrete einzelne Bestellung des jeweiligen Händlers und dessen Bestellmengenschwankung. Somit sind aggregierte Mengen immer mit weniger Unsicherheit im Sinne von Schwankungen behaftet als nicht-aggregierte Mengen. Diese statistische Tatsache macht man sich in Logistik und SCM zunutze. Somit ist die Aggregation von Daten und das Zentralisieren von Mengen ein wesentliches Instrument des Lieferkettenmanagements. Es ist ein geradezu universelles Werkzeug für den SC-Manager.

Zentrale Aussage des Wurzelgesetzes (Quadratwurzelgesetz)

Wissenschaftlich formuliert lautet eine der zentralen Aussagen des Wurzelgesetzes:

„Schwankungen des Periodendurchsatzes eines stochastischen (zufallsbedingten) Stroms wachsen mit der Wurzel aus dem Periodendurchsatz."

(Timm Gudehus)

Werden also die gebündelten Aufträge der 100 Händler an den Fahrzeughersteller übermittelt, dann erreicht man eine deutliche Senkung der Schwankung. Das lässt die nötigen Sicherheitsbestände zurückgehen, die Bedarfe besser vorhersagen und den Gesamtprozess besser steuern, insbesondere in der Disposition. Die Bedingungen für die jeweiligen Disponenten werden verbessert. Somit hat es durchaus Sinn, Aufträge gebündelt an den Fahrzeughersteller weiterzugeben.

Je länger die Lieferkette ist, je mehr Stufen sie also aufweist und je zufallsbedingter die einzelnen Schwankungen sind, umso größer ist der positive Effekt einer unverzögerten Weitergabe von aggregierten Daten zum Beispiel mittels Electronic Data Interchange (EDI) an den Fahrzeughersteller.

Intuition und Statistik

Wie so oft, hat unsere menschliche Intuition mit statistischen Überlegungen erhebliche Probleme. Die Ursachen hierfür sind vielfältig. Ein wesentlicher Grund liegt darin, dass wir im Alltag kein brauchbares Werkzeug haben, um Probleme dieser Art zu berechnen, weil wir damit kaum bis gar nicht in Kontakt kommen. Unser gesunder Hausverstand ist trainiert auf alltägliche Problemstellungen, ist in solchen Fällen extrem schnell und meist auch sehr zielsicher. In diesem Zusammenhang sei auf das profunde Werk des Ökonomie-Nobelpreisträgers Kahneman verwiesen („Schnelles Denken, Langsames Denken"), der grundlegend zwischen intuitivem und analytischem Denken unterscheidet. Natürlich haben auch der gesunde Menschenverstand und die Intuition ihre Daseinsberechtigungen, aber eben nicht für fachlich dominante Probleme.

Ich kann Sie aber beruhigen: Viele Praktiker in Unternehmen haben auch damit zu kämpfen. Häufig wird versucht, fachliche Probleme mit Intuition zu lösen, weil komplexes Sachwissen fehlt.

Ein Disponenten-Rätsel

Folgende Frage stelle ich häufig an den Anfang von Disponenten Schulungen: „Wie hoch muss der Grundbestand, also der mittlere Bestand eines Zentrallagers sein, wenn zwei gleich geartete dezentrale Lager zu einem Zentrallager zusammengelegt werden, sich sonst keine Veränderungen ergeben und die Grundbestände in den dezentralen Lägern jeweils 1000 Stück betragen?"

Nehmen Sie sich Zeit und versuchen Sie, das Problem vorerst mittels Ihrer Intuition zu lösen!

Die Intuition neigt zur linearen Lösung und glaubt, die Lösung mit 2000 Stück gefunden zu haben. Andere sind sich sicher, dass die Intuition fehlleitet und tippen gleich auf 1000 Stück. Wieder andere sind schon vorgewarnt und vermuten eine Zahl zwischen 1000 und 2000 Stück, können aber keine Gründe anführen, warum das gerade so sein soll. Und gelegentlich höre ich als Antwort auch, die Menge müsse über 2000 Stück liegen.

Ein möglicher Lösungsweg führt über die berühmte *optimale Losgrößenformel* (Economic Order Quantity, EOQ) von Andler bzw. Wilson/Harris. Demnach ist die optimale Losgröße lediglich die Summe aus linearen Lagerhaltungskosten und umgekehrt exponentiell verteilten fixen Rüstkosten (Beschaffungskosten). Diese beiden Kostenbestandteile zusammen haben an einem bestimmten Punkt ein Minimum, deren mathematische Ableitung die berühmte EOQ ist. Verdoppelt man den Periodenbedarf, dann steigt die EOQ nicht linear, verdoppelt sich also nicht, sondern wächst lediglich um den radizierten Faktor 2 (= Wurzel aus dem Faktor 2), das sind ca. 1,41. Somit lautet die richtige Lösung: Der Grundbestand im neuen Lager muss 1410 Stück umfassen. Hätten wir eine Verdreifachung des Periodenbedarfs, würden also drei Läger zusammengeführt, dann erhöhte sich der Periodenbedarf um den Faktor aus der Wurzel von 3, mithin auf 1730 Stück. Deshalb spricht Timm Gudehus vom Quadratwurzelgesetz der Logistik.

Wir sehen, dass eine Zusammenlegung von dezentralen Lagern zu Zentrallagern unter sonst gleichen Bedingungen einen kostenwirksamen Bestandseffekt ergibt. Freilich ist in der Praxis noch vieles andere zu berücksichtigen. So werden bei einer Zusammenlegung von Lägern andere Kosten, zum Beispiel Transportkosten, steigen. Um die umfassende Betrachtung des Einzelfalls kommen wir nicht herum, aber ohne die Kenntnis der Zusammenhänge von Statistik und Ökonomie kommen Sie als SC-Manager nicht weit. Vermutlich würden Sie zu viele Fehler machen.

Ein zweiter Lösungsweg führt über die analytische Statistik. Diese besagt: *Die Summe der Streuungen zweier dezentraler Stellen ist immer größer als die Streuung der Summe der dezentralen Stellen.* Und zwar — modellhaft gesprochen — immer um den radizierten Faktor (= Wurzel aus dem Faktor).

Die zufallsbedingten Schwankungen von Mengen- oder Wertströmen verringern sich also bei hinreichend großen Periodenlängen, wenn die Periodenlänge deutlich kleiner ist als die Zeiträume, in denen sich systematische zeitliche Veränderungen abspielen. Aufgrund dieser Regel kann es vorteilhaft sein, die dezentral eingehenden Bestellungen für überregional verkaufte Artikel in einer zentralen Auftragssammelstelle oder in einem Zentralrechner zusammenzuführen, dort zu analysieren und die weitere Bearbeitung zu disponieren. Die Vorteile einer solchen Zentraldisposition nehmen mit der Größe der Verkaufsgebiete eines Artikels zu (Timm Gudehus).

Dieser naturgesetzliche Zusammenhang lässt sich analytisch, numerisch und graphisch einfach beweisen. Ernten Sie die Früchte, die Ihnen die Natur geschenkt hat!

Das Planungsdilemma – Zeitnah und zeitfern im SCM

Im Zuge der Ausbildung zum Manager von Lieferketten wird man des Öfteren die Begriffe „zeitnah" und „zeitfern" hören. Diese Begriffe stellen zentrale Werkzeuge im Rahmen der Theorie des Managements von Lieferketten dar. Oft wird jedoch nicht genügend erklärt, was damit überhaupt genau gemeint ist. Gehen wir der Sache auf den Grund und graben etwas tiefer, um unsere grundlegenden Strategien und Werkzeuge besser zu verstehen.

Alle geschmiedeten Pläne und getroffenen Entscheidungen gehen von einer mehr oder weniger festen Annahme über zukünftige Ereignisse aus. Anders formuliert: Die meisten Ereignisse der Zukunft werden durch Pläne zeitlich vorreserviert. Je früher wir eine gedankliche Vorwegnahme und Festlegung dieser zukünftigen Ereignisse in Form von Zielen vornehmen, umso mehr können wir noch vom Zeitpunkt X (die sogenannte Deadline) abweichen. Je näher wir jedoch an diesen Zeitpunkt X herankommen, umso geringer sind unsere Handlungsoptionen. Alles auf der vor uns liegenden Zeitachse stellt somit einen Transfer von Risiko dar. Wir könnten auch sagen: Wir tauschen das Risiko zukünftiger, nicht geplanter Ereignisse gegen die Sicherheit heutiger Festlegung unter Aufgabe von Handlungsoptionen.

Das Planungsdilemma-Paradoxon

Wenn wir also eine sehr frühe Reservierung der Zukünfte vornehmen, dann haben wir meist eine relativ schlechte Datenbasis. Je näher wir an die Deadline heranrücken, umso besser ist unsere Datenlage. Die Grundlage jeglicher mangelfreien Planung ist jedoch die Datenbasis. Somit ergibt sich ein Planungsdilemma, wir können es auch Planungsparadoxon nennen. Würden wir im Vorhinein — aufgrund stabiler Umweltzustände und stabiler Ziele — exakt wissen, wie genau es am Tag X sein wird, dann könnten wir extrem früh starre Pläne vorgeben. Da wir aber im Verlaufe der Zeitlinie, die vor uns liegt und von Tag zu Tag kürzer wird, über eine immer bessere Datenbasis verfügen, werden wir uns Zeit lassen und nicht sofort Pläne und somit feste Zukunftsreservierungen vornehmen. Aufgrund dieser beiden realitätsgegebenen Randbedingungen ergibt sich, dass wir zwischen einer möglichst späten und doch nicht zu späten Planwidmung der Zukunft wählen müssen,

Sehr einfach kann man sich diese optimale Zeitstrategie mit dem Gedanken an eine größere Feier vorstellen, die im Freien stattfinden soll. Heute, sechs Monate vor dieser Feier, wissen wir noch nicht, wie das Wetter sein wird. Daher werden wir in witterungsabhängigen Detailfragen möglichst späte Entscheidungen treffen. Andere Entscheidungen aber können wir schon heute treffen, zum Beispiel die Entscheidung für eine bestimmte Location. Auch dabei müssen wir aber schätzen, wie viele Gäste wir begrüßen dürfen.

Praxisbeispiel – Lieferkette von Delikatessgurken

In jedem Juni und Juli werden in Zentraleuropa Gurken und Cornichons von Bauern geerntet, von Produktionsunternehmen verarbeitet, in Hunderte von Geschmacks- und Größenvarianten mit einer Vielzahl von Etiketten, Lebensmittelkennzeichnungen, Qualitätssortierungen und Sonderverarbeitungen in die Welt geschickt. Danach werden die Lieferpläne mit den Exporteuren, Großhändlern, Handelsmittlern und Kommissionären der verarbeitenden Industrie sowie mit dem Einzelhandel abgestimmt. Oft bestehen in diesen Liefernetzwerken langfristige Kooperationen, um die Risiken jedes einzelnen Beteiligten zu mindern. Insbesondere haben die Bauern und Genossenschaften meist mehr oder weniger feste Liefervereinbarungen mit den Exporteuren, die ihrerseits die Risiken auf zahlreiche Ländermärkte, Großkunden des Handels und der Industrie verteilen.

Die Rahmenvereinbarungen zwischen den Herstellern und den abnehmenden Beteiligten finden aber bereits viel früher statt. Im März und April, wenn die ersten Ernteindikatoren sichtbar werden, sind einigermaßen seriöse Ernteprognosen möglich — unter Hinnahme der Ungewissheit, dass es böse Überraschungen wie Unwetter oder Raupenbefall geben könnte. Diese Unsicherheiten gelten auch für die Einzelhändler. Sie können nicht sicher wissen, ob sie ihre Kunden im Spätsommer optimal mit Gurken versorgen können. Wie kann es gelingen, diese Risiken zu entschärfen?

Risiken der Lieferketten – Optionen

In Rahmenvereinbarungen werden Optionen oder Ausübungsrechte eingepflegt, entweder einseitige Käufer- *oder* Verkäuferoptionen oder wechselseitige Käufer- *und* Verkäuferrechte. Diese Optionen beziehen sich auf mögliche Mengenveränderungen, Variantenveränderungen, zeitliche „Gleitzeiten" der Abnahme, variable Qualitätsanforderungen, auch auf Preisvarianzen. Die Käufer und/oder die Verkäufer können bis zu einem bestimmten Zeitpunkt diese Optionen ausüben oder verfallen lassen. Je exakter die Ernteprognosen sind, umso genauer können Industrie und Handel die Nachfrageprognosen gestalten. Und umso genauer weiß man, welche endgültigen Liefermengen in die Rahmenaufträge aufgenommen werden.

Wenn nach dem Zeitpunkt der Liefervertragsschließung eine witterungsbedingte Missernte eintritt und die Landwirte die Gurkenindustrie nicht oder nur zum Teil beliefern können, dann erfolgt üblicherweise eine *Pro Rata-Erklärung*. Das bedeutet, dass jeder fest geschlossene Vertrag nur anteilmäßig erfüllt werden kann. Das ist weltweit in vielen Branchen, insbesondere in der Nahrungsmittelproduktion, eine geltende Handelsusance.

Zeitgetrichterte Abrufpläne – Zeittrichter als SCM-Werkzeug

Noch vor der Ernte werden Lieferpläne erstellt. Im Mai und Juni werden die zeitlichen Abrufe noch recht grob geplant sein; man spricht auch von Quartalsabnahmen. Wenn aber die alte Ernte aufgebraucht ist, werden die Liefer- und Abrufpläne immer genauer, bis letztlich exakte Zeitfenster für eine bestimmte Stunde und für einen bestimmten Slot (Dock an der Rampe) bei einem bestimmten Abnehmer fest eingeplant werden. Diese zeitliche Verfeinerung — „abrufsynchrone Lieferpläne" — wird mittels des Werkzeugs des Zeitrichters, wie wir das aus der Automobilindustrie kennen, gestaltet. So feine Abrufe werden sehr zeitnah erstellt, da man dadurch über exakte Nachfrageprognosen, teilweise kalenderwochengenau, verfügt. Der Zeittrichter besteht aus einer festen Zeitachse und einer Mengenschwankungsachse. Je näher der Zeitpunkt des Feinabrufs kommt, umso kleiner sind die möglichen Mengenschwankungen. Je zeitferner der Feinabruf liegt, umso größer sind noch die möglichen Mengenschwankungen. Dieses Gedankenbild sieht aus wie ein Trichter, daher der Begriff „Zeittrichter".

Redundanzen in der Lieferkette – Just-in-Case als Werkzeug

Wir sehen anhand dieses Gurkenbeispiels, wie eine zeitlich feingesteuerte Abholung beziehungsweise Anlieferung nachfrage- und absatzsynchron — eben Just-in-Time — möglich ist. Bei unvorhergesehenen Nachfragesprüngen sind aber auch Just-in-Case Lieferungen möglich, da die Lieferketten üblicherweise über bewusst eingesteuerte Redundanzen und/oder Puffer verfügen.

Dank des modernen SCM wird es möglich, dass die gesamte Lieferkette gliederübergreifend in Bezug auf bestimmte Anforderungen optimiert werden kann. Somit liefert das „Zeittrichtern" von Gurken ein beeindruckendes Beispiel für die logistische Leistung aller Supply-Chain-Beteiligter zum Nutzen des Königs der Wertschöpfungskette — des Konsumenten. Er wird es Ihnen danken, denn er gibt jeden Tag seine Stimme für oder gegen Ihre Leistung ab. Und übrigens: Jede Stimme zählt!

Babylonische Sprachverwirrung – Planung, Prognose, Improvisation

Jeder, der durch die Mühlen einer betriebswirtschaftlichen Ausbildung gegangen ist, kennt sicherlich noch die klassische Definition von Planung: „Planung ist die gedankliche Vorwegnahme von Handlungsschritten, die zur Erreichung eines Zieles notwendig scheinen. Dabei entsteht ein Plan, gemeinhin als eine zeitlich geordnete Menge von Daten." (Horvath).

Somit stellt Planung eine bestimmte Methode mit spezifischen Werkzeugen der Willensbildung dar (Egger/Winterheller). An mangelfreie

Planung sind zahlreiche Kriterien gebunden, beispielsweise klare Zielformulierungen, Denken in Systemzusammenhängen, Flexibilität der Pläne sowie permanentes Abwägen und Bewerten von Alternativen mit subjektiven Wahrscheinlichkeiten. „Planung beginnt damit, dass man überhaupt weiß, was man will", haben Egger/Winterheller an den Anfang allen Planens gestellt und nehmen somit die wichtige Unterscheidung von Zielplanung und Maßnahmenplanung vorweg. Ergo ist Planung die gedankliche Gestaltung der Zukunft und somit ein geistiger Prozess.

Ist Planung noch zeitgemäß?

Eine der Todsünden mangelhafter Planung wurde von Sir Arthur Conan Doyle auf den Punkt gebracht: „It is a capital mistake to theorize before one has data." Aber ist Planung, zumal langfristige, in einer Welt der extrem rasch veränderlichen Umwelten, der beinahe exponentiell zunehmenden Komplexität der Unternehmen und der globalisierten Lieferketten nicht antiquiert? Haben sich die Unternehmen nicht schon längst davon verabschiedet und gehen immer mehr in Richtung zeitnaher Entscheidungen? Müssen wir nicht immer stärker durch die Komplexität durchsteuern und damit Planung ersetzen (W.-R. Bretzke)? Sind wir nicht längst im Zeitalter der Improvisation gelandet? Viele offene, ernstzunehmende Fragen, die auf Antworten warten.

Man könnte zynischerweise mit Albert Einstein meinen, dass „Planung den Zufall durch den Irrtum ersetzt." Folgerichtig antwortet der renommierte Ökonom Prof. Kirsch auf den Zynismus: „Aber aus den Irrtümern kann man lernen." Planung wird somit nicht nur zur Gestaltung der Zukunft gesehen, sondern und insbesondere als dauerhafter Lernprozess auf dem Weg zu einem geplanten Ziel. Man lernt permanent aus den Planabweichungen für flexible Zielanpassungen und adaptiert Änderungen von Maßnahmen.

Treibend und getrieben, insbesondere durch technologische und ökonomische Veränderungen, hat sich die Pulsfrequenz des unternehmerischen Handelns massiv erhöht und die Handlungszyklen von Managern drastisch verkürzt. Konkrete Beispiele finden sich in den dramatisch kürzer werdenden Produktlebenszyklen, in immer häufiger auftretenden Strukturbrüchen, in der rasant zunehmenden Globalisierung von Geschäftsprozessen und in den massiv beschleunigten Prozesslandschaften von Logistik und Supply Chain. Man kann auch für das Managen von Lieferketten zeigen, dass die langfristige Planung in Form der *starren* Festlegung und Widmung der Zukunft deutlich an Bedeutung verloren hat. Zu viele Handlungsoptionen gehen durch starre Mittel- und Langfristplanungen verloren. Daher haben die Kriterien der *Flexibilität* und *Wandelbarkeit* von Plänen dramatisch an Bedeutung gewonnen. Die Planpyramide (strategisch, taktisch und operativ) der Unternehmens- und der Supply-Chain-Ziele müssen Systemelemente enthalten, die die Flexibilität und Wandelbarkeit von Maßnahmen ermöglichen und begünstigen.

Das Planungsparadoxon

Die Festlegung der Zukunft hat paradoxerweise zugenommen, während zugleich die notwendigen Maßnahmenplanungen flexibel und zeitnah, also kurz vor Eintritt von geplanten Ereignissen, zu geschehen haben. So sind in die ehemals starren Maßnahmenpläne vermehrt Elemente aufzunehmen, die Handlungsoptionen beinhalten. Je überraschungsreicher die Welt wird, umso stabiler müssen die Ziele ausgerichtet sein und das unter Einbindung flexibler Maßnahmen in Bezug auf das Umweltsystem. Je mehr Hürden und Hindernisse sich also Ihren Zielen in den Weg stellen, umso klarer und belastbarer müssen Ihre geplanten Ziele sein.

Praxisbeispiel – Zeittrichter als SCM-Werkzeug

Bei der gemeinsamen Planung der produktionssynchronen Anlieferung von kompletten Baugruppen und Komponenten eines OEM-Automobilherstellers (Original Equipment Manufacturer) und Systemlieferanten (sogenannter 1st-tier Lieferanten) werden zeitlich rollierende Pläne nachfrageflexibel angepasst. Neben der Langfristplanung über ein Jahr nutzt man im mittel- und kurzfristigen Planungshorizont das Werkzeug des Zeittrichters. Je zeitferner man vom eigentlichen Anlieferpunkt entfernt ist, umso größer sind noch die Handlungsoptionen. So kann zum Beispiel der OEM seine von der rollierenden Mittelfristplanung auf die Kurzfristplanung heruntergebrochenen georderten Arten, Mengen und Varianten der zuzuliefernden Komponenten umso weniger ändern, je kürzer die Zeitlinie (= Risiko- und Unsicherheitsperiode) bis zum „Frozen Point" (Einfrierpunkt) ist, an dem exakt in der richtigen Reihenfolge (Just-In-Sequence) angeliefert wird. Wir sind somit immer weiter in den Trichter eingedrungen, bis wir endlich das Ende des Trichters, den Endtermin, erreichen.

Der „Frozen Point" besagt, dass ab einem bestimmten zeitnahen Punkt (zum Beispiel 150 Minuten vor dem endgültigen Einbau in das Endprodukt) keine produktionssynchronen Abrufänderungen mehr erlaubt sind. Mit Beginn dieser eingefrorenen Zone gibt es keine elementaren Änderungen der Anlieferpläne. Man spricht bei der sequenzierten Anlieferung von Komponenten durch den 1st-Tier in die getaktete Fließfertigung von „synchroner Produktion". Einige Hersteller nennen das auch „Perlenkette". Die Perlenkette ist die nunmehr starre Festlegung von Varianten am Band.

Postponement und OPP als Werkzeuge des SCM

Mit der späten Variantenbildung („*Postponement*") hängen zahlreiche offen gehaltene Handlungsoptionen zusammen. Je später der Variantenbildungspunkt gesetzt wird, umso länger kann der Kunde seine Bestellung ändern und umso später kann das produzierende Unternehmen ohne Veränderung seiner Zielpläne erfolgskritische Maßnahmen durchführen. Auch der sogenannte Order Penetration Point (Kundeneindringpunkt) ist ein wesentliches Werkzeug des Supply Chain Managements. Mit der möglichst späten Variantenbildung hängen nicht nur verbesserte Möglichkeiten der Durchführung und Steuerung von Kundenauftragsänderungen zusammen, sondern insbesondere die flexible Gestaltung von langgliedrigen Lieferketten. Je später der Hersteller eines Produktes oder einer Leistung einen Teil oder eine Baugruppe spezifisch (*customized*) anzufertigen hat, umso geringer sind die Varianzen der Lieferkette. Diese späte Variantenbildung kann als *Geographic Postponement* (siehe auch den nachfolgenden Beitrag, Seite 139 ff.) wie auch als *(Time-)Postponement* eingesetzt werden.

Flexible Werkzeuge – Notfallpläne

Auch wenn die produktionssynchronen und sequenzgerechten Abruf- und Anlieferpläne mit atemberaubender Akribie von absoluten Top-Logistikern und SCM-Managern geplant und wie mit dem Millimeterpapier Zeit und Raum zugeordnet sind, sind Überraschungen nicht selten. Daher müssen die Unsicherheiten und Risiken in Pläne gegossen werden, in sogenannte Notfallpläne. Diese beinhalten klare Handlungsstrategien und -maßnahmen, was in welchem Notfall von wem zu managen ist. Notfälle im Zusammenhang mit der produktionssynchronen Anlieferung können beispielsweise Probleme beim Transport der Teile zum Endmontagewerk infolge von Stau oder Unfall sein. Es kann sich aber ebenso um fehlerhafte Teile handeln, die erst am getakteten Fließband auffallen. Je zeit- und ortsnäher das Problem auftaucht, umso schwieriger ist eine nicht-erfolgseinschränkende Lösung.

NIO-Teil an der Linie– Was nun?

Für unzählige Notfälle gibt es eigene Notfallpläne. So wird beispielsweise bei einem fehlerhaften Teil (Nicht-in-Ordnung-Teil, NIO) an der Produktionslinie der getaktete Fließfertigungsprozess nicht abgebrochen, sondern durch ein Back-Up-Teil oder durch ein Dummy-Teil ersetzt und das Produkt, sagen wir: ein Automobil, am Ende der Endmontage ausgeschleust, händisch zerlegt und wieder zusammengebaut. Dies ist in den meisten Fällen kostengünstiger, als eine komplette Produktionslinie zu stoppen.

Trotz der Prognose, trotz kluger strategischer Auslegung von Wettbewerbsplänen, trotz aller mittel- und kurzfristigen operativen und taktischen Planungen verbleibt genügend Platz für Handeln in Form von Improvisation — die „zittrige Hand". Das ist das Gegenteil von Planung. Unter Improvisation werden alle Entscheidungen verstanden, die aus Augenblickssituationen heraus getroffen werden.

Prognosen – Hilfsmittel der Planung

Am Anfang steht die Prognose. Wie wirkt sie auf die Planung ein? Die Prognose geht von gegenwärtigen Zuständen aus und beschreibt zukünftige Zustände in Form von begründeten Erwartungen (H. G. Knapp, in „Logik der Prognose"). Prognosen sind somit Informationen für eine realitätsnahe Planung, also ein Planungshilfsmittel. Die Planung selbst geht über eine derartige passive Schilderung von Zukunftserwartungen wesentlich hinaus.

Durch das Setzen zukünftiger Sollzustände schreitet die Planung „vom gewollten Ende her zu den notwendigen Anfängen." (Gälweiler) Die Verbesserung der Prognosequalität stellt im Rahmen des Supply Chain Managements eine wesentliche Stoßrichtung dar. Insbesondere die Verbesserung von Nachfrageprognosen enthält aus Sicht des Supply Chain Managements mitunter die größten Potentiale der Leistungsverbesserung. Daher investieren die Unternehmungen in den letzten

Jahren massiv in verbesserte Prognosewerkzeuge. Kostenreduktionen entlang der Lieferkette im zweistelligen Prozentbereich sind keine Seltenheit.

Somit können wir abschließend der berühmten Aussage von Friedrich Dürrenmatt: „Je mehr der Mensch plant, desto härter trifft ihn der Zufall", entgegenhalten und damit auch vielen Kritikern des SCM-Ansatzes: Je mehr Faktoren sich dem gesetzten Ziel entgegenstellen, desto wichtiger wird die Planung und umso bedeutender ist die Prognose als Hilfsmittel der Planung. Diese Aussage gilt im Besonderen für die Planung von komplexen langgliedrigen Lieferketten.

Aufschieberitis im SCM – Postponement

Henry Ford und die Variantenvielfalt

Viele Produkte des täglichen Lebens weisen eine enorme Vielfalt an Varianten auf. Denken Sie nur an Kleidungsstücke, denken Sie an Joghurt, denken Sie an Pkw. Für den Verbraucher ist das ganz wunderbar. Für die Hersteller und Händler weniger, denn die vielen Varianten belasten die Lieferkette. Die Prognostizierbarkeit von sehr kleinen Stückzahlen wird schwierig. Je größer die Stückzahlen, umso leichter ist die Vorhersage der Nachfrage. Nicht umsonst hat der berühmte Henry Ford sinngemäß gesagt: „Sie können das Modell T in jeder Farbe haben, solange die Farbe schwarz ist." Je größer die Variantenanzahl, umso teurer werden alle Prozesse der Liefer- und Leistungskette und umso mehr steigen die Kosten pro Einheit.

Zusammenfassend: Je mehr verschiedene Varianten ein bestimmtes Grundmodell aufweist, umso teurer werden die Herstellungs- und Logistikprozesse. Überdies wird die Nachfrageprognose für die einzelnen Varianten deutlich erschwert und somit auch die notwendigen Logistik- und SCM-Prozesse. Die Sicherheitsbestände für die einzelnen Varianten sind ungleich höher als der Sicherheitsbestand für eine aggregierte, gleich große Anzahl eines Grundmodells. Diese Probleme haben alle Unternehmen, die große Variantenvielfalt bieten. Trotzdem kann sich kein Hersteller leisten, die Zahl der Varianten zu reduzieren. Im harten Wettbewerb will und kann niemand zurückstecken.

Benetton und das Färben

Legendär ist das Beispiel von Benetton für Strickwaren. Benetton hat für das Färben von Strickwaren eine spezielle Technologie entwickelt, mit der das Färben erst am Ende der Wertschöpfungskette erfolgen kann. Genäht und gestrickt wird das Grundmodell in einer Rohversion und erst kurz vor dem Verkauf an den Einzelhandelskunden erfolgt der Färbevorgang. Die Vorteile liegen auf der Hand: Die Nachfrage nach einem Grundmodell, das erst sehr spät den Variantenbildungspunkt aufweist (also jenen Zeitpunkt, an dem das Grundmodell dem Kundenwunsch entsprechend ausdifferenziert wird), kann besser vorhergesagt werden. Mittlerweile ist das zeitliche Hinausschieben des Variantenbildungspunktes, ein Werkzeug des SCM, von zahlreichen Mitbewerbern in der Textilindustrie wie auch von anderen Branchen übernommen worden.

„Aufschieberitis" hilft – Postponement

Das gezielte zeitliche Aufschieben der Anpassung des Grundmodells an die möglichen Varianten nennen wir im SCM *Postponement*. Auf Deutsch könnte man dazu auch „Aufschieberitis" sagen. Im SCM wird das, was im Alltag nicht eben als Tugend angesehen wird, zu einem Vorteil. Postponement ist nämlich der bewusste Aufschub bestimmter Entscheidungen, um später über genauere Prognosedaten verfügen zu können.

Hintergrund des bewussten Aufschiebens der Variantenbildung ist die kostspielige Tatsache, dass das Produkt von der Entwicklung und Konstruktion her meist erheblich verändert werden muss. Dass überhaupt eine sehr späte Variantenbildung des Grundmodells möglich ist – man denke an auf den Kunden zugeschliffene Brillengläser –, setzt häufig eine erhebliche konstruktive Veränderung des Produktaufbaus wie auch des logistischen und technologischen Produktionsprozesses voraus. Die Mehrkosten müssen durch die positiven Effekte des Postponement überkompensiert werden. Sie zeigen sich in deutlich reduzierten Grundbeständen, in geringeren Sicherheitsbeständen, in deutlich verbesserten Über- und Unterbestandslagen wie auch in der verbesserten Produktverfügbarkeit für den Kunden.

Wieder hilft uns das bekannte Werkzeug des News-Vendor-Modells („Zeitungsjungenmodell", siehe Anhang) bei der Berechnung der Vor- und Nachteile des jeweiligen Postponement. Wir können bei Verfügbarkeit einiger einfacher Grunddaten wie der mittleren Nachfragemenge, der mittleren Nachfrageschwankung und der Verfügbarkeitsanforderung modellhafte Berechnungen durchführen, wann das Postponement als Werkzeug des SCM Vorteile für die Lieferkettenbeteiligten schafft. Mit Hilfe des Zeitungsjungenmodells können die entstehenden Über- und Unterbestände (Risikobestände) genau erfasst und bewertet werden. Somit kennen wir die Kosten der Bestände, die Kosten der Risikobestände und können bessere Managemententscheidungen treffen.

Wann hilft Postponement nicht?

Es wurde bereits angesprochen, dass die gesamte Produktstruktur wie auch die gesamte Produktionsstruktur entlang der Lieferkette auch konstruktiv verändert werden muss, um Postponement mit Gewinn einsetzen zu können. Dies kann allerdings erhebliche Mehrkosten verursachen. Weiterhin ist bei zahlreichen Grundmodellen eine sehr ungleiche Verteilung der Varianten gegeben. Beispielsweise könnten einige wenige Varianten den erheblichen Anteil der gesamten Nachfrage ausmachen. Je ungleicher jedoch die nachgefragte Verteilung der Varianten ist, umso geringer ist der Prognoseeffekt. Wenn also diese beiden Faktoren — erhebliche Mehrkosten der Produktion und kaum Nachfrageprognoseverbesserung — zusammenkommen, ist der Einsatz von Postponement erheblich eingeschränkt. In der Praxis gibt es dennoch zahlreiche Möglichkeiten und Werkzeuge, dass auch in solchen Fällen sogenannte „maßgeschneiderte Postponements" (Thonemann) eingesetzt werden können.

Geographic Postponement

Nicht unerwähnt bleiben soll das *Geographic Postponement*. Es bedeutet, dass bei zahlreichen Produkten mit einem Grundmodell lediglich die länderspezifischen Anforderungen zahlreiche Varianten induzieren. Dies ist zum Beispiel bei Lebensmitteln mit unterschiedlichen Kennzeichnungsverordnungen der jeweiligen Absatzländer der Fall oder bei technischen Artikeln, die für das jeweilige Absatzland bestimmte technische Beschreibungen und zusätzliche Kennzeichnungen erfordern. Hier werden erst nach Eintreffen des Grundmodells in den jeweiligen Ländern die länderspezifischen Veränderungen vorgenommen.

Sehr bekannt geworden ist der Praxisfall von Hewlett Packard (HP). Das Grundmodell der HP-Drucker wird in den USA produziert, und anschließend weltweit auf die verschiedenen Länder verteilt. Erst vor Ort werden die länderspezifischen Anforderungen wie zum Beispiel spezielle Beschriftungen, Bedienungsanleitungen und technische Normenbezeichnungen ausgeführt. Dies setzt bei den Vertriebsstellen in den Ländern zusätzliche Tätigkeiten voraus. Diese Mehrkosten müssen durch die positiven Effekte des Geographic Postponement überkompensiert werden.

Somit können wir festhalten, dass der bewusste und gezielte Einsatz der Verzögerung von bestimmten Vorgängen zur Verbesserung der Datenlage ein sehr wirksames Werkzeug des Supply Chain Managements darstellen kann. Es kommt nur darauf an, dass Sie die richtigen Voraussetzungen dafür schaffen. Diese müssen von SC-Managern analysiert, verändert und gesteuert werden.

Plan, Source, Make, Deliver, Return – SCOR

Plan – Source – Make and Deliver, it sounds simple but how good are we at it?

Lucky enough in 1996 an informal consortium consisting of initially 69 companies from various industries got together and started SCC – the Supply Chain Council. The key objective of the SCC is to help companies to improve their supply chain performances and processes.

For this purpose the SCC introduced the **SCOR®** model – Supply Chain Operations Reference model. From its introduction in 1996 the model has been continuously improved and developed and after numerous editions we are working with Version 11 today.

The model has now been extended to include 6 processes all together:

Plan – Source – Make – Deliver – Return – Enable. Briefly outlined they consist of the following

Plan – Management of supply and demand, inventory, transportation etc.
Source – acquisition of material, supplier selection and management, payments.
Make – focus on your production line and strategy i.e. pull or push chain scenarios.
Deliver – Distribution management for your product, incl. postponement of finished goods and compliance issues.
Return – Return logistics due to quality issues, defective components. Guarantee or warranty processes.
Enable – the management of the underlying business rules and related risks.

Can the SCOR® model be applied to my business?

It spans all customer interactions from order entry through paid invoice. By describing supply chains using these process building blocks, the model can be used to describe supply chains that are very simple or very complex using a common set of definitions.

As a result, disparate industries can be linked to describe the depth and breadth of virtually any supply chain. The model has been able to successfully describe and provide a basis for supply chain improvement for global projects as well as site-specific projects

Applying the model to your own business
SCOR® offers 3 different levels which are in scope. Which level to apply will depend on your decision on how deep down you want to drill into your supply chain processes.

Level 1 — deals with the process types i.e. Plan, Source, Make, Deliver, Return and Enable and target setting for your supply chain.
Level 2 — deals with defining strategies and supply chain capabilities
Level 3 — deals with the definition and configuration of the individual processes.

What's in it for me?

Joining the SCC will allow you to access information which will enable you to better analyze your supply chain and make the required changes to release the value.

You will be able to draw from the invaluable experiences and best practices of industry professionals

Puffer und Notfallpläne als Werkzeuge des SCM

Puffer als Werkzeug des SCM

Die am feinsten abgestimmten Lieferketten sind die Just-In-Sequence-Anlieferungen (JIS) in Industrie und Handel. Vor allem die Automotive Industrie und der Lebensmittelhandel weisen die am höchsten entwickelten Supply Chains auf. Darunter versteht man insbesondere die zeitlich engstens verzahnten Lieferkettenbeteiligten, teilweise ohne nennenswerte Zeitpuffer. Experten in Logistik und SCM sprechen von nicht-entkoppelten Liefernetzwerken. Solange also Lieferketten Zeitpuffer, Materialpuffer und Kapazitätspuffer aufweisen, ist bereits in den Puffern ein möglicher Notfallplan oder Plan B für zufallsbedingte Schwankungen von Zeiten, Mengen oder auch Kapazitäten eingebaut. Was ist aber, wenn solche Puffer aufgrund der extrem engen Verzahnung der Lieferketten nicht eingeplant sind?

Regelmäßige zufallsbedingte Schwankungen

Die große Kunst des Aufbaus von Liefer- und Leistungsketten besteht in der stabilen Gestaltung der Supply Chains hinsichtlich zeitlicher, räumlicher, mengenmäßiger und sequenzgerechter *Synchronizität*. Diese Supply Chains werden bei getakteten Fließfertigungen, zum Beispiel in der Automobilindustrie, Beschlägeindustrie und bei der Fertigung von High-Tech-Produkten, zuweilen ohne jegliche nennenswerte Puffer konstruiert.

Auf den ersten Blick ist das klarerweise ein Gewinn an Durchlaufzeiten wie auch an Bestandspuffern. Wenn wir trotzdem eine stabile Leistungskette formen wollen, müssen wir alle möglichen und auch wahrscheinlichen Zukünfte erstens erkennen und zweitens diese in Bezug auf ihr sporadisches Auftreten hin beurteilen und drittens dafür mögliche Notfallstrategien entwickeln. Falls solche Schwankungen stochastischer, also regelmäßiger statistisch berechenbarer Natur sind, dürfen diese auf keinen Fall in Notfallplänen Eingang finden. Denn die regelmäßigen zufallsbedingten Schwankungen und ihre abschätzbaren Verteilungen sind in den jeweiligen Zeiten als Varianzen zu berücksichtigen.

Praxisbeispiel – Anlieferzeiten

So wäre zum Beispiel bei einer durchschnittlichen produktionssynchronen Just-in-Sequence (JIS)-Anlieferzeit von 30 Minuten und einer mittleren Anlieferzeitvarianz von beispielsweise 5 Minuten und bei einer Termintreueanforderung von 99,9 Prozent (das entspricht 3 Standardabweichungen = 3 Sigma) eine Sicherheitszeit von 3 x 5 Minuten einzuplanen. Daher sollte die produktionssynchrone JIS-Anlieferung spätestens 45 Minuten vor dem Zeitpunkt X starten. Wenn jedoch durch diverse unwahrscheinliche Streuungen die Anliefervarianz

4 Sigma ausmachen würde, dann sollte bei der Anlieferstelle am Band noch eine „nicht antastbare" *frozen period* diese stochastisch möglichen Varianzen abfangen und somit keinen Niederschlag in den Notfallplänen finden.

Werkzeug Notfallpläne im SCM

Erst wenn wir alle stochastisch berechenbaren oder abschätzbaren Ereignisse in die jeweiligen Puffer eingebaut haben, sind die eigentlichen Notfallpläne für die sporadischen Eventualitäten zu erstellen.

Notfälle sind Ereignisse und Vorgänge, die wir als grundsätzlich möglich erachten. Deren Eintrittswahrscheinlichkeit wird jedoch als sehr gering eingeschätzt, sodass das feste Einplanen dieser Ausnahmen nicht in die regelmäßigen Schwankungen gehört. Aufgrund von Kosten- und Leistungsüberlegungen werden Notfallpläne als günstiger erachtet als der Einbau laufender Puffer, sofern nicht gesetzliche oder vertragliche Bestimmungen dagegensprechen.

Typische Beispiele für Notfälle und Notfallpläne in einer Just-In-Sequence (JIS)-Anlieferung sind:
— Störungen bei der Beladung beim 1st-Tier-Lieferanten
— LKW-Unfall
— LKW-Verspätung
— Störungen bei der Entladung
— Unfall beim innerbetrieblichen Transport in der Nähe des Bands
— Falsche Sequenz der Teile am Band
— Beschädigtes Teil an der Montagelinie
— Verlust des Teils am Band

Für solche Negativeffekt-Ereignisse wollen wir also in der Praxis Notfallpläne konstruieren. Diese werden in eigenen Handbüchern geführt und müssen den Verantwortlichen jederzeit und unverzüglich zugänglich sein. Notfälle werden in der Praxis trainiert.

Unvorhersehbare Fälle

Bei manchen Ereignissen ist es schwierig bis unmöglich, sie im Vorhinein zu erkennen geschweige denn mit kalkulierbaren Risiken zu belegen. Wer hatte eine Notfallplan für die Ereignisse vom 11. September 2001? Oder für den Tsunami in Thailand?

Etwas können wir aber aus diesen Extremfällen lernen: Selbst der Eintritt von extrem unwahrscheinlichen Ereignissen muss mit dem Schadens- und Bedrohungsausmaß gewichtet werden. Damit ergibt sich ein völlig anderes Bild von der Relevanz der meist unter „Restrisiko" abgetanen Ereignisse. Nebenbei: Jahrhundertereignisse treten nicht regelmäßig alle 100 Jahre auf. Sie als Manager und Mitarbeiter werden mehrmals in Ihrem Berufsleben auf solche Unwahrscheinlichkeiten treffen.

Schlüsselkompetenz im SCM

Wesentlich für dieses Kapitel ist die Tatsache, dass wir im Supply Chain Management ganz klar die Werkzeuge zur Abhilfe bei regelmäßigen Schwankungen und sporadischen Eventualitäten unterscheiden. Analoges gilt für alle Puffer, so zum Beispiel für Sicherheitsbestände, Sicherheitszeiten, Sicherheitskapazitäten und fest geplante Redundanzen in den Lieferketten.

Wer diese kategorial verschiedenen Effekte im Kern verstanden hat, hat aus der Sicht der Autoren eine wesentliche Schlüsselkompetenz des SCM erworben. Denken Sie die vorangegangen Denkansätze nochmals durch und Sie werden überrascht sein, wieviel Nutzen Sie für sich, auch privat, herausholen können.

Kapitel 6
Neue Märkte und Marktchancen

Das unternehmensübergreifende Supply Chain Management generiert entlang der Lieferketten neue Märkte und Marktchancen vorerst für Logistikdienstleister und Zulieferer. Diese neuen Marktchancen ergeben sich durch die ständige Reduktion der Leistungtiefe der Unternehmen, auch im Zuge von Outsourcing.

Durch das Redesign ganzer Lieferketten, Leistungsnetze und Wertschöpfungsnetzwerke entstehen neue Beschaffungs- und Absatzmärkte. Zahlreiche und ungeahnte Chancen stehen nun Unternehmen offen, die die neu gewonnenen Handlungsoptionen wahrnehmen. Risiken müssen freilich eingegangen, Unsicherheiten in Kauf genommen werden.

In vielen Fällen wurde bisher bei bestimmten Marktkonstellationen vorschnell von Marktversagen gesprochen. Die Autoren dieses Buchs vertreten die feste Überzeugung, dass in zahlreichen Fällen des vermeintlichen Versagens des Marktes lediglich die Unternehmer in ihrer Unternehmerfunktion nicht genug kreativ und mutig sind. Die Liefer- und Wertschöpfungsketten müssen systemweit überdacht und neu aufgestellt werden. Neue Märkte entstehen durch Musterwechsel und nicht durch Effizienzsteigerung. Die Veränderung ist aber zuallererst in den Köpfen der Unternehmer und Manager zu vollziehen.

Durch die enormen Umbruchphasen im Zeitalter der globalen Lieferketten sind Marktbewegungen im Gange, die rasches Handeln erfordern. Das Transparenzmachen der Liefernetze und die daraus entstehende neue Visibilität erfordern unternehmerisches Handeln.

Die Kosten nicht genutzter Chancen

Kein Unternehmen kann es sich leisten, die Kostenseite nicht im Griff zu haben. Daher investieren sie viel Zeit und Geld, um ihre Kosten zu senken. Als Grundlage dafür dienen die Zahlen der Finanzbuchhaltung. Ein weiterer Blick in die Kostenrechnung der Firmen zeigt zahlreiche penibel aufgezeichnete Kostenarten.

Sind das nun alle Kosten? Sind das die richtigen Kosten? Sind das die relevanten Kosten? Sind das die Kosten, die wir für optimale Managemententscheidungen benötigen? Welche Daten berücksichtigen diese Kosten überhaupt? Oder sind das Kosten, die uns im Worst-Case in den Abgrund führen? Viele Fragen, viele offene Antworten.

Mit den neuen Werkzeugen des Supply Chain Managements können Sie die Kosten nicht genutzter Chancen nicht nur benennen, sondern auch für die Zukunft berechnen. Diese Kosten tauchen in keiner Buchhaltung und in keiner Kostenrechnung auf. Sie bekommen damit als Manager ein mächtiges Werkzeug in die Hand, das es Ihnen ermöglicht, alle relevanten Kosten zukünftiger Aktivitäten zu minimieren und Ihren zukünftigen Gewinn zu maximieren. Versuchen wir das anhand eines einfachen Praxisbeispiels zu veranschaulichen.

Praxisbeispiel – Textilhandel

Ein Textileinzelhändler muss modische Blusen einer bestimmten Größe und Farbe für die Sommersaison vorordern. Nachbestellungen während der Saison sind aufgrund der langen Beschaffungszeiten aus Übersee und der kurzen Saison nicht vorgesehen. Alle nicht verkauften Blusen müssen im Schlussverkauf zu einem Sonderpreis abgesetzt werden. Der Textileinzelhändler schätzt die Nachfrage nach seinen Erfahrungen in den vergangenen Saisonen auf 100 Stück mit einem möglichen Unsicherheitswert (Schwankung) von +/– 30 Stück. Der Nettoverkaufspreis wird mit 70 Euro, der Beschaffungspreis mit 25 Euro und der Abverkaufspreis am Ende der Saison mit 20 Euro geplant. Allein aufgrund dieser wenigen Daten lässt sich mit Hilfe des sogenannten News-Vendor-Modells (Zeitungsjungenmodell, siehe Anhang) berechnen, wie hoch die gewinnmaximale Bestellmenge sein soll. Im konkreten Fall sind es etwa 138 Stück.

Auch Unterbestand „kostet" etwas

Man sieht bereits anhand dieses einfachen Beispiels, dass für die relevante Kostenminimierung beide Kostenbestandteile notwendig sind, nämlich die *Überbestandskosten* und die *Unterbestandskosten*. Diese beiden Kostenbestandteile sind die Risikokosten des Bestandes. In der Kostenrechnung oder in der Buchhaltung wird man vergeblich nach beiden suchen. Die wichtigsten Kosten sind für eine Managemententscheidung nicht verfügbar! Der Grund: In der klassischen Kostenrechnung werden nur sogenannte Geldkosten aufgezeichnet, nicht jedoch die für Managemententscheidungen relevanten Alternativkosten, auch Opportunitätskosten genannt.

Exkurs: Berechnung von Über- und Unterbestandkosten

Die *Überbestandskosten* pro Stück ergeben sich als Differenz aus den Beschaffungskosten pro Stück minus dem Abverkaufspreis pro Stück. In unserem Beispiel ist das die Differenz aus 25 Euro und 20 Euro = 5 Euro. Die *Unterbestandskosten* pro Stück ergeben sich als Differenz aus Verkaufspreis pro Stück minus Beschaffungskosten pro Stück. Hier ist das die Differenz aus 70 Euro und 25 Euro, somit 45 Euro.

Man sieht, dass die Unterbestandskosten pro Stück deutlich höher sind als die Überbestandskosten pro Stück. Eine zu geringe Angebotsmenge ist also deutlich kostspieliger als eine zu große Angebotsmenge. Daher wird man eine Menge ordern, die über dem Mittelwert liegen wird. Die entscheidende Maßzahl im Beispiel ist das Verhältnis der Unterbestandskosten pro Stück zu den gesamten Falschbestandskosten pro Stück (den sogenannten Risikobestandskosten pro Stück) als Summe der Unterbestands- und Überbestandskosten pro Stück. Das nennt man das kritische Verhältnis (Critical Ratio, CR). Es beträgt im Beispiel 45 Euro dividiert durch 50 Euro (als Summe aus Unter- und Überbestandskosten pro Stück).

Dieses kritische Verhältnis ist nun in eine Normalverteilung einzuordnen, mit den verfügbaren Daten der erwarteten mittleren Nachfragemenge von 100 Stück und der mittleren Nachfrageabweichung von 30 Stück. Daraus ergibt sich ein kritisches Verhältnis von 0,90. Das bedeutet, dass zusätzlich zur mittleren Menge von 100 Stück noch ein Sicherheitspuffer von 0,90 zu addieren ist. Der Sicherheitspuffer von 0,90 entspricht einem sogenannten z-Wert von 1,27. Wenn man nun die mittlere Abweichung von 30 Stück mit dem z-Wert multipliziert (der z-Wert ist der Sicherheitsfaktor der Normalverteilung), dann ergibt sich eine Menge von 38 Stück.

Dies kann man ohne Probleme in Excel über den Funktionsassistenten mit NORMINV ausrechnen. Im konkreten Fall sind also 100 + 38

= 138 Blusen zu ordern. Dann sind die Kosten am geringsten und der zu erwartende Gewinn am höchsten. Probieren Sie es selbst einmal mit anderen Zahlen und Sie werden recht rasch die Zusammenhänge erfassen.

News-Vendor-Modell (Zeitungsjungenmodell)

Ein gewinnmaximierendes Verhalten ist mit der klassischen Kostenrechnung nicht möglich. Es ist auch völlig unerheblich, ob die Kostenrechnung als Prozesskostenrechnung, als Deckungsbeitragsrechnung (DB-Rechnung), als stufenweise Fixkostendeckungsbeitragsrechnung (Fixkosten-DB), als Teilkostenrechnung oder als Zuschlagskalkulation auftritt. Sie vermag in der klassischen Form nicht die Kosten nicht genutzter Chancen anzugeben. Noch schlimmer jedoch ist, dass uns die klassische Kostenrechnung Exaktheit vortäuscht, wo für das Management und für den Unternehmer keine zu finden ist. Im Gegenteil: Die klassische Kostenrechnung führt uns in die Irre, falls wir — fälschlicherweise — der Überzeugung sind, dass sie uns bei Managemententscheidungen die relevanten Kosten aufzeigen kann! Die klassische Kostenrechnung vermag keine zukunftsorientierten Werte anzugeben; sie ist einerseits vergangenheitsorientiert, und andererseits kann sie keine Alternativkosten ausweisen. In unserem Fall bestehen die Alternativkosten aus möglichen Unterbestandskosten oder möglichen Überbestandskosten.

Es kann nicht genug betont werden, dass das News-Vendor-Modell (Zeitungsjungenmodell, siehe Anhang) ein absoluter Quantensprung in der Weiterentwicklung von Bewertungsmethoden im Supply Chain Management darstellt und daher nicht hoch genug geschätzt und eingestuft werden kann. Mit diesem Modell ist der Durchbruch gelungen, Kosten nicht genutzter Chancen zu berechnen und darauf aufbauend optimale Managemententscheidungen zu treffen.

Geldkosten und Alternativkosten im Vertrieb

In vielen Branchen werden gemeinsame Aktionen zwischen Hersteller und Handel durchgeführt. In der Gastronomie und der zuliefernden Industrie beispielsweise werden gerne Veranstaltungen organisiert. So unterstützt ein Getränkehersteller die Gastronomie, wenn größere Veranstaltungen organisiert werden. Häufig kommt dann ein Außendienstverkäufer des Getränkeherstellers vor Ort, um die Veranstaltung gemeinsam mit dem Gastronomen zu besprechen und zu planen. So auch in diesem Beispiel: Ein Sommerfest des Gastronomen steht auf dem Programm. Der Gastwirt erwartet sich vom Verkäufer tatkräftige Unterstützung, fordert für das gemeinsame Projekt auch eine Beteiligung durch den Lieferanten, denn schließlich können ja beide profitieren. Der Verkäufer möchte seinerseits dem Kunden mit seinen Möglichkeiten für das Sommerfest unter die Arme greifen und das mit minimalen eigenen Kosten.

Praxisfall – Der „schlaue" Verkäufer

Unser Verkäufer geht von folgenden Überlegungen aus: Der Wirt benötigt eine große Menge seines Getränks. Ein Hektoliter kostet dem Hersteller 20 Euro (bewertet zu Herstellkosten). Üblicherweise wird der Hektoliter mit einem Nettoabgabepreis von 60 Euro an den Wirt verkauft. Der kann seinerseits einen Nettoverkaufspreis (ohne Steuern) von 120 Euro beim Sommerfest erzielen. Der Verkäufer und der Wirt rechnen mit einem Absatz von etwa 130 Hektoliter.

„Eine Milchmädchenrechnung", jubelt der Verkäufer innerlich, „ich muss nur 30 Hektoliter gratis zur Verfügung stellen. Das kostet mich lediglich 600 Euro (Herstellkosten pro Hektoliter mal Gratis-Hektoliter). Der Wirt hat jedoch einen geldwerten Vorteil von 1800 Euro (Nettoabgabepreis pro Hektoliter mal Gratis-Hektoliter). Das ist ein Win-Win-Spiel für uns beide. Bei der nächsten Großveranstaltung mit dem Wirt hole ich das schnell wieder herein." Der Verkäufer ist happy. Der Gastwirt sollte es auch sein. Oder?

Anfang des 19. Jahrhunderts hat der französische Ökonom Frederik Bastiat sein Leben der Aufklärung ökonomischer Mythen in Werken, wie der „Parabel vom zerbrochenen Fenster" oder der „Petition der Kerzenmacher" gewidmet. Sein Werk nannte er „Was man sieht und was man nicht sieht." Darin widmete er sich den Denkfallen in der Welt der Wirtschaft und nahm zahlreiche Berufsgruppen aufs Korn, die nur das Sichtbare zu bewerten imstande waren; ihre Gedanken waren in vielen Fällen nicht zu Ende gedacht.

Vielleicht haben wir es fast 200 Jahre später wiederum mit einem Denkfehler zu tun? Schauen wir näher hin!

Win-Win oder doch Nullsummenspiel?

Der Wirt hat tatsächlich 1800 Euro gespart, weil er 30 Hektoliter vom Hersteller gratis zur Verfügung gestellt bekam, die er sonst zum vollen Einkaufspreis hätte zahlen müssen. Aber wie steht es um den Hersteller? Der hat nicht nur seine Herstellkosten von 20 Euro pro Hektoliter zu tragen, sondern auch den entgangenen Deckungsbeitrag (DB) von 40 Euro pro Hektoliter. Der entgangene DB ist der normale Verkaufspreis des Herstellers an den Gastronomen abzüglich des Aktionspreises. Folglich sieht die Rechnung so aus:

- Sichtbare Herstellkosten gemäß Kostenrechnung von 600 Euro (das sind die Geldkosten, die auch in der Kostenrechnung aufscheinen).
- Nicht sichtbare Kosten in Form von entgangenem DB von 1200 Euro (das sind die Alternativkosten, die nicht in der Kostenrechnung aufscheinen).
- Sichtbare Kosten und nicht sichtbare Kosten ergeben insgesamt 1800 Euro.

Wir haben somit *kein* Win-Win-Spiel, vielmehr stehen wir vor einem klassischen Nullsummenspiel: Des einen Gewinn ist des anderen Verlust. Der Gewinn des Gastwirts ist der Verlust des Herstellers.

Was hätte der Verkäufer besser machen können?
Warum ist diese Rechnung nicht aufgegangen?
Warum waren die Überlegungen des Verkäufers typische Denkweisen einer alten Welt?
Warum ist der Verkäufer in diese Denkfalle getappt?

Die Antwort auf all diese Fragen lautet: Es ist die Welt ohne grundlegenden ökonomischen Background. Es ist die Welt ohne SCM-Verständnis. Es ist das Denken einer alten Welt. Wie sieht die Welt im SCM aus?

Der Verkäufer in der Welt des SCM: Durchverkauf anstatt Hineinverkauf

Der Verkäufer hätte den Wirt so unterstützen müssen, dass ein *zusätzlicher Absatz* entstanden wäre. Anders ausgedrückt: dass *zusätzliche Absatzanstrengungen* von Seiten der Gastronomie vorgenommen worden wären, *die zusätzliche Vorteile für beide* bedeutet hätten.

Beispielsweise hätte es sinnvoll sein können, einen Getränkerabatt auf die zusätzlich abgesetzte Menge des Sommerfestes zu geben und zwar auf den sogenannten Durchverkauf. Zusätzlicher Durchverkauf bedeutet, dass tatsächlich deutlich mehr beim Sommerfest verkauft wird als in vergangenen Jahren. Nicht am Hineinverkauf wird die zusätzliche Anstrengung gemessen, denn diese führt häufig nur zu sogenannten Vorziehkäufen des Kunden. In der Welt des SCM werden klare Vorteile für alle Beteiligten der Supply Chain angestrebt. Durch Preisreduktionen des Wirts könnte es mehr Absatz geben und vom Mehrabsatz können — bei korrekter Verteilung der Kosten und Risiken — alle Beteiligten gewinnen.

Werkzeuge des Vertriebs im SCM – Neue Märkte

Exemplarisch seien einige typische Werkzeuge des Vertriebs gemäß SCM-Gedanken genannt, die tatsächlich ein Gemeinsames mit dem Kunden und damit neue Märkte schaffen:

- Einführung neuer Produkte, die eventuell auch in Kommission (Konsignation) übernommen werden können. Damit bleibt das Absatzrisiko nicht nur beim Gastronomen.
- Auslistung konkurrierender Produkte des Mitbewerbs und Substitution durch eigene Produkte, sodass ein echter Zusatzverkauf des unterstützenden Herstellers entsteht.
- Werbemittelbeistellung, die auch den Bekanntheitsgrad des Getränks und des Getränkeherstellers steigert.
- Beistellung von Geräten und technischen Anlagen, sodass zusätzliche Verkäufe abgewickelt werden können unter Einbindung einiger vom Gastwirt zu leistender Selbstbehalte wie Wartung und Reinigung der Geräte, stark reduzierte Mieten für die Geräte oder ähnliches.
- Rücknahmegarantien und -vereinbarungen von Getränken, die nicht verkauft werden können, denn Sommerfeste sind sehr stark von der Witterung abhängig. Bei den Rücknahmegarantien sollen aber Selbstbehalte den Gastwirt zum proaktiven Verkauf animieren.
- Generell Risikoübernahme durch den Hersteller in Fällen, in denen das Risiko für den meist kapitalschwächeren Gastwirt ungleich größere Grenzkosten bedeuten würde als für den Hersteller. Zudem können Hersteller die Risiken besser bündeln und poolen.

„Das Gemeinsame" in der Welt des SCM

Was lernen wir aus diesem Praxisfall für das Supply Chain Management?

1. Nicht alles, was gemeinsam von Hersteller und Gastronomie geplant und organisiert wird, hat etwas mit Supply Chain Management zu tun.
2. Alle gemeinsamen Aktivitäten müssen ein Win-Win-Spiel ergeben. Es darf niemals ein Nullsummenspiel sein; dann könnten Sie das Geld gleich verschenken.

3. Wenn also gemeinsam etwas unternommen und geplant wird, dann muss ganz klar — im Sinne des SCM-Gedankens — die Lieferkette einen Mehrwert erhalten, in Form von höheren Gewinnen, besserer Performance, niedrigeren Kosten, beschleunigter Abläufe, besserer Kundenservice, größere Handlungsmöglichkeiten.

4. Der Endkunde muss von den gemeinsamen Aktivitäten profitieren. Kostenvorteile müssen zumindest teilweise an den Endkunden weitergegeben werden. Leistungsverbesserungen (wie höhere Produktvielfalt, höhere Lieferfähigkeit, tieferes und breiteres Sortiment, innovative Produkte) durch den Hersteller müssen beim Finalkunden „ankommen".

5. Es muss immer das bewertet werden, was man sieht, *und* das, was man nicht sieht. In vielen Fällen sind es die entgangenen Umsätze, die entgangenen Deckungsbeiträge, die entgangenen Gewinne und oftmals entgangene Chancen und Möglichkeiten.

6. Gemeinsam kann nur bedeuten, dass alle Beteiligten der Lieferkette gewinnen. Das Gemeinsame des alten Denkens hat nichts mit dem Gemeinsamen des neuen Denkens und Handelns des SCM zu tun.

Der Zauber des SCM

Es gibt Zauberkünstler, aber es gibt keine Zaubereien in der Welt der Wirtschaft. All die Zaubereien, egal, ob von Verkäufern, Einkäufern oder Beratern, die uns zauberhaft scheinen, haben ihre Tücken.

Die Welt des SCM ist für sich Faszination und Zauber, weil Sie durch intelligente und klare analytische Abstimmung der Möglichkeiten der einzelnen Lieferkettenbeteiligten eine Win-Win-Situation erzeugen können. Nicht des Einen Gewinn ist des Anderen Verlust. Der Zauber des SCM liegt im wahrlich Gemeinsamen. Nur durch Vorteile für alle macht das Gemeinsame einen Sinn.

Auf der Suche nach dem verlorenen Geld – Vom Suchen zum Finden

Unternehmer, Manager und Mitarbeiter bemühen sich redlich, die Kosten im Unternehmen zu senken. Auf der Suche nach Potentialen sind dem Ideenreichtum kaum Grenzen gesetzt. Teilweise werden komplexe Methoden und Werkzeuge aus dem Logistik-Management eingesetzt, um auch noch den letzten Cent zu generieren. So werden beispielsweise im Bereich der Industrie und des Handels die

Beschaffungsmengen mit Hilfe der sehr bekannten „optimalen Losgrößenrechnung" (Economic Order Quantity, EOQ), auch „wirtschaftliche Losgröße" genannt, optimiert.

Praxisbeispiel – Wie funktioniert die EOQ?

Ein Handelsunternehmen ermittelt seine Kostensätze für Beschaffung und Lagerhaltung. Für die Beschaffung fallen typischerweise fixe Rüstkosten an, und in der Lagerwirtschaft sind die wichtigsten Kostentreiber der Stückpreis der Ware, der Kostensatz für den Lagerplatz und die Finanzierungskosten der Bestände. So erhält das Unternehmen eine feste Bestellmenge, bei der die Beschaffungs- und Lagerhaltungskosten minimiert sind.

Diese feste Bestellmenge errechnet sich durch eine relativ einfache Formel (Andler-Harris-Formel) und stellt für das Unternehmen die sogenannte wirtschaftliche Losgröße dar. Sie verspricht die Minimierung der relevanten Kosten. Grundsätzlich existiert bei jedem Beschaffungsvorgang eine wirtschaftliche Losgröße. Analog geschieht das Gleiche beim zuliefernden Industriebetrieb. Dieser ermittelt ebenso eine wirtschaftliche Losgröße der Produktion.

Die isolierte Sicht der Unternehmen

Nehmen wir an, ein Handelsunternehmen hat für eine bestimmte Ware eine EOQ von 15.000 Stück ermittelt und bestellt diese – aus seiner Sicht – kostenoptimale Menge beim Hersteller. Der freut sich über einen umfangreichen Rahmenauftrag von zum Beispiel 200.000 Stück für die nächsten Jahre, wobei die optimalen Bestellmengen von jeweils 15.000 Stück sukzessive abgerufen werden. Die EOQ wird vom Hersteller regelmäßig nach Abruf durch den Händler direkt an das vereinbarte Zentrallager des Handelsunternehmens geliefert.

Auch der Hersteller hat von seinen Experten seine – aus seiner Sicht optimale – EOQ berechnen lassen und kommt zum Ergebnis, dass seine EOQ ca. 60.000 Stück betragen würde. Somit haben Hersteller und Händler völlig verschiedene wirtschaftliche Losgrößen. Das ist in der Praxis der Normalfall, wobei ergänzt werden soll, dass die wirtschaftliche Losgröße über einen relativ breiten Losgrößenkorridor verfügt. Das heißt, dass die angegebenen Zahlen in der Praxis durchaus nicht ganz so eng zu sehen sind und vielfach eine Abweichung von +/– 10 Prozent meist nur marginale Kostenveränderungen darstellen. Aber in unserem Fall sind die Unterschiede der beiden wirtschaftlichen Losgrößen einfach viel zu groß.

Der Hersteller weiß, dass die Übernahme einer so großen Bestellmenge durch den Händler kostenmäßig und eventuell auch technologisch (Stichwort: Mindesthaltbarkeitsdatum) nachteilig und kritisch wäre. Der Hersteller geht — unausgesprochen — davon aus, dass auch der Händler seine EOQ penibel und umfangreich ermittelt hat und eben zu seinem Ergebnis von 15.000 Stück gekommen ist. Was soll der Hersteller tun?

Was sagt der Supply Chain Manager?

In unserem Beispiel befinden sich sowohl der Händler als auch der Hersteller noch in der alten Welt der isolierten Sicht der Unternehmen. Jeder versucht im Rahmen seines Unternehmens, ein „Optimum" zu finden. Niemand sieht über den Tellerrand hinaus. Jeder kann sich nur ein Nullsummenspiel vorstellen: Der Vorteil des einen ist der Nachteil des anderen.

Der Supply Chain Manager zeigt mit Überblick und Souveränität, dass die Kooperation von Händler und Hersteller in den allermeisten Fällen zu einer unternehmensübergreifenden optimalen EOQ führt.

In unserem Beispiel wird die optimale Bestellmenge EOQ unternehmensübergreifend neu berechnet. Die Kostenvorteile des einen werden über Mengenrabatte für den anderen, der die Kostennachteile erleidet, überkompensiert. Ein Win-Win-Spiel. Die Funktionsweise ist relativ einfach: Weicht ein Beteiligter der Lieferkette von seiner isoliert berechneten EOQ ab, dann erleidet dieser einen Kostennachteil. Der Kostenvorteil des anderen ist aber typischerweise nicht in gleichem Ausmaße vorhanden. Nehmen wir an, dass das Abweichen des Händlers von seiner EOQ von 15.000 Stück auf 45.000 Stück einen Kostennachteil von 0,05 Euro pro Stück bedeutet und der Kostenvorteil des Herstellers 0,08 Euro pro Stück beträgt, dann könnte der Hersteller dem Händler einen Mengenrabatt gewähren, der kleiner ist als die eingesparten EUR 0,03 pro Stück.

Solche Beispiele werden in der Praxis von Supply Chain Managern berechnet und unter den Beteiligten ausgehandelt. Tatsächlich sind die Berechnungen — meist mit dem News-Vendor-Modell (Zeitungsjungenmodell, siehe Anhang) — relativ leicht zu erlernen. Deutlich schwieriger und widerspenstiger stellt sich die Problematik der Verteilung der generierten Gewinne auf die einzelnen Beteiligten dar.

Ebenso sind in der Praxis Probleme der Datenverfügbarkeit immer wieder eine große Herausforderung, insbesondere wenn die Lieferkette sehr langgliedrig und teilweise vernetzt ist.

Die Neue Welt – Die Welt des Supply Chain Managements

Die Welt des Supply Chain Managements ist der permanente Versuch, durch gemeinsames Abstimmen der Schnittstellen entlang der Lieferkette gemeinsame Vorteile für alle Beteiligten, einschließlich des Endkunden zu erzielen. Warum? Weil die Unternehmen der gleichen Stufe miteinander in einem harten Wettbewerb stehen und daher das gefundene Geld langfristig dem Konsumenten gutgeschrieben wird. Für die wertschöpfenden Beteiligten der Lieferkette liegt der Vorteil in der Festigung und Ausbau der Marktstellung.

Suchen Sie gemeinsam das verlorene Geld, sonst findet es jemand anderes.

Werte und Mehrwerte einer Supply Chain

Im Mittelpunkt des Supply Chain Managements steht der Mensch in seinem Zusammenhandeln mit anderen zum Zwecke der Steigerung des Wertes des Endergebnisses. Das ist der entscheidende Ansatz zum Verständnis der Kooperationsleistung entlang der Liefer- und Leistungsketten (Wertschöpfungsketten) zur bestmöglichen Befriedigung der Kundenbedürfnisse. Wenn wir also den Kundennutzen in Geld bewerten und alle Kosten der Supply Chain abziehen, dann erhalten wir den Mehrwert (Value Added) der Supply Chain.

Werte und Mehrwerte innerhalb der Supply Chain

Das Konzept der Werte und Mehrwerte ist ein durchaus nachvollziehbares und vor allem zentrales für das grundlegende Verständnis von menschlichen Handlungen und Zusammenhandlungen. Wenn manchmal von Gesamtperformance, Gesamtgewinn oder Wertschöpfungsbeitrag von Lieferketten gesprochen wird, dann ist mehr oder weniger synonym immer der Mehrwert der Lieferkette angesprochen und nicht nur ein geldlicher Wert.

Wie ist das zu verstehen? Jede menschliche Handlung stellt grundsätzlich eine Entscheidung *für* Etwas dar. Gleichzeitig ist es aber auch eine Entscheidung *gegen* alle anderen verfügbaren Alternativen. Somit wird jede Entscheidung von *Alternativkosten* (entgangene Gewinne und entgangene Nutzen) geleitet. Die Handlungen des Menschen und das Zusammenhandeln von Menschen sind sehr schwer auf einen gemeinsam zu bewertenden Nenner, auf den Mehrwert, zu bringen.

Praxisbeispiel – Bäckerei

Denken wir uns eine mittelgroße Bäckerei, die eine Vielzahl von kleineren Kunden beliefert. Die Betriebsgewinne des Unternehmens waren in den letzten Jahren sehr stabil und beliefen sich auf 500.000 Euro pro Jahr. Dank eines neuen, großen Handelskunden könnte das Unternehmen einen deutlich höheren Gewinn von 800.000 Euro erzielen, müsste aber alle bestehenden Kunden aufgeben, da der mächtige Handelskunde darauf besteht, dass die Bäckerei exklusiv liefert.

Was soll die Bäckerei tun?
Bei der Beschränkung auf diesen einen Kunden würden zwar die Geldgewinne steigen — aufgrund interner Kostenrechnungen um 60 Prozent oder 300.000 Euro. Aber welche Spielräume des Handelns werden negativ beeinflusst?

Zählen wir unsystematisch und ohne Anspruch auf Vollständigkeit auf:
— Abhängigkeit von einem einzigen Kunden
— Begrenzte Handlungsoptionen
— Was ist im Falle einer Insolvenz der Handelsorganisation?
— Gefahr des Aussetzens eines massiven Preisdrucks durch die Abhängigkeit
— Unternehmerische Rolle geht fast zur Gänze verloren
— Verlust aller übrigen, über Jahre entwickelten Kunden

Aber wie wollen wir diese Gefahren bewerten? Sollte nicht der steigende Geldgewinn das entscheidende Kriterium für den Zuschlag an die Handelsorganisation sein?

Nirwana von Kosten und Erlösen

Wie bei fast allen unternehmerischen Entscheidungen landen wir im Nirwana von Geldkosten und Gelderlösen. Die Fakten aus der Finanzbuchhaltung und Kostenrechnung können uns dabei nicht wirklich weiterhelfen. Denn hier geht es um die Komplexität strategischer Entscheidungen. Finanzbuchhaltung, Kostenrechnung und das klassische Controlling sind keine geeigneten Konzepte beziehungsweise Werkzeuge für solche Überlegungen und daraus abzuleitenden Entscheidungen und konsequenten Handlungen.

Von Skeptikern des Supply Chain Managements werden sehr häufig ähnliche Argumente ins Treffen geführt. So wird zum Beispiel argumentiert, dass man die Gewinne von Supply Chains nicht wirklich berechnen kann, da Supply Chains vielfach fragmentiert und meist nicht ganzheitlich erfassbar sind. Dieses Argument ist durchaus nachvollziehbar. Nur geht es letztlich um Bewertungsprobleme, die jedes Unternehmen betrifft. Inwieweit eine Entscheidung und die daraus abgeleitete Handlung gewinnbringend im weitesten Sinne ist, lässt sich nicht auf der Ebene von Gelderlösen und Geldkosten entscheiden. Denn die Ergebnisse von menschlichen Handlungen sind ein ganzheitliches komplexes Produkt. Zahlreiche Faktoren werden mit den klassischen Methoden eben nicht in Geld bewertet und fallen daher unter den Tisch. Somit sind die Ergebnisse nicht nur verzerrt, sondern schlichtweg falsch.

Die Komplexität des Wertes

Der Wert einer Kooperation ist von zahlreichen Faktoren abhängig, die vielfach nicht mehr einfach auf der Gelderlösebene abgehandelt werden können. Dazu gehören typischerweise folgende Faktoren, die beim Aufbau einer Lieferkette oder bei der Neugestaltung von Lieferketten zur Eroberung neuer Märkte und deren Bewertung entscheidende Bedeutung haben können:
— Risiken und Unsicherheiten
— Handlungsoptionen
— Fristigkeiten
— Abhängigkeiten
— Ambiguitäten
— Flexibilitäten
— Wandlungsfähigkeiten
— Wahrnehmbare Chancen
— Strukturbrüche
— Alternativkosten
— Alternativerlöse
— Restrisiken (zum Beispiel subsumierte Ungewissheiten)

Würde unser Bäcker nur auf der Basis von Geldgewinn entscheiden, dann wäre die Problemstellung sofort und einfach lösbar. Dann werden aber die zahlreichen Probleme, die auf den Bäcker zukommen könnten, unter den Tisch fallen. Das ist mit Sicherheit nicht mit einer seriösen ökonomischen Bewertung vereinbar. Also muss er auch die oben angeführten Faktoren ins Kalkül ziehen. Wie es auch ein SC-Manager tut, wenn er im Zuge von Neuverhandlungen von Lieferketten und -netzwerken ein gemeinsames Ziel durch Zusammenhandeln erreichen soll. Die große Herausforderung besteht in der Bewertung der „Kosten" und „Erlöse" der Supply Chain und dadurch auch die Aufteilung der gemeinsam generierten „Gewinne".

Added Value Services – Neue Märkte

Dienstleistungen mit Mehrwert in der Supply Chain

„Ganz nach Ihren Wünschen", „Speziell für Ihre Branche" oder „Alles, was Sie wünschen" – so oder ähnlich lauten die Slogans der Dienstleistungsanbieter mit Mehrwert (Added Value Services). Sie erklären, dass sie die gesamten Verkehre und die Logistik innerhalb von Unternehmen zusammenbringen können und – wenn es der Kunde wünscht – von Montagearbeiten angefangen bis hin zu Verkaufsförderungen am Point of Sale (P.O.S.) Zusatzservice übernehmen. Sie bezeichnen sich selbst gerne als ganzheitliche Logistikdienstleister oder auch Systemdienstleister.

Wie aber können die einzelnen Prozesse einer bestimmten Leistungsgruppe zugeordnet werden? Dies wird schon deshalb notwendig sein, um später klare Schnittstellen mit eindeutigen Risikoübergängen zu definieren. Das nämlich ist eine der wesentlichen Herausforderungen für das Supply Chain Management. SC-Manager müssen diese Risiken erkennen, definieren, bewerten und entsprechend den Möglichkeiten und Opportunitäten auf die Beteiligten der Lieferkette verteilen, um einen möglichst hohen Mehrwert für die Supply Chain zu generieren, ohne dabei Beteiligte der Lieferkette schlechter zu stellen.

Wie kann die Logistikleistung von den Mehrwertleistungen abgegrenzt werden? Wo gehen die Mehrwerte unter Umständen über die Value Added Services hinaus? In der Praxis hat sich bewährt, dass die Prozesse folgenden Leistungsgruppen zugeordnet werden:

- Transport
- Spedition
- Lagerung

Zusatzservice (Value Added Services)
- logistiknah
- produktionsnah
- dienstleistungsnah

Praxisbeispiel – Möbelauslieferung mit Handling an Privatkunden

Veranschaulichen wir dies anhand eines praktischen Beispiels — Ausweitung der klassischen logistischen Funktionen auf neue Märkte des Value Added Services. Folgende Teilprozesse liegen vor:

A. Wareneingang
B. Lagerung/Kommissionierung
C. Warenausgang
D. Transport
E. Retoureneingang/-kontrolle
F. Distribution mit Retourenservice und Sonderservice wie Montage, Wunschterminzusammenstellung, Reparaturservice, Ausbesserungen

Die Teilprozesse A bis E lassen sich relativ einfach zuordnen. Schwieriger wird es beim Teilprozess F. Hier werden mehrere Leistungsgruppen angesprochen. Die Retourtransporte fallen unter Transport, die Montage fällt unter dienstleistungsnahem Zusatzservice, die Wunschterminzusammenstellung gehört eher zur Administration und Steuerung. Wichtig ist, dass eine organisationale Zuordnung erfolgt, nicht nur gedanklich, da es sich um eine Schlüsselinformation für die Festlegung von Schnittstellen und damit verbundenen Gefahrenübergängen handelt.

Added Value Services schaffen Transparenz

Was mit dieser Zuordnung einhergeht, ist die Transparenz der Prozesskette und darüber hinaus die Transparenz der reinen Logistikkosten. In unserem Beispiel hat sich gezeigt, dass nach einer Wertstromanalyse (Value Stream Analysis, VSA) der Produktion und Logistik die reinen Logistikkosten (Materialhandling, Lagern und anderes) etwa 32 Prozent der gesamten Fertigungs- und Logistikkosten betragen haben. Dies war neben einer Reihe anderer Gründe das Hauptmotiv für die Beauftragung eines Logistikdienstleisters mit Value Added Services. Als Ergebnis der Wertstromanalyse konnte darüber hinaus festgestellt werden, dass bei den Zustellungen erhebliche Kosten durch das Einräumen von Sonderzustellungsterminen und Mehrfachzustellungen entstanden sind. Der Logistikdienstleister konnte die Zustellungs- und Montagetermine wesentlich effizienter koordinieren.

Am deutschen Markt hat sich das Konzept mittlerweile bestens etabliert. Der Möbelproduzent konnte damit einer Verlagerung seiner Produktion in Richtung Osteuropa entgegenwirken. Die Kundenzufriedenheit ist gestiegen, und der Logistikdienstleister hat weiter an Know-how gewonnen. Grund genug für eine weitere Expansion.

3PL-Relationship – Do you have one?

Before we get into the merits of having a 3PL (that means 3rd-Party-Logistics-Provider) relationship or not let's spend a minute to define what 3PL actually means. In global supply chain management terms we categorize logistics-service-providers into basically 4 categories:

1PL = Logistics handled internally by a company. For example a manufacturer that owns warehouses for storage and trucks that deliver products to clients.

2PL = Transportation and/or warehouse logistics management handled for a company by an outside contractor.

3PL = The integration and management of all logistics services of a complex supply chain. Can also be a single point of contact (Preferred Provider) between a client and its array of logistics and information service providers.

4PL = A 4PL is an integrator that assembles the resources, capabilities and technology of its own organization and others to design, build, run and manage complex supply chain solutions. In most instances in a neutral environment.

There are definite advantages in outsourcing some of your supply chain work to a 3PL. It is, however, imperative to select the right partner. Where in the past the lowest price was the key deciding factor companies have begun to realize that this can backfire if one does not consider the total supply chain cost.

Today organizations will include many more strategic issues in their selection process to ensure to have the best possible fit.

So once the decision is made the search for the right partner can begin. Understandably the selection criteria will be different for everyone, depending on supply chain strategy, objectives and goals.

From research and experience we can list some of the key items companies focus on, some of them might even apply to your business.

Buying Power – a 3PL will be able to bundle the volume from its client base for purchasing transportation services in turn helping clients to lower their freight spend.

Variable Cost Models – your business might be seasonal or difficult to forecast. Your own fleet and warehouse utilization factors show poor averages. The 3PL might service the same routes and have a multi-client facility in a suitable location.

New Geographies – you might decide, or, even be forced to enter new markets and geographies where you don't want to put up your own infrastructure. There is a good chance the 3PL has got it already.

New Culture – with constantly increasing globalization it is important that we understand our suppliers or clients in the respective regions. The 3PL might be able to offer extensive experience and local staff.

Systems Integration – Real time information, visibility, 24/7 communication, warehouse management systems, all these are vital components of a supply chain. Most 3PLs will be able to offer their systems already in place, at a fraction of the cost.

Track Record – references on reducing cost, gaining efficiencies, increasing client satisfaction and adding value.

Die Veränderung von Lieferketten – Märkte und Marktchancen

Deutschland ist mit Abstand einer der bedeutendsten Handelspartner innerhalb der Europäischen Union. Besonders gefragt sind Produkte aus der Kfz-Zulieferindustrie. Auch österreichische Unternehmen haben sich als Autoteilezulieferer einen Namen gemacht. Interessanter Aspekt in Österreich: Der Wert der nach Deutschland gelieferten Kfz-Teile hat bereits einen höheren Wert als die aus Deutschland importierten Autos erreicht. Im Maschinenbau gehen bereits mehr als ein Viertel der Ausfuhren nach Deutschland. Auch die Lebensmittelexporte nach Deutschland sind sehr stark gestiegen und machen bereits ein Drittel der gesamten Lebensmittelexporte aus.

Andere Lieferketten, neue Chancen

In der Automobilwirtschaft ist in den letzten Jahren die Zusammenarbeit immer enger geworden. Das zeigt sich ganz deutlich in der frühen Zusammenarbeitsphase *(Early Vendor Involvement)* der Zulieferer mit den Herstellern. Tata Steel, ein indisches Stahlunternehmen, wird beispielsweise von einem Automobilhersteller am Karosserieentwurf eines neuen Models beteiligt. Eine Tendenz zeichnet sich klar ab: Alle Automobilhersteller möchten möglichst viel bei möglichst wenig Zulieferern beziehen, um die (Kosten der) Komplexität zu reduzieren. Die übergreifende Frage dabei: Betrifft dies nur die Automobilindustrie oder auch andere Industriebereiche?

Analysen zeigen, dass neben der Automobilindustrie gerade im Maschinenbau und der Elektrotechnik die Summe der eingekauften Produkte und Dienstleistungen bezogen auf den Umsatz ansteigt, aber noch großes Potential hat. In der Automobilindustrie beträgt der Zulieferanteil bezogen auf den Umsatz bereits 69 Prozent. Im Vergleich dazu betragen die Lohnkosten nur mehr 15 Prozent, bezogen auf den Umsatz. Dass der Lohnkostenanteil relativ klein ist, liegt zum einen am hohen Grad der Fremdvergabe, aber auch am teilweise automatisierten Montageprozess und den großen Serien. Es ist wohl nur eine Frage der Zeit, bis in anderen Industriebereichen ähnlich hohe Umsatzanteile für zugekaufte Produkte und Dienstleistungen erreicht werden.

Noch eine weitere Entwicklung ist erkennbar: Der Mittelstand beginnt die Chancen der Veränderung der Lieferketten zu begreifen. Mittelgroße Familienbetriebe im Maschinenbau mit einem Umsatz zwischen einer und zwei Milliarden Euro sind noch zum Großteil völliges Neuland für ausländische Zulieferbetriebe. Nicht selten stehen bei diesen Unternehmen hunderte Quadratmeter von Blechbearbeitungsmaschinen, um selbst Stahlbleche zu schneiden, die in spitzentechnologischen Endprodukten verarbeitet werden. Dabei muss die deutsche Industrie in Zukunft, um gegenüber Asien wettbewerbsfähig zu bleiben, immer größere Teile des Investitionsbudgets für Forschung und Entwicklung (F&E) ausgeben. Für die Erweiterung und Modernisierung der Produktionsanlagen bleibt weniger vom Budget. Als Folge steigt die Nachfrage nach Produktionspartnern!

One-Stop-Shopping

Dahinter verbirgt sich nichts anderes als die Entwicklung vom Komponentenzulieferer zum System- beziehungsweise Modulzulieferer. Die Autoindustrie hat die Vorreiterrolle für diese Entwicklung. So wird beispielsweise ein Gesamtbedarf an Messing-, Alu- und Kupferteilen im Paket eingekauft. Diese Entwicklung greift allmählich auf andere Industriebereiche über. Das Interessante dabei: Zunehmend entwickeln sich deutsche Unternehmen selbst zu Modul- und Systemzulieferern. Jetzt könnte man meinen, wenn deutsche Unternehmen selbst zu System- und Modulzulieferern werden, dass für ausländische Unternehmen damit die Chance vertan ist? Irrtum.

Das deutsche Unternehmen Märkisches Werk produzierte bis 2009 Motor-Ein- und Auslassventile, sowohl kleine Ventile für den Einsatz im Motorsport als auch große Ventile für Ozean-Tanker. Mittlerweile ist das Unternehmen zum Systemzulieferer geworden, indem es sich auf Zylinderkopfsysteme spezialisiert hat. Das wiederum eröffnet für potentielle Zulieferer im Bereich Gummi- und Kunststoff-Industrie die Chance, Komponentenzulieferer zu werden.

Der Supply Chain Manager erkennt in seinem Cockpit solche Entwicklungen und Chancen frühzeitig. Er prüft durch Analyse von Frühindikatoren, welche Entwicklungen auf den bestehenden und neuen Märkten zu Veränderungen auf die Supply Chain führen. Hat er rechtzeitig erkannt, dass sich Unternehmen zu System- und Modullieferanten entwickeln, kann er strategisch überlegen, ob er in den Mitbewerb eintritt oder sich für die Rolle des Komponentenlieferanten entscheidet.

Conclusio:
- Als Supply Chain Manager sollten Sie Veränderungen von Lieferketten sowohl innerhalb der Branche als auch außerhalb der Branche genauestens beobachten und analysieren.
- Prüfen Sie, ob Sie sich zu einem wettbewerbsfähigen System- und/oder Modulzulieferer (One-Stop-Shopping) entwickeln können und wollen oder ob Ihre Stärke in der Komponentenlieferung zu sehen ist.
- Nutzen Sie die Chancen von neuen Märkten. So waren beispielsweise für niederländische Unternehmen Fachmessen der wichtigste Ort für die erste Kontaktaufnahme mit potentiellen Abnehmern in Deutschland
- Lassen Sie sich von verschiedenen Organisationen und Experten unterstützen.

Die Erwartung Ihres Kunden

Stellen Sie sich vor, Sie sind in der Früh auf dem Weg zu Ihrer Arbeit. Sie gehen wie immer in die gleiche U-Bahn-Station, nur heute hören Sie schon nach ein paar Schritten Geigenmusik. Vielleicht denken Sie: „Nicht schlecht" und gehen achtlos an dem Geigenspieler in zerrissenen Jeans vorbei. So wie Sie machen es in kurzer Zeit weitere tausend Menschen.

Was Sie und tausend andere Menschen nicht wissen: Der Geigenspieler heißt Joshua Bell und ist kein Geringerer als der brillanteste Geigenspieler der USA! Im Konzertsaal verdient er wesentlich mehr und die Menschen müssen teure Konzertkarten kaufen, um ihn spielen zu hören. Dabei ist sein Geigenspiel in der U-Bahn-Station ebenso virtuos wie im Konzertsaal. Allerdings mit dem kleinen Unterschied, dass die Menschen das Dargebotene in der U-Bahn-Station kostenlos bekommen. Übrigens machte Joshua Bell das Experiment auf Anraten der amerikanischen Tageszeitung Washington Post.

Was hat dieses Experiment mit der Erwartung Ihres Kunden zu tun? Die Qualität Ihres Produktes und die kompetente Beratung über die Produkteigenschaften – sie allein bedeuten noch nicht gute Gewinne. Das Geigenspiel in der U-Bahn-Station hat Joshua Bell einige Euros gebracht, mehr nicht. Ein gutes Produkt oder eine gute Dienstleistung erwartet der Kunde ohnehin. Das bringt den erwarteten Umsatz, mehr nicht! Auch Joshua Bell spielte in der U-Bahn-Station mit der gleichen Stradivari in bekannt brillanter Manier, einzig den Konzertsaal tauschte er gegen eine zugige U-Bahn-Station.

Auch Ihre Produkte sind für den Verkaufserfolg enorm wichtig. Wenn das Ambiente am Point of Purchase und das Produkt oder die Dienstleistung zusammenpassen, steht dem wahren Kundenerlebnis nichts mehr im Wege.

Supply Chains zum Erlebnis machen

Was für das Produkt und die Dienstleistung stimmt, ist auch für die Supply Chain stimmig. Für den Kunden sollte sie keinesfalls unsichtbar bleiben, vielmehr sollte sie zum bleibenden (Wiederholungseffekt) Erlebnis werden! Das könnte der geniale Schachzug gegenüber dem Mitbewerb sein. Was vielleicht mainstreammäßig klingt, hat durchaus seine Einzelberechtigung.

Was beim Hersteller passiert oder im Logistikzentrum, ist für den Kunden meist nicht transparent. Und doch wird an diesen Orten die notwendige Bedingung für das Geschehen am Ort des Einkaufs, dem Point of Purchase, gelegt. Warum sollte also der Kunde nicht über eingesetzte Rohstoffe, Produktionszyklen und Warenfluss informiert werden? Allerdings in einer Art und Weise, die ein Erlebnis schaffen.

Ein geradezu automobiles Erlebnis- und Kompetenzzentrum hat Volkswagen in Wolfsburg geschaffen. Der Kunde bekommt ein vielfältiges Angebot an Informationen, Aktivitäten und Unterhaltung. Erlebnis pur mit der Philosophie: Offenheit! In acht Pavillons werden die aktuellen Marken präsentiert, und in zwei Glastürmen stehen bis zu 800 Neufahrzeuge, die für die Auslieferung an Kunden bestimmt sind. Die Kunden erhalten Informationen über die gesamte Supply Chain.

Aber lassen wir einen Kunden sprechen: „… *ist das eine wahnsinnig interessante und wirklich unglaublich beeindruckende Autostadt … auch diese ganze Logistik, die dahinter steht, ich bin begeistert!!*"

Es muss aber nicht jedes Mal so sein, das wird auch zu einer Frage der Kosten. Gehen Sie erste Schritte, in dem Sie dem Kunden Ihre Supply Chain transparent machen. Das kann ein Tag der offenen Tür sein, an dem Sie Ihre Partner entlang der Wertschöpfungskette zu einer erlebnisreichen Gesamtpräsentation einladen.

Ein bekannter österreichischer Schokoladenproduzent hat seine Produktionsstätte zu einer gläsernen Manufaktur gemacht. Aus aller Welt strömen die Menschen herbei und sind fasziniert von dem Dargebotenen. In Filmen wird gezeigt, wo die Kakaobohnen herkommen, man kann die Lagerräumlichkeiten der vielen einzelnen Zusatzstoffe besuchen und nimmt am gesamten Produktionsprozess von den Rohstoffen bis zum endgültigen Endprodukt Teil. Schließlich kann der Kunde sogar eine weltweit einzigartige Schokolade nur für sich selbst kreieren und bekommt diese innerhalb von 20 Minuten dargereicht. An manchen Tagen müssen die Firmentore geschlossen werden, weil nicht genügend Menschen Platz haben. Von überall her strömen die Menschen herbei und sind fasziniert von der dargebotenen und transparent gemachten Lieferkette und natürlich von der Schokolade, von der man im Hause so viel essen kann wie man will. Sie ist im Eintrittspreis inbegriffen!

Diese und zahlreiche weitere Beispiele sollten uns Unternehmer und Manager zu denken geben. Die Menschen wollen sehen, wie ein Produkt entsteht, sie haben Freude am Erlebnis und am Abenteuer Lieferkette. Neue Märkte durch Nähe zum Kunden!

Strategic Sourcing – Are you Managing your Suppliers?

With all the emphasis in recent years on JIT (Just-in-Time) manufacturing strategies and low inventory levels Supply Chain Managers had to start dealing with a significant increase in risk to secure supply.

Adding to the problem is the fact that due to the uncertain economic conditions suppliers had to deal with continuously changing forecasts and drove down their production schedules not be stuck with any non-required inventory and related cost.

For Supply Chain Managers this results in a much more serious exposure to supply chain disruptions that they need to deal with.

So how does one run a production line in a JIT environment with no or limited inventory, and, at the same time, minimize the risk of a line stop?

Strategic sourcing and risk management will be some of the key areas to focus on. This of course requires the involvement of suppliers to make the necessary changes to our supply chains. Companies need to implement a *Supplier Management System* to achieve the desired results.

Suppliers will play a key role in your business, regardless what business you are in. A well-managed supplier relationship will result in reduced risk, increased customer satisfaction, lower costs, better quality, and better service. In addition when problems arise, a well-managed supplier will ensure he plays his role in finding a solution.

The objective of Supplier Management is to negotiate the lowest possible price. It is to continuously work with your supplier base to reach a working relationship that will mutually benefit both organizations.

As the title of this article already implies — strategic sourcing — is to select the best possible partner who will support your business. In return the supplier will surely expect some type of commitment of your company to end up in a win/win situation on which a long term relationship can now be built.

So where does one start and what are the critical success factors of *supplier management?* Here are just a few one could begin with:

Supplier selection process – select the right supplier for the right reasons. Build a team consisting of the key stakeholders in your company, and, based on your selection criteria, jointly select the winner.

Build long term relationships – this will only work if you focus on win/win scenarios which create value for both parties.

Invite your strategic suppliers to your strategy meetings – this will increase their understanding of your business and challenges and can result in a competitive advantage.

Try to understand their business too – In your aim to build long term partnerships it will be highly beneficial if you understand their business too.

Over communicate – your strategic suppliers need to know what you are planning. Share forecasts and production schedules etc.

Set goals and monitor performance – Don't just assume that everything goes according to plan once the contract is signed, specifically during early stages. Jointly set KPI's and monitor them closely.

Neue Marktchancen durch Value Added – Industrie 4.0

Ein entscheidendes Ereignis prägte das späte 18. Jahrhundert. Es war die erste industrielle Revolution, die damals das Leben der Menschen völlig veränderte. Möglich wurde sie durch die Einführung von Wasser- und Dampfkraft. Rasch wurde erkannt, dass nur dann effektiver produziert werden kann, wenn verwandte Industriezweige zu Konzernen zusammengefasst werden. Gegen Ende des 19. Jahrhunderts entstanden erste Kooperationen von Großbetrieben bis hin zur Bildung von Kartellen. Wirtschaftswachstum wurde zum gebräuchlichen Vokabular.

Die erste industrielle Revolution veränderte das Leben der Menschen radikal. Textilien und viele andere Güter wurden billiger und schneller produziert und der weltweite Handel mit ihnen begann. Im Vordergrund standen die Arbeitsteilung und Standardisierung nach dem Taylor'schen Arbeitsmodell.

Industrie 4.0 – Wertschöpfungsketten und Added Value

Knapp 200 Jahre später wird bereits von der vierten industriellen Revolution gesprochen. Es sind aber nicht mehr neue technische Entwicklungen, die zu einer Revolution führen werden. Es ist die dynamische Vernetzung und Flexibilisierung von Wertschöpfungsketten.

Welchen Wandel in der täglichen Lebenswelt des Menschen wird die vierte Revolution mit sich bringen? Aus Sicht der Experten wird neben der Vernetzung von Wertschöpfungsketten auch die Vernetzung von Menschen und Systemen zur Schlüsselentwicklung. Der Mensch mit seinen kreativen Fähigkeiten wird in der Produktion wieder im Fokus stehen. Diese kreativen Kräfte werden sich insbesondere in Serviceinnovationen, den Added Values zeigen. Added Value wird eine neue Dimension des Industriesektors mit sich bringen.

Intelligente Unternehmen haben erkannt, dass Innovationen außerhalb von Produktinnovationen erhebliche Gewinnbringer sein können. Sie integrieren zunehmend vor- und nachgelagerte Dienstleistungsunternehmen in ihre Wertschöpfungsketten, um ihren Kunden mehr als nur ein Produkt zu verkaufen.

Die Automobilindustrie nimmt hier eine Vorreiterrolle ein. Aus Sicht des Fahrzeugproduzenten war das Auto schlichtweg ein Produkt. Heute gibt es Automarken, die Banken in ihre Wertschöpfungskette integrieren und den Fahrzeugkauf ihrer Kunden finanzieren. Der Fahrzeughersteller wird zum Problemlöser für den Kunden, der einen bestimmten Produktwunsch hat, aber vor dem Problem der Finanzierbarkeit steht. Ein wirtschaftlicher Mehrwert par excellence, mit dem Zusatzeffekt der Kundenbindung! Denn es gibt neben dem wirtschaftlichen Added Value auch den technologischen und den emotionalen Added Value.

Beim technologischen Mehrwert besteht die größte Gefahr des Service Overkill, also der Übertreibung. Durch die funktionale Angleichung der Produkte steigt vielfach die Produktkomplexität. Gegenüber dem Kunden entsteht ein erhöhter Erklärungsbedarf, und der vermeintliche Added Value verpufft. Zudem sind diese Values meist mit hohen

Forschungs- und Entwicklungskosten verbunden. Eine besondere Rolle nimmt der Emotionale Added Value ein.

Added Value – der emotionale Mehrwert

„Damit man schnell ums Eck kommt!" So hat der berühmte Automobilkonstrukteur Ferdinand Porsche seine Philosophie umschrieben. Die Faszination eines Porsches macht aber mehr aus als nur die Dynamik und Wendigkeit. Dahinter steckt jede Menge an Gefühlen, die einen Porsche einzigartig machen. Die Emotionalisierung der Marke Porsche, das Schaffen von Einzigartigkeit und das Wecken der Begehrlichkeit nach einem Porsche sollen ihn unverwechselbar machen.

Gelingt die Schaffung eines emotionalen Zusatznutzens für den Kunden nur im Bereich von Luxusgütern? Nein, keineswegs — wenngleich die Begehrlichkeit nach einem Porsche und nach einer Banane nicht die gleiche ist. Es kommt immer darauf an, ob die Emotion den Kunden in seinen unterschiedlichen Lebensbereichen erreicht und anspricht.

Bananen mit Zusatznutzen

Verlassen wir also die Begehrlichkeit nach einem Porsche und schnappen uns eine Banane. Sie ist in unserem Breitengrad schon lange kein Luxusgut mehr. Jeder kennt auch das Synonym für die Banane: die Marke „Chiquita", eine Marke mit mehr als hundertjähriger Geschichte. Für Kinder wurde Chiquita die coolste Banane der Welt. Für Frauen gibt es die nicht so kalorienreiche Mini-Banane und dazwischen noch die Snack-Banane für alle Gesundheitsfanatiker. An den Chiquita Fruit Bars gibt es mittlerweile frisches Obst als Beitrag zu einer gesunden Ernährung. Ein Joint Venture mit einem Partnerunternehmen setzt am Markt neue Akzente — unter anderem durch gewandelte Verzehrmotive.

Added Value muss etwas kosten

Es wird in Zukunft immer wichtiger werden, in der Supply Chain die richtigen Added Value Services zu finden, für die der Kunde auch bereit ist, Geld auszugeben. Für die Differenzierung zwischen den konkurrierenden Wertschöpfungsketten können Added Values entscheidend sein und zu größeren Gewinnchancen verhelfen. Aber nur dann, wenn für die Supply Chain der Gewinn aus dem Mehrwert höher ist als die Kosten für den Mehrwert.

Kontraktlogistik – Wenn das Pflichtenheft vergessen wurde

Ein aufstrebendes Unternehmen in der Pharmabranche steht vor neuen Logistikherausforderungen. Bisher war Europa der Kernmarkt gewesen. Das Geschäft verlief normal, mit der Durchführung der Transporte, des Umschlags und der Zwischenlagerung wurden mehrere lokale Spediteure beauftragt. Das sollte sich schlagartig ändern. Mit einer neuen Produktentwicklung konnte ein Großauftrag aus den USA gewonnen werden.

Logistik-Herausforderungen verlangen nach längerfristigen Partnerschaften

Neben den viel längeren Transportwegen und Lagerdauern (Zwischenlagerung in Deutschland und in den USA) muss das Management berücksichtigen, dass es sich bei den für den amerikanischen Markt entwickelten Produkten um hochempfindliche Waren handelt. So muss eine durchgängige Kühlkette einen ganz genau definierten Temperaturkorridor gewährleisten. Jede kleinste Abweichung würde zu einem Totalschaden führen. Ein solcher Schaden — das Risiko liegt beim Absender — würde das österreichische Pharmaunternehmen mit voller Wucht treffen. Er würde vermutlich auch zu einem Imageschaden führen.

Vor allem die Wertekonzentration durch das Bündeln mehrerer Teilsendungen bei den Zwischenlagerungen stellt eine existentielle Gefahr für den Absender dar. Klar ist auch, dass für den Überseetransport ausschließlich Luftfrachtführer in Frage kommen. Für die Inlandstransporte mit LKW innerhalb der USA müssen die Fahrer speziell ausgebildet sein. Das Management hat aber auch zu berücksichtigen, dass sich die Volumina durch den Großauftrag geändert haben. All das sind Umstände, die nach einer langfristigen Partnerschaft mit einem weltweit agierenden Logistiker verlangen.

Sofort tauchen im Management hinsichtlich der Logistik Fragen auf: Gibt es einen auf unsere Produkte spezialisierten Logistiker? Sind unsere Volumina für den Logistiker interessant? Wie finden wir schnellstmöglich einen verlässlichen, qualifizierten Partner und zu welchem Preis? Dazu wurde von dem österreichischen Unternehmen eine Art Drehbuch erstellt. Die erhöhten Transportanforderungen wurden explizit festgehalten.

Final Draft – Kontraktlogistik

Im Zuge der Verhandlungen mit potentiellen Logistikern stellte sich heraus, dass die bisherigen Spediteure nicht in Frage kommen. Nur ein Anbieter stach hervor. Für ihn sprach seine Spezialisierung auf Transporte thermolabiler Güter und deren Zwischenlagerungen in einem weltweiten Netzwerk. Primär standen beim Pharmaunternehmen die Qualitätserfordernisse im Mittelpunkt. Die Frage der Kosten war nicht unwichtig, aber zweitrangig.

Ein Logistikvertrag mit diesem einen Anbieter wurde sehr rasch konzipiert (Final Draft). Auffällig war — und das sollte sich später als fataler Fehler in der Konzeption herausstellen —, dass die Pflichten des Auftraggebers umfangreich geregelt wurden. Die Pflichten des Logistikers hingegen wurden nur knapp in den Punkten „Besondere Transportanforderungen", „Subunternehmerbeauftragung" und „Geheimhaltung" aufgenommen.

So ist der Auftraggeber unter anderem verpflichtet, zu Beginn eines jeden Monats eine Grobliefervorschau für den jeweiligen Liefermonat abzugeben. Die konkrete Lieferanweisung muss mindestens 48 Stunden vor der geplanten Transportdurchführung erfolgen. Der Auftraggeber hat auch zu erklären, dass kein Zusammenladungsverbot besteht und dass sämtliche außenwirtschaftliche Bestimmungen eingehalten werden.

Wie gesagt: Im Logistikvertrag steht keine spezifische Regelung hinsichtlich der Pflichten des Auftragnehmers. Im Punkt „Besondere Transportanforderungen" wird lediglich darauf hingewiesen, dass eine sorgfältige Behandlung während des Transportes und sämtlicher Umschlagsvorgänge sowie Zwischenlagerungen notwendig ist. Der Temperaturkorridor wird explizit festgehalten, und der Logistiker hat dafür einen speziellen Servicelevel einzuhalten. Eine weitere Verpflichtung des Logistikers bestand lediglich in der Geheimhaltung von Informationen. Auch in einem Anhang zum Vertrag konnte kein Pflichtenheft des Logistikers gefunden werden. Primär wurde im Annex das Mengen- und Strukturgerüst, die Vergütung, das CDA (Confidential Disclosure Agreement) und die Haftungsgrundlage näher bestimmt.

„Es kam, was kommen musste"

Ein Jahr lang liefen die Transporte in die USA problemlos. Aufgrund individueller Anliefererfordernisse des Kunden in den USA mussten dann plötzlich die Fristen für die Zwischenlagerungen in den USA verlängert werden. Auch das war ein Grund, warum der Logistik-Vertragspartner den Lagerhalter in den USA wechselte. Jedenfalls erhöhte sich nun der Wert der zwischengelagerten Waren. Mit einem unschönen Nebeneffekt: Die Logistikkosten stiegen an.

Was dann folgte, war der Super Gau — Ein Millionenschaden. Die in den USA zwischengelagerten Waren wurden vom neuen Lagerhalter nicht ordnungsgemäß zwischengelagert. Als der Abnehmer in den USA seine Waren abrief, stellte dieser fest, dass es zu Temperaturschwankungen außerhalb des Korridorbereiches gekommen ist — zurückzuführen auf eine mangelhafte Lagerung, da die Transportaufzeichnungen in Ordnung waren. Nach einer Besichtigung des Lagerstandortes durch den Kunden musste das Lager als nicht geeignet eingestuft werden.

Die Ursache lag im fehlenden Pflichtenheft für den Logistiker

Mit einem Pflichtenheft, an das der Logistiker gebunden gewesen wäre, hätte der Millionenschaden vermutlich verhindert werden können. Zumindest wäre der Logistiker damit dazu angehalten gewesen, die Auswahl seiner Subunternehmer im Hinblick auf die Risikobewertung genauer vorzunehmen. Natürlich muss der Logistiker die Auswahl mit der Sorgfalt eines ordentlichen Kaufmannes vornehmen, die Formulierung lässt aber ohne nähere Spezifikation zu viel Spielraum. Zusammengefasst: Es wurde sehr viel über die Verantwortlichkeiten diskutiert und gestritten, Schadenshöhen wurden angezweifelt und am Schluss gab es einen Vergleich.

Mit dieser Illustration im Kopf können wir einige gute Tipps geben:

- Nehmen Sie sich für die Erstellung eines ersten Vertragsentwurfs mindestens genau so viel Zeit wie für den definitiven Logistikvertrag. Die längere Vorarbeit führt meist zu einer besseren Einschätzung der Schlüsselpunkte und zu klareren Vertragsregelungen im Final Draft.
- Spezifizieren Sie allgemeine Punkte wie „Auswahl von Subunternehmern; Haftung und Versicherung". Verlassen Sie sich nicht auf gesetzliche Bestimmungen wie zum Beispiel die „Sorgfalt eines ordentlichen Kaufmannes."
- Dokumentieren Sie Schnittstellen, gerade im Hinblick auf Risikoübergänge, und die Verpflichtungen an den Schnittstellen.
- Denken Sie immer daran: Papier ist geduldig. Besichtigen Sie Risikostandorte persönlich und ziehen Sie, wenn Sie unsicher sind, Experten heran. Sollte dies aufgrund von Entfernungen und/oder Zeit nicht möglich sein, setzen Sie Prioritäten oder fordern Sie entsprechende Lageberichte an.
- Damit Sie die Wichtigkeit als hoch einstufen, denken Sie an mögliche Folgeschäden: Image, Vertrauensverlust, Marktaustritt...

Kapitel 7
Managen von Risiken und Nachhaltigkeit in Supply Chains

Das Managen von Risiken entlang der Lieferkette umfasst typischerweise auch Unsicherheiten und Ungewissheiten. Während für Risiken noch kalkulierbare geldliche Werte verfügbar sind und für Unsicherheiten Handlungsoptionen und Handlungsmuster je nach Risikotyp offenstehen, sind die risikomindernden Strategien für Ungewissheiten sehr eingeschränkt.

Durch intelligente Verteilung der Risiken, Unsicherheiten und Ungewissheiten auf die Beteiligten von Lieferketten leistet das Lieferkettenmanagement einen wertschöpfenden Beitrag für alle Unternehmen im Netzwerk. Denn vielfach sind falsch verteilte Risiken die eigentlichen Engpässe in Supply Chains. Eine wesentliche Herausforderung des Supply Chain Managements besteht darin, die von den zahlreichen Beteiligten gemeinsam (!) generierten Vorteile gemäß des jeweiligen Beitrags der Beteiligten aufzuteilen. Das freilich birgt in der Praxis erhebliches Konfliktpotential. Hier ist die soziale Kompetenz von Supply Chain Managern besonders gefragt.

Nachhaltigkeit, Sustainability, spielt in der Gestaltung und Neugestaltung von Lieferketten eine immer größer werdende Rolle. Die Rückverfolgbarkeit von Produkten und Leistungen bis zu den Urproduzenten wird mittlerweile in vielen Bereichen durch zahlreiche Gesetze gefordert. Und der Druck für nachhaltige Produkte und Leistungen kommt vom Endkunden! Der Einzelhandel und dessen Zentraleinkäufer vollziehen den Auftrag der Kunden nach „grünen" Produkten nur nach.

Kunden, die nachhaltige Produkte und Leistungen fordern, forcieren über die Jahre hinweg nachhaltiges Wirtschaften. Nachhaltiges Wirtschaften erzeugt seinerseits nachhaltiges Denken und Handeln in der Gesellschaft. Supply Chain Management legt das Fundament zur vollen Transparenz ganzer langgliedriger Lieferketten und komplexer Wertschöpfungsnetze. Daher ist SCM auch und insbesondere ein Konzept zur Durchsetzung der Sustainability in Wirtschaft und Gesellschaft.

Risiko und das Werkzeug Information

Haben Sie im Unternehmen alles unter Kontrolle? Diese Frage haben Sie sich wahrscheinlich schon gestellt. Vor allem dann, wenn etwas schief gelaufen ist! Dann wächst bei Ihnen die Unsicherheit, und Sie wollen die Sicherheit für Ihr zukünftiges Handeln zurück. Hoffentlich geraten Sie nicht in Panik, entscheiden vorschnell, nehmen unbedachte Aktionen vor. Menschen neigen dazu, viel Geld zu investieren, um ein winziges Restrisiko aus der Welt zu schaffen. Was Sie jetzt tun müssen, ist, sich auf das zu konzentrieren, was Sie wirklich beeinflussen können.

Supply Chain Risk Management – SCRM

Verabschieden Sie sich von der Vorstellung, dass Risikomanagement nur etwas für Großkonzerne ist. Verlassen Sie sich nicht allein auf vertragliche Vereinbarungen mit Ihren Netzwerkpartnern. Lernen Sie gemeinsam mit Ihren Netzwerkpartnern Risiken erkennen und zu beherrschen. Das Supply Chain Risk Management — kurz SCRM — wird kein anderes Ziel verfolgen, als die maximale Kundenzufriedenheit zu garantieren. Was Sie dafür brauchen? Ein gut funktionierendes Werkzeug.

Das Werkzeug heißt: Information! Wer nicht weiß, welche Risiken entlang seiner Wertschöpfungskette schlummern, kann nicht agieren, bestenfalls nur reagieren. Reagieren bedeutet aber Geschwindigkeitsverlust.

Damit das Werkzeug in Ihrem Unternehmen funktioniert, binden Sie alle Netzwerkpartner mit ein. Dann werden Risiken nicht länger zur Bedrohung, sondern zur lösbaren Herausforderung. Ein Risikomanagement, basierend auf der gesamten Wertschöpfungskette, ist die Grundvoraussetzung für Geschwindigkeit, Flexibilität und einen hohen Servicegrad.

Supply Chain Risk Management – Risiko: Wunsch und Realität

Wenn wir in der Supply Chain nur mehr das sehen, was wir uns wünschen, steigt die Bedrohung durch unbekannte Risiken. Wünsche sind Realitäten jenseits der unternehmerischen Wirklichkeit. Risiko kann sehr einfach und reduziert dargestellt werden: Jedes Risiko muss aus zwei Dimensionen bestehen, die voneinander unabhängig sind.

Die erste Dimension ist die Bedrohung (beispielsweise durch einen Brand). Die zweite Dimension ist die Schwachstelle, auf die sich die Bedrohung auswirken kann (beispielsweise auf den Produktions- und Lagerbereich eines Unternehmens). Sowohl die Bedrohung als auch die Schwachstelle können für sich getrennt oder im Ergebnis gemeinsam bewertet werden. Für die beiden Dimensionen wird dann eine Eintrittswahrscheinlichkeit berechnet oder geschätzt.

Risikoerkennung steht am Anfang

Nehmen wir an, Sie fühlen sich in Ihrem unternehmerischen Handeln in der Supply Chain durch zwei Ereignisse bedroht. Erste Bedrohung: Ein möglicher längerer Produktionsausfall eines Lieferanten. Die Mehrkosten für einen dadurch notwendigen Lieferantenwechsel bewerten Sie mit 100.000 Euro. Zweite Bedrohung: Eine Überflutung Ihres Betriebes, der in der Nähe eines Bachlaufes liegt. In diesem Fall schätzen Sie die Kosten auf eine Million Euro. Als Supply Chain Manager sind Sie jetzt damit konfrontiert, die beiden Risiken einer Lieferunterbrechung infolge eines Produktionsausfalls zu bewerten.

Risikobewertung als Zwischenschritt

Der SC-Manager wird sich zunächst überlegen, wie wahrscheinlich es ist, dass Risiko I und Risiko II eintreten. Mögliches Ergebnis: Risiko I tritt durchschnittlich alle zehn Jahre ein und Risiko II alle 100 Jahre (gestützt auf fundierte offizielle Hochwasserabflussberechnungen). Das Schadenspotential ist quantifiziert, so dass beide Risiken einen Schadenerwartungswert (negativer Erwartungswert) von jeweils 10.000 Euro pro Jahr haben. Nachstehende Tabelle fasst die Risikoinformationen zusammen:

	Risiko I	Risiko II
Eintrittswahrscheinlichkeit	0,1	0,001
Schadenspotential	100.000	1.000.000
Schadenerwartungswert	10.000	10.000

Die Frage, die sich der SCM-Manager jetzt stellen wird: Sind beide Risiken gleich groß oder ist eines der beiden Risiken doch größer?

„Bauchgefühle" als Risikomessgerät?

Für die Beantwortung der Frage, ob die Risiken identisch sind, hat der SC-Manager zwei Möglichkeiten. Die erste: Er trifft seine Entscheidung auf der Grundlage der vorliegenden Informationen und benützt als Messgerät sein gutes Bauchgefühl. Schließlich wurden mit diesem Werkzeug in der Vergangenheit im SCRM (Supply Chain Risk Management) schon optimale Entscheidungen getroffen. Das Ergebnis wird dann vermutlich folgendes sein: Aufgrund der gleichen Schadenerwartungswerte pro Jahr sind die beiden Risiken identisch. Dabei täuscht das gute Bauchgefühl vor, dass Risiko II ohnehin nur alle 100 Jahre eintritt, also quasi nicht mehr in diesem Leben! Unter Umständen stufen Sie das Risiko II daher gefühlsmäßig als deutlich geringer ein. Die zweite Vorgehensmöglichkeit: Sie gehen differenzierter und mit kühlem Kopfe vor und betrachten primär das Schadenspotential als Messgröße für die Risikoquantifizierung. Jetzt sind Sie in der Lage, das Risiko anders zu bewerten. Sie erkennen, dass trotz der „gefühlt" sehr gering erscheinenden Eintrittswahrscheinlichkeit von Risiko II dieses eine existenzielle Bedrohung für das Unternehmen bedeutet.

Relevanz des Bedrohungspotentials

Das Beispiel zeigt ganz klar, dass das mit Risiko bewertete Schadenspotential häufig nicht die relevante Größe darstellt. Vielmehr ist es das *Bedrohungspotential bei Eintritt des Schadens*. Deutlich wird uns vor Augen geführt, dass der Schadenerwartungswert oftmals nicht der richtige Ansatz sein kann. Primär ist das Schadenspotential die maßgebliche Messgröße, sofern die Eintrittswahrscheinlichkeit nicht als extrem unwahrscheinlich angesehen werden kann.

Gerade bei der Risikoerkennung und Risikobewertung besteht überdies die Gefahr, dass wir ein Wunschergebnis vorwegnehmen. Dabei sollen Risikoerkennung und Risikobewertung in der Supply Chain die Basis für die Entwicklung einer effektiven und effizienten Risikobewältigungsstrategie sein. Klar ist aber auch, dass das jeweilige Risikoverhalten des betroffenen Unternehmens eine entscheidende Rolle spielt. Somit kann im Detail der Schadenerwartungswert auch mit möglichen „Disnutzen" (negativer Nutzenwert) bewertet werden. Dann sieht die Sache freilich schon realistischer aus, und wir kommen der vorhin dargestellten Betrachtungsweise — aus theoretischer Sicht — deutlich näher.

Auch wenn die Schadenerwartungswerte zweier Risiken gleich hoch sind, ist eine weitere Frage zu stellen: Wie hoch ist die Varianz des jeweiligen Risikos? Im betrachteten Fall kann durch das Gesetz der kleinen Zahlen eine Poissonverteilung unterstellt werden. Die Poissonverteilung ist eine gute Annäherung der Risikoverteilung seltener Ereignisse. Wenn man also eine Poissonverteilung unterstellen kann, dann benötigt man dazu lediglich einen gemessenen oder geschätzten Mittelwert. Die Varianz ergibt sich bei der Poissonverteilung durch die Wurzel aus dem Mittelwert.

Die Varianz ist maßgeblich

Bei genauer Analyse stellt sich heraus, dass die mittlere quadratische Streuung des Risikos II ungleich größer ist als beim dargestellten Risiko I. Für die Praxis der Risikobewertung bedeutet das, dass seltene Ereignisse, die im Durchschnitt nur alle 100 Jahre auftreten, eine wesentliche größere Volatilität in Bezug auf einen bestimmten kleinen Zeitraum aufweisen. Das bedeutet, dass dermaßen seltene Ereignisse durchaus mehrmals innerhalb einer sehr kurzen Zeit auftreten können und dann vielleicht viele hunderte Jahre nicht mehr.

Das Phänomen der in immer kürzeren Abständen auftretenden Wetterkapriolen mit Zunahme von Elementarschäden zeigt, dass auch Eintrittswahrscheinlichkeiten einem Wandel unterliegen. Je seltener die Ereignisse, umso größere Zeitspannen müssen Sie einplanen, dass die mittleren Wahrscheinlichkeitswerte gleich aussagefähig sind wie bei nicht so seltenen Ereignissen. Eine Münze müssen Sie kaum 100 Mal werfen, um zu sehen, dass die relative Häufigkeit von Kopf und Zahl etwa 0,50 beträgt. Bei einem Würfel müssten Sie schon wesentlich öfter werfen, um die relative Häufigkeit bei 1/6 konvergieren zu sehen. Analog ist es auch mit unseren Risikobeispielen aus der Praxis. Das ist das besondere Problem, das vom Nobelpreisträger Daniel Kahneman in seinem Buch „Thinking, Fast and Slow" so wunderbar dargestellt wurde.

Risikoblindheit – die große Gefahr

Wenn jedoch Informationsströme gestört sind und eine gewisse Risikoblindheit besteht, können keine optimalen Risikobewältigungsstrategien entwickelt werden. Vielfach führen falsche Ergebnisse zu einer ernsten Bedrohung entlang der Wertschöpfungskette. Wenn also der Wunsch der Vater des Gedankens ist, dann sollte man nicht überrascht sein, wenn die Ergebnisse des Wunsches mit der unternehmerischen Wirklichkeit nicht viel gemein haben.

Marie Freifrau von Ebner-Eschenbach, eine österreichische Erzählerin, hat einmal treffend gesagt: „Wenn wir nur noch das sehen, was wir zu sehen wünschen, sind wir bei der geistigen Blindheit angelangt." Daher ist es wichtig, dass Sie Ihre Risiken unter Kosten-Nutzen-Aspekte im Team analysieren und dabei zu soliden Messgrößen für das Schadenspotential kommen. Ein besonderes Augenmerk sollte dabei auf Wechsel- und Rückwirkungen entlang der Wertschöpfungskette gelegt werden.

Komplexität von Risiken

Treffen Sie eine Grobgliederung in
- Risiken aus Produkten/Dienstleistungen
- Risiken aus Betriebsstellen
- Risiken aus Abhängigkeiten

Versuchen Sie die Komplexität von Risiken einfach zusammenzufassen (zum Beispiel durch Visualisierungen und Berechnungen), um eine Entscheidungsgrundlage zu bekommen. Dazu sollten Sie einschlägige Risikoexperten beiziehen, die nachweislich über die notwendige Erfahrung und Kompetenz im Umgang mit statistischen Methoden verfügen. Zudem ist die kühle Betrachtungsweise von Risiken bei externen Beratern eher gewährleistet. Und Sie bringen Ihnen noch einen Vorteil mit: ein großes Vergleichsrepertoire über ähnlich gelagerte Risikosituationen.

Wenn der Käufer den Schaden nicht bezahlen will

Welche Transportschäden können Sie sich vorstellen? Schiffsbrände? Bewaffnete Raubüberfälle? Umgestürzte LKW? Alles möglich. Aber es sind nicht immer die spektakulären Fälle, die Geschichte schreiben und Kopfzerbrechen bereiten.

Praxisbeispiel – Ein normaler Kanaldeckel

Auch ein LKW-Vollbrand auf einer Autobahn in Europa sah zunächst nach einem typischen Transportschaden aus. Er entpuppte sich aber als kurioser Fall, den sich so kaum einer vorher hätte ausmalen können. Was war geschehen?

Ein mit wertvollen Maschinenteilen beladener LKW fuhr auf der Autobahn Richtung Hamburg. Kurz nach dem Passieren einer Mautstelle stand der LKW in Vollbrand. LKW und Maschinenteile waren völlig zerstört. Sachverständige wurden sofort beauftragt. Zunächst dachte man an einen Fahrzeugdefekt. Das war es aber nicht. Weitere Untersuchungen folgten. Um die Geschichte abzukürzen: Ein nicht korrekt verankerter Kanaldeckel, der sich am Fahrzeug festgesogen hatte, war letztendlich die Ursache gewesen. Sowohl die Ursachenfindung als auch die anschließende Diskussion, wer für den Schaden verantwortlich war, dauerte geraume Zeit.

Ohne Transportversicherung hätte der Eigentümer der Ladung sehr lange warten müssen, bis er zu seinem Schadenersatz gekommen wäre. Da er aber transportversichert war, wurde ihm der volle Warenwert sofort ersetzt (für die Transportversicherung auf Basis „All Risk" genügt die Feststellung, dass ein Brand für den Schaden ursächlich war). Mit der Produktion für die Ersatzlieferung konnte sofort begonnen werden. Der Versicherer wiederum führte den Regress gegenüber dem Schadenverursacher — das war übrigens der Hersteller des Kanaldeckels — durch.

Incoterms – genügt das?

Was zeichnet eine Transportversicherung aus? Im internationalen Business ist Standard, dass Transporte nach den ICC (Institute Cargo Clauses) zu versichern sind. Aber reichen diese ICC-Bedingungen im dynamischen Wirtschaftsleben mit unzähligen Risiken wirklich noch aus? Die Antwort ist eindeutig: Nein! Die ICC stellen im Exportgeschäft weltweit einen bestimmten Standard dar, sie sind aber für Unternehmen im deutschsprachigen Raum schon lange keine optimale Lösung mehr.

Die perfekte Lösung

Was zeichnet eine perfekte Lösung aus? Wesentlicher Punkt ist die Schutzversicherung auf der Basis *„Unabhängig der Gefahrtragung"*. Transporte sollen durchgängig (von Warehouse to Warehouse oder, anders ausgedrückt, vom Verkäufer bis zum Käufer) versichert sein, und sich nicht − wie in den Incoterms bestimmt − nach Punkten des Gefahrenübergangs orientieren.

Oder denken wir nur an die CIF-Klausel (Cost, Insurance, Freight). Gemäß dieser Klausel ist der Verkäufer verpflichtet, die Seereise zu versichern, und das nur zu einer Mindestdeckungsform (FPA = Free Of Particular Average). Konflikte im Schadensfall mit dem Käufer sind programmiert. Was ist, wenn der Käufer behauptet, dass der Schaden durch eine mangelhafte Verpackung oder Verladung durch den Verkäufer verursacht wurde? Schadensfälle laufen in der Praxis vielfach nicht stereotyp ab, vielfach gibt es Diskussionen über die Schadensursachen. Es hat im Schadensfall schon Diskussionen allgemeiner Natur über die Incoterms gegeben. Beispielsweise mit einem russischen Kunden, der in einem Transportschaden einbrachte, dass ihm die Incoterms nicht in russischer Sprache vom Verkäufer bei Kaufvertragsunterzeichnung vorgelegt wurden. Die Diskussion wurde in Russland bei Gericht geführt. Es hat sich relativ schnell herausgestellt, dass das Verfahren einseitig verlaufen wird.

Dieser Fall unterstreicht lediglich die Wichtigkeit der spezifischen Regelung, ob Transporte gemäß der im Kaufvertrag vereinbarten Gefahrtragung versichert werden oder unabhängig der Gefahrtragung in Form einer Schutzklausel.

Verwenden Sie ein „Kondom"?

Die manchmal getroffene Aussage „Incoterms waren gestern" muss aber etwas relativiert werden. Sie gilt nur für die Transportversicherung und hat keine Relevanz für Fragen wie: Wer hat den Transport zu beauftragen, wer trägt die Transportkosten, wer hat welche Dokumente beizubringen, und sind die Lieferkonditionen mit den L/C-Bedingungen konform? Es geht um eine Schutzwirkung für den Fall, dass trotz der bei Ihrem Kunden liegenden Gefahrtragung dieser nicht bereit ist, den Schadensfall zu übernehmen. Die Einwände dafür können mannigfalt sein, die Diskussionen endlos. Was allein hilft, ist ein „Kondom" für Ihre Transporte.

Es liegt zum Beispiel ein Exportgeschäft auf Basis ab Werk (EXW) vor. Laut Incoterms trägt der Käufer die Gefahr für den Transport. Der Käufer ist ein Chinese und hat den Transport nicht versichert. Beim Straßentransport von Deutschland zum Verschiffungshafen in Rotterdam stürzt die Ware vom LKW. Es kann durchaus sein, dass der Chinese diesen Schaden nicht übernehmen wird. Erfahrungsgemäß ziehen sich Diskussion über die Gefahrtragung und Ursachen für den Schaden in die Länge. Es gibt aber noch wesentlich kompliziertere Fälle, wenn der Schaden etwa beim Anschlusstransport von Shanghai ins Landesinnere von China passiert. Dann stellt sich mitunter die Frage nach gesetzlichen Haftungsbestimmungen des chinesischen Frächters, wenn beispielsweise behauptet wird, dass eine ordnungsgemäße Ladungssicherung aufgrund einer mangelhaften Verpackung nicht möglich war.

Und genau hier schützt das „Kondom"

Wenn Transporte *unabhängig der Gefahrtragung* versichert werden, bedeutet dies zunächst, dass — wie in unserem Beispiel — der Verkäufer den Käufer dazu anhalten muss (passiert meist mit Unterstützung des Versicherers), den Schaden zu übernehmen. Wenn für den Käufer die Beziehung mit dem Verkäufer sehr wichtig ist, kann dies auch einmal gelingen. Wenn nicht — und es trotz mehrmaligen Bemühens nicht gelingt —, übernimmt der Transportversicherer des Verkäufers den Schaden. Dieser wird natürlich weiter versuchen, gegenüber dem Käufer zu regressieren. Die Erfolgsaussicht wird aber bescheiden sein und hängt vielfach von den international beauftragen Rechtsvertretern ab. Aber stellen Sie sich vor, Sie müssten diese Verhandlungen selbst — ohne Rückendeckung durch eine Schutzversicherung — führen. Dann gewinnen Zeit und Geld enorm an Bedeutung.

„Kondome" haben Schwachstellen

Bedenken Sie jedoch: Auch „Kondome" haben ihre Schwachstellen, und daher gilt: Sie dürfen Ihre Kunden *nicht* über diese Schutzversicherung informieren. Der Käufer darf hiervon keine Kenntnis erlangen, weder zu Beginn des Exportgeschäftes noch in einem Schadensfall. Wird dagegen verstoßen, verliert die Schutzversicherung ihre sofortige Wirkung. Der Versicherer wird in diesem Fall leistungsfrei werden.

Wenn die Lagerung länger dauert als geplant

Eyjafjallajökull

Sie können das Wort nicht aussprechen, und Sie wissen auch nicht wirklich etwas damit anzufangen? Keine Angst, Ihr Allgemeinwissen hat jetzt keine Schramme bekommen. Hinter diesem beinahe unaussprechlichen Namen verbirgt sich der Vulkanausbruch im April 2010 auf Island. Und schon taucht bei Ihnen vermutlich die nächste Frage auf: Was hat dieser Vulkanausbruch mit Lagerdauer zu tun? Schauen wir uns die Auswirkungen des Ausbruchs an.

Europa unter Asche

Wenn wir uns die Folgen des Vulkanausbruchs ansehen, können Sie sich wahrscheinlich schon etwas genauer an das außergewöhnliche Ereignis erinnern. Der Vulkanausbruch von Eyjafjallajökull hatte zur Folge, dass es zum bislang längsten Luftverkehrsverbot im europäischen Luftraum kam. Hunderttausende Passagiere konnten nicht mehr fliegen, mehr als 100.000 Flüge fielen aus. Die Airlines erlitten enorme Verluste. Nach einer Studie von Oxford Economics beliefen sich deren Verluste auf rund fünf Milliarden Euro. Fast ein Klacks im Vergleich zu der Summe, die die Industrie- und Handelskammer für die deutsche Wirtschaft ermittelte: eine Milliarde Euro pro Tag. Beispielsweise fehlten deutschen BMW-Werken Kleinteile. Es kam zu Betriebsunterbrechungen durch fehlende Lieferungen aus der Luftfracht. Rückwirkungen zwischen Unternehmen in Wertschöpfungsketten wurden plötzlich sichtbar.

Wer denkt da schon an Versicherungslücken?

Mit dem Vulkanausbruch und den Folgen der Luftraumsperre unmittelbar verbunden waren länger dauernde Lagerungen an den Flughäfen, bei Speditionen und bei diversen Lieferanten. Unternehmen suchten mitunter verzweifelt nach Ersatzrouten und anderen Transportmitteln wie Schiff oder Bahn. Keiner wusste zu Beginn des Luftraumverbots, wie lange die Quarantäne in der Luft dauern würde. Die Preise für alternative Transportmittel stiegen, und die Kapazitäten schrumpften im gleichen Atemzug.

Aber wer dachte in dieser Situation an die Transportversicherung? An eine mögliche Unterbrechung des Versicherungsschutzes wurde schon selten gedacht. Während transportbedingte Lagerungen in der Warentransportversicherung schon bedingungsgemäß als mitversichert gelten, sind disponierte Lagerungen — ohne besondere Vereinbarung — ab dem ersten Tag nicht automatisch versichert. Hier bedarf es einer speziellen vertraglichen Regelung mit dem jeweiligen Transportversicherer.

Transportbedingte/disponierte Lagerung

Worin besteht eigentlich der Unterschied zwischen transportbedingter und disponierter Lagerung? Lagerungen, die im direkten Zusammenhang mit dem Transport stehen, sind automatisch — wenn auch zeitlich beschränkt — mitversichert. Aber Achtung! Wenn Sie jetzt meinen, dass sowohl die Transporte von mehreren Lieferanten zu einem in der Logistik üblichen Hub (Güterumschlagstelle) und die Lagerung in diesem als transportbedingt anzusehen sind, dann spielt leider Ihr Transportversicherer nicht immer mit. Die Lagerung in einem Hub — wenn diese etwa aus organisatorischen Gründen passiert — wird versicherungstechnisch gesehen eine disponierte Lagerung sein.

Ein Beispiel für eine transportbedingte Lagerung ist die verspätete Verschiffung in einem Seehafen aufgrund eines Schiffgebrechens. Die damit verbundene Lagerung steht erstens in direktem Zusammenhang mit dem Transport und wird durch ein Ereignis von außen notwendig. Denken Sie auch daran, dass unter Umständen Ihr Kunde eine Lagerung beim Spediteur verfügt, bevor er die Ware physisch in seinem eigenen Lager übernimmt. Kann sein, dass Sie darüber nicht einmal informiert werden. Im Falle, dass Sie die Transportversicherung abgeschlossen haben, kommt es in einem Schadensfall, beispielsweise auf der Strecke vom Speditionslager zum Kunden, zweifelsohne zu möglichen Auslegungsdifferenzen.

Das sollten Sie keinesfalls vergessen

Neben der Erhebung aller Transporte sollten Sie alle bekannten, aber auch alle möglichen Lagerungen erfassen. Ab einer bestimmten Versicherungssumme wird es ohnehin erforderlich sein, dass Sie die Lagerstandorte benennen. Sie werden auch entsprechende Risikofragen beantworten müssen. Bedenken Sie aber auch, dass es in der Praxis nicht immer möglich sein wird, jeden Lagerstandort zu benennen. Sie benötigen auch eine Regelung für unbenannte Lagerstandorte. Wenn Sie für diese eine begrenzte Versicherungssumme erhalten, müssen Sie bei der Disposition besonderes Augenmerk darauf legen. In jedem Fall müssen Sie auch für Sicherheitspuffer bei befristet versicherten Lagerungen Vorsorge treffen. Wenn Sie meinen, Sie kommen zum Beispiel mit 30 Tagen aus, rechnen Sie einen Sicherheitspuffer von X Tagen hinzu.

Und noch ein ganz kritischer Punkt: Auch wenn Sie wissen, dass Sie derzeit keine disponierten Lagerungen haben, darf ein entsprechender Baustein in der Transportversicherung nicht fehlen. Die Praxis zeigt, dass eine Vorsorge besser ist, als erst im Anlassfall nach der richtigen Versicherungslösung zu suchen. Gelangen Sie erst im Schadensfall zur Erkenntnis, dass Sie es mit einer disponierten Lagerung zu tun haben, ist es ohnehin zu spät.

Und noch etwas zeigt die Praxis. Neben der Art der Lagerung (disponiert/transportbedingt) und der Dauer der Lagerung, wird häufig nicht auf das Überschreiten der Versicherungssumme geachtet. Ein weiterer entscheidender Faktor ist die neue Herausforderung der gesamten Lieferkette: Ist die entsprechende Transportversicherung von der Quelle bis zum endgültigen Empfänger auch wirklich auf High-Level-Basis „durchversichert"?

In Summe sind es drei wesentliche Aspekte, die einerseits nach der richtigen Versicherungslösung und andererseits nach einem Überwachungsinstrumentarium verlangen. Und somit wird klar: vor dem nächsten Ausbruch von Eyjafjallajökull oder einem anderen Vulkan wissen Sie bereits, worauf es ankommt.

KMUs und internationale Versicherungslösungen

Was für die Kultur in anderen Ländern gilt, gilt oftmals auch für die Transportversicherung. Internationale Konzerne wissen in der Regel genau Bescheid darüber. Aber gerade für Klein- und Mittelbetriebe (KMU) ist dieses Thema schwer greifbar. Wenn Sie allerdings über

Tochterunternehmen oder auch nur über Vertriebsniederlassungen außerhalb der EU verfügen, ist genau zu prüfen, wie dort die staatlichen Spielregeln für Versicherungslösungen definiert sind.

Think global, act local

Es kann erforderlich sein, dass Sie für innerstaatliche Transporte in diesen Ländern sogenannten lokalen Versicherungsschutz einkaufen müssen. In bestimmten Ländern — das sind nicht immer nur exotische Länder, wie die Schweiz beweist — besteht ein Versicherungsverbot außerhalb des Landes. Bei Missachtung des Verbots und einer Prüfung durch staatliche Organe drohen empfindliche Strafen. Und in einem Schadensfall und damit verbundenen Transfer der Schadenszahlung kommen erhebliche Probleme auf.

Worauf kommt es an?

Gibt es beispielsweise grenzüberschreitende Transporte von Deutschland in die Schweiz zu diversen Kunden, dann sind diese Transporte einerseits von einer Versicherungssteuer befreit. Andererseits ist auch keine lokale (schweizerische) Transport-Versicherungslösung erforderlich. Diese Transporte können ganz einfach bei einem deutschen Versicherer versichert werden.

Werden hingegen Waren von Deutschland zur Vertriebsniederlassung in die Schweiz geliefert (dies muss nicht physisch sein — etwa vorübergehende disponierte Einlagerung bei einem Schweizer Spediteur) und von dort zu lokalen Kunden, ist Vorsicht geboten. Klares Indiz für innerstaatliche Transporte in der Schweiz ist die Rechnungsausstellung an die Schweizer Kunden durch die Vertriebsniederlassung. In diesem Fall wird unbedingt eine lokale Transportversicherung in der Schweiz benötigt.

Ein Mix aus skurrilen Regelungen

Blicken wir etwas weiter — nach Kanada. Für die Abführung der lokalen Versicherungssteuer wird ein kanadischer Versicherungsmakler benötigt. Dieser muss die Versicherungssteuer erheben und an den Staat abführen. Oder reisen wir in das Land der aufgehenden Sonne. In Japan benötigen Sie ebenfalls eine japanische Versicherungslösung, wobei erst die Prämie einbezahlt werden muss, bevor ein Versicherungsvertrag abgeschlossen wird. Auch China hat seine eigenen

Gesetze. In jedem Fall sollte bei nationalen Transporten in China Vorsicht geboten sein. Schließlich noch ein kurzer Ausflug in die USA. Dort bestimmen die 50 Bundesstaaten die Spielregeln. Darum muss geprüft werden, in welchem Bundesstaat lokale Versicherungslösungen erforderlich sind.

Das Spezifikum internationaler Programme

Bevorzugt sieht ein internationales Versicherungsprogramm so aus, dass – bleiben wir in Deutschland – ein sogenannter Mastervertrag mit umfangreichen Versicherungsschutz abgeschlossen wird. Wesentlich dabei ist, dass für sämtliche mitversicherten Auslandsniederlassungen eine spezifische DIC/DIL-Klausel (Differenzdeckung im Hinblick auf den Deckungsumfang und auf die Versicherungssummen) im Transport-Versicherungsvertrag aufgenommen wird. Mit dieser Klausel reduziert sich der in den ausgewählten Ländern notwendige Versicherungsschutz auf eine „good local standard" Variante. Das bedeutet beispielsweise für ein Land X, dass die dort minimal erforderliche Versicherungsdeckung ausgewählt wird. Tritt ein Schadensfall ein, der nicht mehr unter die lokale Versicherungsdeckung fällt, wird dieser vom deutschen Mastervertrag erfasst. Das ist Sicherheit auf hohem Niveau für internationale Geschäfte mit lokalem Bezug.

Die Herstellerfalle – Woran Sie nicht gedacht haben

Gleich vorweg: Damit ist nicht gemeint, dass der Händler die Produktionsfunktion des Herstellers in Form einer Rückwärtsstrategie übernimmt. Es geht also nicht um die Frage der Eigenfertigung oder des Fremdbezugs. Im Gegenteil, der Händler bleibt in seinen angestammten Funktionen bestehen. Es gibt aber den Sonderfall – und der muss aus risikotechnischer Sicht gesondert behandelt werden –, dass der Händler Waren aus nicht EU-Ländern bezieht und dadurch zum „Hersteller" wird.

Praxisbeispiel – ein vermeintlicher Produktemangel

Zum besseren Verständnis schauen wir uns folgenden Geschäftsfall an:

Ein österreichisches Unternehmen handelt mit sogenannten Freizeitfahrzeugen. Die Fahrzeuge werden aus Asien importiert und dann innerhalb Europas, primär in Deutschland, weiterverkauft. Der Weiterverkauf erfolgt nicht direkt an Endkunden, sondern an lokale Händler. Ein Spediteur übernimmt die Transport- und Lagerlogistik sowie die Fahrzeugaufbereitung in Österreich. Die Risiken, die sich aus dieser Konstellation ergeben, wurden nicht speziell analysiert, bewertet und schon gar nicht abgestimmt. Für alle Vertragspartner war lediglich wichtig, dass die aus solchen Geschäften üblichen Risiken in Form einer Versicherungslösung abgedeckt werden. So glaubte das Management des österreichischen Handelsunternehmens bestens abgesichert zu sein.

Dann erreichte das Management die Nachricht, dass sich ein Endkunde in Deutschland mit einem Freizeitfahrzeug schwer verletzt hatte. Angegebene Ursache: Bremsversagen. Der Kunde hatte sich sofort an seinen Anwalt und dieser an den deutschen Händler gewandt. Der wiederum meldete den Schaden an das österreichische Handelsunternehmen. Interessante Anmerkung des deutschen Händlers: „Er geht mit hoher Wahrscheinlichkeit von einem Fehlverhalten des Lenkers aus."

Produkthaftungsschäden – da müssen die Alarmglocken läuten

An dieser Stelle ist ein kurzer Exkurs zum Produkthaftungsgesetz erforderlich. Grundsätzlich trifft die Schadenersatzpflicht den *Hersteller* (Produzenten von End- und Teilprodukten bzw. Grundstoffen), den *Quasi-Hersteller* (das sind Unternehmer, die fremdproduzierte Produkte mit ihren Erkennungszeichen, Namen, Marke etcetera versehen) und den *Importeur*, der das Produkt erstmals zum Vertrieb in den europäischen Wirtschaftsraum (EWR) beziehungsweise in die EU eingeführt und hier *in den Verkehr* gebracht hat.

Zurückkommend zu unserem Praxisbeispiel bedeutet die gesetzliche Regelung, dass das österreichische Handelsunternehmen vermutlich eine Schadenersatzpflicht trifft. Zunächst geht es bei dem geschilderten Schadensfall aber um die Feststellung, ob die behauptete Schadenursache zu Recht besteht oder eine andere Ursache möglich ist. Dann würde keine Haftung des österreichischen Handelsunternehmens bestehen. Auch ein Verschulden des Spediteurs oder Logistikers, der die Fahrzeugaufbereitung durchführt, ist denkbar. Ungeachtet dieses Einzelfalles läuten beim Management die Alarmglocken: Was ist, wenn weitere Fahrzeuge betroffen sind und Sofortmaßnahmen (Produktrückruf) zur Vermeidung weiterer Schäden ergriffen werden müssen? Droht ein Imageschaden?

Guter Rat ist teuer – wenn die richtige Risikoberatung und Risikoabsicherung fehlen

Das Management des österreichischen Handelsunternehmens war plötzlich mit einer Vielzahl von Problemen konfrontiert. Der Haftpflicht-Versicher des österreichischen Handelsunternehmens verwies auf folgenden Punkt im Produkthaftungsgesetz: Keine Haftung besteht dann, wenn „der Hersteller, Importeur oder Händler nachweisen kann, dass das Produkt im Zeitpunkt des Inverkehrbringens keinen Fehler hatte, wobei dabei kein voller Beweis *(Wahrscheinlichkeit genügt)* zu erbringen ist."

Damit wurde dem Management in Österreich die Aufgabe zuteil, sich selbst mit der Abwehr der unberechtigten Forderungen auseinander zu setzen. Primär sollte der deutsche Wiederverkäufer mit seinem Versicherer den Fall behandeln. Der Fall ist noch nicht abgeschlossen.

Eines zeigt das Beispiel aber sehr deutlich: Wenn in der Supply Chain abgestimmte Risiko- und Versicherungsstrategien fehlen, können zunächst vermeintlich klare Störfaktoren zu einer bösen Überraschung werden und zu einem finanziellem Desaster führen.

Einige Denkanstöße als Zusammenfassung:
- Wenn der Störfaktor Produktemangel Sie erreicht — kann es zu spät sein.
- Beschäftigen Sie sich mit möglichen Folgewirkungen, bevor etwas passiert.
- Stimmen Sie in jedem Fall die Versicherungslösungen mit allen Partnern ab. Es darf keine Lücken geben.
- Denken Sie an folgende Punkte
  - Versicherungssummen
  - Rückrufkosten
  - Händlerketten
  - Erweiterte Produktehaftpflicht
- Holen Sie entsprechendes Expertenwissen ins Haus.

Vergessen Sie das mit dem Versichern – Versichern Sie sich selbst

Nehmen wir an, Sie haben eine Schiffsladung von Hamburg nach Shanghai, und für das Risiko des Untergangs der Ladung erhalten Sie ein Darlehen. Für dieses Darlehen müssen Sie bis zu 36 Prozent Zinsen zahlen, abhängig von der jeweiligen Reise. Bei glücklicher Ankunft in Shanghai werden Sie das Seedarlehen samt Zinsen zurückbekommen. Wenn die Ankunft unglücklich war, entfällt die Rückzahlung des Darlehens. Bevor Sie jetzt ins Grübeln kommen: Das ist keine neue Form der Risikoabsicherung, sondern so war es im frühen Mittelalter.

Seit dieser Zeit hat sich natürlich vieles gewandelt, auch in der Risikoabsicherung von Transporten und Lagerungen. Aber haben sich Versicherungslösungen bereits den Erfordernissen von Supply Chains angepasst?

In einer Supply Chain sind mehrere Unternehmen mit der Entwicklung, Erstellung und Lieferung eines Erzeugnisses bis hin zum Kundenservice beteiligt. Dabei finden wir völlig unterschiedliche Unternehmenskulturen vor. Das spiegelt sich auch im Verständnis für Risiken und deren Abdeckung in Form von Versicherungen wieder. Meist fehlt es in der Supply Chain an Vertrauen, um in diesem Bereich ein Informationsgleichgewicht herzustellen. Dabei sollten alle Partner in der Supply Chain wissen, dass es erhebliche Rückwirkungen von einem Unternehmen auf das andere geben kann.

Ein amerikanischer Zulieferer mit einem Tochterunternehmen in Europa ist nach amerikanischen Standards versichert. „Festlandtransporte" innerhalb Europas sind möglicherweise in einer Property-Versicherung mitversichert und nicht in einer, wie in Europa üblich, eigenen Warentransportversicherung. Der Versicherungsschutz ist somit nicht mehr identisch. Versichert der Zulieferer nach seinen Standards die Transporte zum Lieferanten des Endprodukts, läuft dieser Gefahr, dass nicht alle Transportschäden versichert sind. Ein finanzieller Verlust droht unter Umständen.

Ich bin versichert, aber mehr sage ich nicht

Oftmals herrscht Informationsungleichheit durch fehlende oder unzureichende Sachkenntnis oder durch falsch praktizierte Verschwiegenheitspflicht der Akteure. Die Aussage: „Wir haben das Außenlager beim Logistiker versichert", wird als damit erledigte Pflicht abgehakt. Ob die Versicherung zu den bestmöglichen Bedingungen abgeschlossen wurde, die Obliegenheiten den Erfordernissen aller Supply Chain-Partner entspricht, bleibt unbehandelt. Auch Regelungen in Verträgen wie: „Der Auftragnehmer hat gegen klassische Risiken wie Feuer, Sturm, Einbruchdiebstahl zu versichern", führen ins Leere, denn die entscheidende Frage nach der Qualität des Versicherungsschutzes bleibt dabei unbeantwortet. Daher sind klare Informationsstandards verbunden mit der Frage nach exakt definierten Qualitätskriterien zur Risikoabsicherung ein Muss.

Wenn die feinen Glieder reißen

Ein ganz besonders wunder Punkt sind Rückrufaktionen von mangelhaften Produkten. Im Schnitt gibt es in Deutschland jährlich zwischen 160 bis 180 Rückrufaktionen in der Automobilindustrie. Im Lebensmittelbereich gab es 2013 mehr als 1000 Rückrufaktionen. In den Bereichen Elektrogeräte, Spielzeug oder Medizin sind die Zahlen ebenfalls sehr hoch. Zwar sollen Qualitätskontrollen Rückrufe zu vermeiden wissen, aber sie können sie nicht gänzlich verhindern. Rückrufaktionen schaden dem Image, sie bedeuten aber auch eine hohe Kostenbelastung für die betroffenen Unternehmen. Einen namhaften Automobilhersteller hat eine Rückrufaktion allein in Deutschland 13 Millionen Euro gekostet. Rückrufaktionen sind meist nicht vorsehbar, sie können jederzeit und entlang der Wertschöpfungskette überall entstehen. Sie sind aber durchwegs keine Bagatelle und stellen — abgesehen vom Imageschaden — eine finanzielle Belastung dar. Optimierte Versicherungslösungen bieten hierfür entsprechenden, wenn auch nicht billigen Versicherungsschutz. In einer Supply Chain ist es daher ganz besonders wichtig, dass in sensiblen Bereichen ein einheitlich abgestimmter Versicherungsschutz besteht. Schließlich soll eine Rückrufaktion nicht dazu führen, dass einzelne Unternehmen oder gar die gesamte Supply Chain zerbrechen. Es kann auch sein, dass der vermeintlich „Große" in der Supply Chain dem vermeintlich „Kleinen" mit seinen Risikoabsicherungsprogrammen respektive Versicherungslösungen in Form von Mitversicherungen behilflich ist.

Und bedenken Sie auch mögliche Regresse durch Versicherer innerhalb der Supply Chain, wenn keine optimale Abstimmung erfolgte. Auch sie können die Kette zerbrechen lassen.

Auch in Zukunft wird die Versicherungslösung den größten Beitrag zur Risikoabdeckung liefern. Im Vordergrund steht dabei die Erhaltung der finanziellen Stabilität von eng vernetzten Wertschöpfungsbeteiligten.

Was sich ändern muss? Der Dialog zwischen den Partnern der Supply Chain muss noch offener werden, damit Informationsgleichheit auch im Bereich der Risikoabsicherungen erzielt wird. Das heißt aber auch, dass über Risiko- und Versicherungslücken – man denke hier nur an die unterschiedlichsten Selbstbehaltsregelungen – einzelner Partner offen gesprochen werden muss.

Auf der anderen Seite müssen neue innovative Versicherungsprodukte von den Versicherern eingefordert werden. Durch die Einbindung von unterschiedlichen Unternehmenstypen in einer Supply Chain (vom Hersteller bis zum Logistiker) müssen abgestimmte Versicherungslösungen gefunden werden. Die Bedürfnisse einer Supply Chain sind eben andere, sie sind vor allem durch Wechsel- und Rückwirkungen bestimmt. So muss eine Haftungsversicherung eines Logistikers auf die Sachversicherung der Lieferantenseite optimal abgestimmt werden.

Es kann sein, dass die Betriebsunterbrechung eines Lieferanten eine Rückwirkung auf einen bestimmten Wertschöpfungsbeteiligten hat. Im „worst case" spüren die Rückwirkung alle Beteiligten entlang der Wertschöpfungskette.

There's a VUCA world out there

Are you enjoying "VUCA"?

Apparently first used by the military in the 1990 the acronym "VUCA" seems to describe the state of our global economy quite nicely. Wikipedia e.g. defines it as follows:

- V = Volatility. The nature and dynamics of change, and the nature and speed of change forces and change catalysts.
- U = Uncertainty. The lack of predictability, the prospects for surprise, and the sense of awareness and understanding of issues and events.
- C = Complexity. The multiplex of forces, the confounding of issues and the chaos and confusion that surround an organization.
- A = Ambiguity. The haziness of reality, the potential for misreads, and the mixed meanings of conditions, cause-and-effect confusion.

The particular meaning and relevance of VUCA often relates to how people view the conditions under which they make decisions, plan forward, manage risks, foster change and solve problems.

Anticipating that these conditions are not likely to change in the very near future Supply Chain Managers and their organizations have to start realizing one important fact: *"In a VUCA world, there is an array of business factors outside our direct control"* Just to name a few — the fuel price, the exchange rates, capacity, competitors innovation and so on…

Do you still like "VUCA"?

John Wooden of Wooden One-on-One hit the nail on the head when he said: "The more concerned we become over the things we can't control, the less we will do with the things we can control."

Wise words and we should be guided by them. So let's have a look at what we can control and possibly change or improve under these conditions.

One key item to begin with could be to review the present supply chain management strategies. To start with Supply Chain Managers need to evaluate what the organizations core business activities are. If for example you are in manufacturing you could ask yourself the following questions:

- How many controls do we want over our freight? Based on the answer you might want to review your buying terms to lower cost.
- Where are my key sourcing locations and does the cost of transportation and the related risk still justify this decision?
- Do we want/need to run our own warehousing facility and the related operational activity or should we leave this to an experienced logistics company?
- Could we maybe convince one or more of our strategic suppliers to enter a *VMI (Vendor Managed Inventory)* contract with us to delay payment of the goods?

There are a numerous optimization steps that Supply Chain Manager can control and consider in order to reduce cost and gain efficiencies.

Die Vertrauensfrage – Vertrauen, Risiko und Compliance

Ein konkreter Geschäftsfall hat sich kürzlich etwa so abgespielt. Für den Transport einer gebrauchten Maschine von Spanien nach Deutschland gab es Angebote von vier Transporteuren. Die Leistung, der Transport von A nach B, war bei allen Anbietern gleich. Beim Preis jedoch gab es erhebliche Unterschiede. Ein Transporteur aus der Slowakei mit 1000 Euro, einer aus Österreich mit 1500 Euro, einer aus Deutschland mit 1800 Euro sowie einer aus Lettland mit 2500 Euro. Der Kunde – überrascht von den großen Preisdifferenzen – wollte Transparenz schaffen und hat die Offerte mit den Transporteuren besprochen. Jeder von ihnen hat den Preis mehr oder weniger mit den Kosten für Treibstoff, Fahrer und LKW-Abnützung begründet. Der Lette hat aber sein Angebot noch detaillierter offengelegt: 500 für Sprit, Fahrer und LKW-Abnützung, 500 Euro für DICH und 500 Euro für MICH. Bleiben noch 1000 Euro. Die bekommt der Slowake – meinte der Lette, denn einer müsse ja die Arbeit machen, sprich den Transport durchführen.

Sie werden jetzt sagen, dieses Bild passe nicht zu Ihrem Unternehmensleitbild. Stimmt! Es gibt aber viele Facetten dieser und ähnlicher

Geschichten — womöglich mit Auswirkungen auf die sogenannte Compliance.

Compliance?

Compliance bedeutet die Einhaltung von Verhaltensmaßregeln, Gesetzen und Richtlinien durch Unternehmen. Klingt einleuchtend und war bei uns schon immer die Grundlage für einen ordentlichen Kaufmann. Zu verdanken haben wir die Compliance der Enron-Pleite aus dem Jahr 2001. Manager von Enron hatten Vermögenswerte und Schulden an angeblich unabhängige Firmen ausgelagert. In diesen unabhängigen Firmen waren wiederum Banker und Geschäftsfreunde von Enron miteingebunden. Dadurch wurden Kreisgeschäfte möglich und konnten immense Subventionen lukriert werden.

Code of Conduct als Wunderwaffe?

Nach dem Zusammenbruch war die Meinung zu hören, dass sich so etwas nicht wiederholen darf, und zwar weltweit. Die Staaten als Gesetzgeber beschlossen, dass alle Geschäftsaktivitäten weltweit fair und transparent ablaufen müssen. Dabei wurde ein entscheidender Fehler gemacht. Wie so oft wurde nicht das Problem an der Wurzel gepackt, sondern zur Eindämmung des Übels zahlreiche Verhaltensregeln aufgestellt. Regeln sind aber dazu da, um Sie wiederum geschickt zu umgehen. Unternehmen begegnen dieser Entwicklung durch das Aufstellen eines sogenannten „Code of Conduct". Was bedeutet, dass sich jeder im Unternehmen an die aufgestellten Verhaltensregeln halten und Missstände sofort anzeigen muss. Wer sich nicht daran hält, muss mit Konsequenzen rechnen.

Compliance für SCM-Manager

Lieferketten sollen in Zukunft „compliant" gehalten werden. Das ist aber alles andere als einfach. Einerseits müssen sämtliche bestehenden Beschaffungsprozesse und Absatzprozesse betrachtet werden, andererseits gibt es immer mehr Regeln und damit steigende Erwartungshaltungen. Eine Befragung von mittelständischen Unternehmen in Deutschland — unserem wichtigsten Handelspartner — hat zwei Erkenntnisse gebracht:

1. Compliance-Anforderungen *von* Geschäftspartnern steigen — auf lediglich 25 Prozent der befragten Unternehmen trifft dies kaum zu.
2. Compliance-Anforderungen *an* Geschäftspartner steigen — auch hier das gleiche Ergebnis, nur jedes vierte Unternehmen sieht hier kaum Veränderung auf sich zukommen.

Damit für Sie innerhalb der globalen Lieferketten keine bösen Überraschungen auftreten, müssen Sie unbedingt Ihren Geschäfts- und Wertschöpfungspartnern ein gewichtiges Maßnahmenpaket entgegenstellen. Schließlich sollen alle in der Kette, alle im Liefernetzwerk — auch der Dienstleister in Lettland — wissen, dass Ihre Verhaltensregeln bindend sind. Und kontrollieren Sie, denn Vertrauen allein genügt nicht!

Wenn Sie Geschäftspartner nicht einer internen und externen Prüfung sowie laufenden Kontrollen über die Einhaltung von ganz klar definierten Verhaltensstandards unterziehen, gefährdet dies die Nachhaltigkeit Ihrer Wertschöpfungskette.

Fragen stellen – Vertrauen schaffen

Stellen Sie in Ihrem Unternehmen unbedingt die Fragen: Nach welchen Verhaltensregeln sollen sich unsere Geschäfts- und Wertschöpfungspartner orientieren? Welche Verhaltensregeln bekommen wir von unseren Partnern auferlegt? Und welche Instrumente werden für die Einhaltung von Compliance-Regeln eingesetzt? Das einfachste Instrument ist die Einholung von Selbstauskünften. Stellen Sie gezielte Fragen zur Compliance im Unternehmen Ihres Geschäftspartners. Wenn Sie dies um Kodizes, Antikorruptionsrichtlinien, Allgemeine Verhaltensmaßregeln, Wettbewerbsregeln und Kontrollmechanismen ergänzen, ist Ihr Instrumentarium schon gut bestückt. Dann wird derjenige den Auftrag bekommen, der sich genau an Ihre Verhaltensregeln hält.

Supply Chain Manager sollten sich daher besonders mit der Materie der Compliance beschäftigen. Die Grenzen der Gewinnmaximierung des Supply Chain Managements sind rasch erreicht, wenn wir die wesentlichen Grundregeln nicht klar einhalten.

Macht und Machtgefälle in Supply Chains – Kooperationen

Ein sehr stark diskutiertes Themenfeld beim Aufbau und bei der Verbesserung von Supply Chains stellt das Thema Macht und Machtgefälle dar. Um mit Max Weber zu sprechen, bezeichnet Macht sinngemäß die Fähigkeit, seinen Gestaltungswillen auch gegen den Widerstand des anderen durchzusetzen. Dies ist freilich in einer freiwilligen Kooperation sehr problematisch und muss entsprechend in der Entwicklung von Supply Chains berücksichtigt werden.

So klagen zahlreiche kleine Hersteller, dass sie den großen hochzentrierten Handelsorganisationen machtlos, ja geradezu ohnmächtig gegenüberstehen. Was wäre ein mögliches Rezept gegen die Ohnmacht? Gibt es überhaupt mögliche Strategien oder auch konkrete Werkzeuge?

Horizontale und vertikale Kooperation

Hier sind die zahlreichen Einkaufskooperationen mit ihren vielseitigen Spielarten zu erwähnen. Unter die Einkaufskooperationen fallen horizontale Zusammenschlüsse (mehrere Automobilwerke schließen sich zum gemeinsamen Einkauf zusammen) und vertikale Zusammenschlüsse (Bergwerke, Stahlwerke, Walzwerke sowie Autoindustrie schließen sich zum Zwecke der Stärkung der Marktstellung zusammen). Grundlegend für alle Spielarten von Einkaufszusammenschlüssen bleibt die Verbesserung der Marktstellung am Beschaffungsmarkt. Diese Kooperationen können durchaus sowohl horizontal als auch vertikal im Sinne der klassischen Supply Chain gestaltet und organisiert sein.

Wie funktioniert eine solche Einkaufskooperation auf horizontaler und vertikaler Ebene, und welche Werkzeuge werden hierfür eingesetzt?

Praxisbeispiel – Einkaufskooperation in der Hotellerie

Der Food & Beverage-Manager eines Viersterne-Hotels möchte seine Beschaffungsmarktstellung gegenüber seinen übermächtigen Lieferanten stärken. Deshalb schlägt er dem Geschäftsführer und Inhaber vor, sich an einer Einkaufskooperation zu beteiligen. Diese Einkaufskooperation umfasst bereits mehr als 1000 Hotelbetriebe zumeist der Drei- bis Fünfsterne-Kategorie.

Mitgliedsbetriebe in der horizontalen Kooperation

Konkret muss nun der Hotelbetrieb Geschäftsanteile an der Einkaufskooperation – im konkreten Fall handelt es sich um eine Einkaufsgenossenschaft – zeichnen. Die Höhe der Anteile berechnet sich in diesem Fall nach der Anzahl der Hotelbetten beziehungsweise nach der Anzahl der Sitzplätze, falls ein Restaurant- und Bankettbetrieb angeschlossen ist.

Die Einkaufsgenossenschaft führt nun ihrerseits zentrale Einkaufsverhandlungen mit den Lieferanten des Food- und Non-Food Bereichs, zum Beispiel mit Brauereien, Weinhändlern, Bettwäschelieferanten, Lieferanten für Minibars, Computerkassen und anderen und versucht, dank ihrer breiten und starken Marktstellung in der horizontalen Kooperation bessere Preise und Konditionen auszuhandeln.

Einkaufsführer und vertikale Kooperation

Dies geschieht mitunter durch die Abnahme von größeren Mengen und durch Zusage bei den Mitgliedsbetrieben, für den Lieferanten zu werben, sodass diese ihre Einkaufsaktivitäten auf weniger Lieferanten konzentrieren. Eine weitere Aktivität der zentralen Einkaufsgenossenschaft ist die Erstellung eines sogenannten Einkaufsführers: ein Verzeichnis aller registrierten Lieferanten der Einkaufskooperation mit dem gesamten Waren- Produkt- und Leistungssortiment und den ausverhandelten Preisen und Konditionen. Überdies dient der Einkaufsführer den Hotelbetrieben zur preislichen Beobachtung „nicht registrierter" Lieferanten.

Wenn nun ein Lieferant mit der Einkaufsgenossenschaft einen Liefervertrag schließt, dann werden alle Lieferungen des Lieferanten über die Einkaufsgenossenschaft abgerechnet. Die Lieferung selbst findet weiterhin direkt an den jeweiligen Hotelbetrieb statt. Dank der Marktstellung der Einkaufskooperation und die Listung der beteilig-

ten Lieferanten und Dienstleister entsteht ein Wertschöpfungsnetzwerk, durchaus vergleichbar mit klassischen Supply Chains. Denn die
Einkaufskooperation fördert die gelisteten Partner mit zahlreichen
Maßnahmen, beginnend von mündlichen Empfehlungen bis hin zu
klassischer Werbung und Marketingaktivitäten bei den horizontal
organisierten Kooperationspartnern.

Zentralrabatte

Die Preisvorteile gibt die Einkaufsgenossenschaft an ihre Mitgliedsbe-
triebe freilich nicht in voller Höhe weiter. Sie behält einen sogenannten Zentralrabatt ein und kann damit ihren Verwaltungs- und Ver-
triebsaufwand finanzieren. Die Einkaufsgenossenschaft verpflichtet
sich im Gegenzug, eine ausgeglichene Bilanz in der Genossenschafts-
versammlung vorzulegen.

„Die Schleusen öffnen"

Grundsätzlich sind solche Kooperationen sinnvoll, wenn durch ein
massives Machtgefälle deutliche Mehrwertverluste durch Beteiligte
der Lieferkette erkennbar sind. Aber, so paradox es klingen mag, auch
für die Mächtigen sind Kooperationen mit den „Machtlosen" durchaus
im rationalen Sinne. Und zwar dann, wenn der machtlose Beteiligte
den Engpass in der Lieferkette darstellt. Dann kann man das wie eine
Schleuse betrachten, die von den Mächtigen geöffnet werden kann.
Dies geschieht beispielsweise durch gezielte Übernahme von Risiken
und Unsicherheiten durch die Mächtigen.

Sustainable Supply Chain Management – SSCM

Der Grundgedanke der Nachhaltigkeit ist im Laufe der letzten Jahrzehnte mehrfach adaptiert worden. Nicht zuletzt hat die globale Ausrichtung der Wirtschaft zu einem klareren Verständnis geführt, was
Nachhaltigkeit bedeutet: die Lebensqualität des Einzelnen zu steigern,
ohne dabei die Entwicklungschancen und Lebensbedingungen der jet-
zigen und zukünftigen Generationen zu beeinträchtigen. Ökologie,
Ökonomie und Soziales — das sind die neuen Dimensionen, die in die
Struktur einer Supply Chain eingearbeitet werden müssen.

Treiber für Sustainability

Ein starker Treiber der Nachhaltigkeit ist die Pflicht zur Erfüllung von rechtlichen Rahmenbedingungen. Darüber hinaus gibt es weitere: das Management von Geschäftsrisiken, den Schutz von Markennamen, die Reduktion von Kosten, zum Beispiel über geringere Entsorgungskosten, und vor allem die Erfüllung von Kunden- und Lieferantenansprüchen. Jedenfalls soll durch die Nachhaltigkeit die Attraktivität der Supply Chain für alle Partner einschließlich zukünftiger Kunden und Mitarbeiter steigen.

Wie setzt SCM die Forderungen um?

Eine erfolgreiche Integration der drei Dimensionen Ökologie, Ökonomie und Soziales ist schon für ein einzelnes Unternehmen eine Herausforderung — eine noch viel größere in einer Supply Chain.

Zunächst gilt es, die Komplexität zu reduzieren. Am besten durch eine klare Strukturierung der Problemstellung:
— Was ist für uns und alle Beteiligten das Wesentliche?
— Welche Strategie verfolgen wir (nur Marketingfokus oder Firmenphilosophie)?
— Welche Maßnahmen müssen getroffen werden?
— Wie erfolgt das Controlling (Monitoring und Berichterstattung mit eventueller Prüfung durch unabhängige Dritte)?

Eines sollte unbedingt berücksichtigt werden, und zwar: Die Betrachtung der Einzelkosten für ein Produkt reicht nicht aus. Es müssen die Gesamtkosten des Produktlebenszyklus herangezogen werden!

Praxisbeispiel Tengelmann

Ein gutes Beispiel für Nachhaltigkeitsmanagement liefert die internationale Tengelmann-Handelsgruppe. Zu ihr gehören Marken wie Obi, Kik und Woolworth. Nachhaltigkeitsmanagement findet dort primär in der Sortimentspolitik statt, zum Beispiel über die Auslistung von Produkten zum Schutz von gefährdeten Tierarten, Der Verkaufsstopp von Schildkrötensuppe und Froschschenkeln hat großes Aufsehen erregt. Seither verkörpern Frosch und Schildkröte das Logo für das Umweltengagement der Unternehmensgruppe. Nachhaltigkeitsmanagement erstreckt sich aber auch auf die Einbeziehung der Industriepartner, um zum Beispiel die Verpackungsmengen zu reduzieren. Entlang der gesamten Wertschöpfungskette ist die Unternehmensgruppe mit einer Vielzahl von ökologischen und sozialen Herausforderungen konfrontiert.

Erfolgsmodell von SSCM

Und wie meistert die Gruppe diese Herausforderungen? Indem Tengelmann jedes Unternehmen zunächst eigenständig seine Maßnahmen planen lässt. Die Ziele werden selbst gesteckt. Danach erfolgt der unternehmensübergreifende Austausch, Ziele und Maßnahmen werden diskutiert und verabschiedet. Die Abstimmung der Nachhaltigkeitsstrategien erfolgt dann auf höchster Managementebene. Bei Tengelmann wurde auch ein spezieller CSR-Lenkungskreis (Corporate Social Responsibility) eingerichtet, der sich mindestens vierteljährlich trifft. Strategische Entscheidungen werden abgestimmt, übergreifende Themen diskutiert. Dabei sollen auch Trends und Risiken im SSCM analysiert werden.

Der Fokus muss auf die Schlüsselprozesse und das damit verbundene Ressourcenmanagement in der Supply Chain gelegt werden Aber behalten Sie ihre eigenen Ansprüche einschließlich der Mitarbeiter und die Ihrer Kunden und Lieferanten im Auge. Wenn Sie eine Nachhaltigkeitsstrategie festgelegt haben, bewerten Sie nochmals die Risiken und Chancen Ihrer Strategie. Schließlich geht es um die Dimensionen von Ökonomie, Ökologie und Soziales.

Ausblick
Wider den Wahnsinn

Sei Du selbst die Veränderung, die Du Dir für diese Welt wünschst.
(Mahatma Gandhi)

Dieser Ratschlag kann eine Führungskraft ganz ordentlich vor den Kopf stoßen. Entwicklung und Innovation sind im Forderungskatalog des Managements fix gesetzt: Mehr, besser, schneller oder nur anders. Die dahinterliegenden Ziele sind nicht immer offensichtlich. Tatsache ist, dass die Art und Weise des Managements meist unberührt bleibt. Was ist das immer wieder Gleiche, das Manager tun? Diese Frage führt in die Anfänge des 20. Jahrhunderts, zu den Wurzeln des modernen Managements. Mit der Industrialisierung entstand eine hochgradige Arbeitsteilung, die unter anderem der Autoindustrie Nordamerikas zum Durchbruch verhalf. Die Aufgabe der Unternehmensleitung war die Steigerung der Effizienz und der Zuverlässigkeit des betrieblichen Arbeitsprozesses. Als Ressource standen ihr Arbeitskräfte zur Verfügung, die davor individuell und ohne besonderen Zeitdruck ihre Arbeit erledigt hatten. Es waren Handwerker, Bauern oder Hausfrauen. Frederick Winslow Taylor, Henri Fayol und andere schwangen sich mit ihren Zugängen als Managementvordenker in Höhen auf, in denen sie von heutigen Managern noch immer — meist unbewusst — bewundert werden. Weshalb? Prinzipien, die damals entwickelt wurden, gelten auch heute, immerhin fast 100 Jahre danach, als State of the Art im Management. Hierarchie, Spezialisierung, Standardisierung, Planung und Kontrolle, Belohnungssysteme und anderes sind Prinzipien, die auch heute jedem Manager geläufig und Leitplanken seines Handelns sind. Uralte Prinzipien werden im Management noch geglaubt und angewendet. Eine Vorstandsassistentin mit einem Fernschreiber ist dagegen modern.

Management ohne Respekt

Respekt ist ein Wort, das einer verklärten und eher devoten Bedeutung zugeführt wird. Dass Manager unter Umständen auch respektlos agieren können und mehr Demut zeigen sollten, ist eine andere Forderung. Was Management jedenfalls weiterbringt, ist die Berücksichtigung des aktuellen Umfelds. Denn gemanagt wird mit Sichtweisen des 19. Jahrhunderts. Die aktuellen Herausforderungen sind aber gänzlich andere.

Herausforderung Nr. 1: Wir haben einen Hyper-Wettbewerb. Die Mitbewerber sind agil, Kunden wie Lieferanten fordern uns heraus, neue Akteure drängen auf den Markt oder eine gänzlich neue Lösung drückt Produkten über Nacht den Stempel von Bedeutungslosigkeit auf.

Herausforderung Nr. 2: Wirtschaft ist zunehmend Wissensarbeit. Manuelle Arbeit gibt es weiterhin, tatsächliche Wertschöpfung ist mit dieser Arbeitsform aber nur noch in Schwellenländern möglich. Die Kreation von Wissen ist der Schüssel. Manager entgegnen, dass man im Data Warehouse viel Wissen gespeichert und jederzeit abrufbar hat. Genau genommen sind das aber bloß Daten.

Herausforderung Nr. 3: Veränderungen funktionieren heute anders. Das Top-Management kommt zusammen, und begleitet von einem Guru der Szene werden visionäre Ideen entwickelt und per E-Mail mit Power Point-Anhang in die Linie „verabschiedet." Das sogenannte mittlere Management hat alles umzusetzen. Konferenzen, Meetings, Projekte folgen. Den Ausgang kennen Dilbert und alle anderen Mitarbeiter von Unternehmen.

You get what you lead

Management ist für sich genommen zweifelsohne eine große menschliche Errungenschaft. Es sorgte für ein besseres Leben. Management ist die Transformation von Ressourcen in Kundennutzen, sagt der Managementvordenker Peter Drucker dogmatisch. Die entsprechenden Grundaufgaben sind ebenso unumstößlich. Es gilt, Menschen zusammenzubringen, sie zu mobilisieren und auf ein Ziel auszurichten. Das ist der Job des Managements.

Wir wollen Organisationen, die sich so schnell wandeln, wie es die Umwelt tut? Hierarchien und Management by E-Mail sind für diese Art der Mobilisierung von Menschen gänzlich ungeeignet. Wir wollen Innovation und Wissensmanagement? Lassen wir Menschen frei arbeiten, indem sie Daten in einen relevanten Kontext setzen und vor dem eigenen Erfahrungshintergrund verarbeiten. Wissen ist das Ergebnis eines Erkenntnisprozesses. Es wird durch das Individuum Menschen kreiert. Selten jedoch in Vorstandssitzungen, weil das oberste Stockwerk zu weit vom Kunden entfernt ist. Wir wollen dem Wettbewerb standhalten? Ja, indem Kundennutzen als leitenden Wert den Wunsch nach Kontrolle ersetzt. All dem kann auch Supply Chain Management auf die Sprünge helfen.

Supply Chain Management fordert

Supply Chain Management hinterfragt viele gängige Management-Dogmen. Ein Unternehmen nach diesen Prinzipien auszurichten, ist eine außergewöhnliche Aufgabe. Gerade das Management ist gefordert, seine eigene Sichtweise zu hinterfragen. Auch wenn man erkennt, dass Supply Chain Management der entscheidende Schritt nach vorne ist, bleibt die Umsetzung ein Wagnis. Gemeinsame Überzeugungen stehen diesem im Weg. Eine davon besagt, dass es einer echten Krise bedarf, um Veränderungen herbeizuführen. Es wird angenommen, dass nur eine starke Führungspersönlichkeit den Wandel durchsetzen kann. Und es gilt die Vermutung, dass jede Veränderung von der Spitze ausgehen muss. Ja, so kann ein Change funktionieren, und die Theorie des Change Management unterstützt dies auch. Aber es gibt unzählige Beispiele an revolutionären Veränderungen, die aus der Mitte einer Organisation initiiert wurde, von der Leidenschaft angetrieben, Dinge zum Besseren zu bewegen. Man kann dies als Kühnheit bezeichnet.

Mit den richtigen Fragen beginnen

Kühner als das Unbekannte zu erforschen kann es sein, das Bekannte zu bezweifeln. Auch Alexander von Humboldt rät zum Forschen, zum Fragen stellen, wieder und immer wieder. Ist der eingeschlagene Weg wirklich zielführend. Ist das Ziel das richtige? Wo sind wir in fünf Jahren, wenn wir so weiterarbeiten? Die Qualität der Fragen bestimmt die Qualität der Antworten. Sind die Antworten erschütternd, erfolgt die wirkliche Prüfung. Traut man sich den nächsten Schritt zu oder bleibt es bei der Sehnsucht: „Das wäre toll, aber…"? Interesse alleine reicht nicht. Ja, der Gehorsam. Er ist wie eine feste Kette. Aber echte Leidenschaft zerreißt sie. Der Managementinnovator Gary Hamel sieht in zum Teil überraschenden menschlichen Eigenschaften den Weg zu Erneuerung. In der so gut gemanagten Welt ist Effizienz und Disziplin mittlerweile selbstverständlich. Einen echten Beitrag zur Steigerung der Wertschöpfung liefern Hingabe, Kreativität und Initiative. So wird Risikoteilung mit Partnern in der Lieferkette nicht günstiger, aber man erträgt es leichter. Angst essen Seele auf, schon gewusst? Eine Gemeinschaft ist der Bürokratie immer überlegen. Nein, es geht nicht um blauäugigen Idealismus. Gemeinsam in die gleiche Richtung blicken, Angebot zur Kooperation machen, verhandeln, umsetzen. So entwickelt sich die eingangs geforderte Vitalität im Business.

„Wenn du es eilig hast, gehe langsam"

Langsam vorangehen oder zumindest vorbereitet sein, dass Veränderung Zeit und auch Reflexion braucht. Gerade jene, die sich dem Machbarkeitsklima angepasst haben, überschätzen die Ergebnisse, die innerhalb eines Jahr möglich sind. Mitnichten folgenschwerer ist die Unterschätzung jener Kraft, die von fünf Jahren Veränderungsarbeit ausgeht. Das Schwungrad, wie es Jim Collins nennt, kommt langsam in Schwung. Ein Kick-off zu Supply Chain ist unpassend. Eher probieren, forschen, erkennen, vorleben. Jedenfalls zählt das Tun. Es genügt nicht, alles zu wissen und nicht zu arbeiten. Fehler? Nicht unbedingt hinausschreien, dass jeder Fehler machen darf. Mit Fehlern muss man lediglich rechnen.

Neue Prinzipien

Das Internet fungiert auch als ein Katalysator für Erneuerung und damit als ein Role Model für die Etablierung von Supply Chain Management. Im Internet gelten die Prinzipien Leistungsorientierung, Flexibilität, Offenheit und Kooperation.

Aufgabe des Managements ist es, die entsprechenden Rahmenbedingungen zu schaffen. Weniger Anweisung und Kontrolle, weniger Motivierungsaktionen und generalstabsmäßige Projektplanung. Menschen waren und sind nach wie vor anpassungsfähig, elastisch und motiviert. Was Menschen dagegen brauchen, ist Führung. Die Gestaltung von Kommunikation und das Stiften von Sinn sind die wesentlichen Führungsaufgaben, die Netzwerke zum Fliegen bringen.

Was ist mit Fachwissen und Disziplin? Ja, darauf haben wir unseren Wohlstand aufgebaut. Das Ablaufdatum scheint mittlerweile erreicht. Heute geht es um die Übernahme von Risiken, das Agieren mit Unsicherheiten und Ungewissheiten. Fachwissen und diszipliniertes Arbeiten sind hinreichende Bedingungen, aber bei weitem nicht notwendig für die Performance von Lieferketten. Mit den neuen Prinzipien werden neue Management-Tools entstehen, teils als Weiterentwicklung bestehender Tools, teils gänzlich neue. Mit diesen wird Risiko gemanagt — und nicht Komplexität. Diese wird keine dominante Rolle mehr einnehmen, denn jenes Vertrauen, das von Supply Chain Management eingefordert wird, reduziert auch Komplexität.

Wie das Leben

Supply Chain Management folgt letztlich den Prinzipien des Lebens und des Lebenserfolgs. Cay von Fournier hat einige zusammengefasst: Sei kreativ, biete echten Nutzen, sei mutig anders als andere, investiere, sei konsequent, verbessere ständig. All das bringt das Vorhaben, ein lebendiges Liefernetzwerk zum Vorteil aller aufzubauen, nach vorne. Dort angelangt ist es ebenso wie mit dem Leben: Es lässt sich nur rückwärts verstehen, muss aber vorwärts gelebt werden! Also legen und leben Sie los!

Anhang

News Vendor Modell (Zeitungsjungenmodell)

Zahlreiche Ansätze des Supply Chain Managements lassen sich mithilfe des News Vendor Modells (auch News Boy Modell oder Zeitungsjungenmodell) erklären. Dieses Modell bewertet sowohl die Kosten zu hoher Bestände als auch die Kosten zu niedriger Bestände (= entgangene Gewinne) und gelangt durch mathematisch-statistische Analyse zu einem gewinnmaximalen Bestand (= optimaler Bestand). Wesentlich ist jedoch, dass die Autoren dieses Buchs den Begriff der „Bestände" deutlich weiter fassen als nur auf Materialbestände bezogen. Unter Bestände werden hier Vorräte an Zeit, Kapazitäten, Handlungsoptionen, Risikominderungsstrategien und anderes verstanden. Wir beschreiben hier die klassische Form des News Vendor Modells, das sich ursprünglich aus dem Bestandsmanagement heraus entwickelt hat:

Die Voraussetzungen des klassischen Zeitungsjungenmodells sind:
— Unsichere Nachfragesituation (zum Beispiel. Saisonwaren)
— Einperiodisches Modell (zum Beispiel keine Nachlieferungen möglich)

Zu Beginn einer Periode (zum Beispiel einer Saison) muss der Händler über die Bestellmenge entscheiden, wobei die Nachfrage niemals sicher ist (stochastisch). Er erhält nach der Bestellung die Lieferung und kann unverzüglich mit dem Verkauf beginnen. Am Ende der Periode steht er immer wieder vor zwei Situationen: Entweder war die vom Händler geordnete Bestellmenge größer als die Nachfragemenge seiner Kunden oder die vom Händler geordnete Bestellmenge war kleiner als die Nachfragemenge seiner Kunden. Im ersten Fall kann er die Überbestände nur noch am Ende der Saison zu einem niedrigen Verwertungspreis verkaufen. Dies verursacht freilich eine Gewinnschmälerung. Im zweiten Fall hat er Gewinnchancen vertan und vielleicht auch einige Kunden verloren. Dies verursacht auch eine Gewinnschmälerung (entgangene Gewinne, entgangene Umsätze, verlorene Kunden).

Im Falle des Überbestands muss der Händler jede nicht verkaufte Einheit zu einem Abverkaufspreis (Verwertungspreis) absetzen, wodurch ihm Überbestandskosten entstehen. Die Überbestandskosten sind die Differenz aus dem Beschaffungspreis und dem Verwertungspreis. Die Unterbestandskosten sind die Differenz aus dem Verkaufspreis des Händlers und dem Beschaffungspreis des Händlers. Somit gibt es

offensichtlich ein Gewinnmaximum (maximiere G), das aus folgenden Variablen berechnet werden kann:
- Mittlere Nachfragemenge der Kunden (stochastisch): D
- Mittlere Schwankung der Nachfragemenge: σ
- Bestellmenge des Händlers (einperiodisch): S
- Verkaufspreis des Händlers an den Kunden: r
- Beschaffungspreis des Händlers: p
- Verwertungspreis des Händlers: v
- Überbestandskosten pro Einheit: c_o
- Unterbestandskosten pro Einheit: c_u

Die Nachfrage D ist dem Händler zum Zeitpunkt der Bestellung nicht bekannt. Der Händler kann lediglich die Wahrscheinlichkeit beziehungsweise die Wahrscheinlichkeitsverteilung mithilfe von Nachfrageprognosen schätzen. Solche Nachfrageprognosen basieren üblicherweise auf nahen Vergangenheitswerten und arbeiten mit dem System der exponentiellen Glättung. Das bedeutet, dass jüngere Vergangenheitswerte stärker in die Prognose einfließen als ältere Werte. Diese werden typischerweise mit sogenannten Glättungsparametern geschätzt. Üblicherweise werden für stochastische Nachfragemengen Normalverteilungen unterstellt, die häufig eine gute Annäherung an die Wirklichkeit darstellen. Im klassischen News-Vendor-Modell ist das der Fall.

Wenn wir also alle angeführten Variablen kennen oder geschätzt haben und auch eine Wahrscheinlichkeitsverteilung (zum Beispiel eine Normalverteilung) unterstellt haben, kann durch mathematische Ableitung das „kritische Verhältnis" CR berechnet werden.

$CR = c_u \, / \, (c_u + c_o)$

Beim kritischen Verhältnis CR ist der Erwartungswert der Nachfrage maximiert, und die Bestellmengen sind kostenminimiert. Das bedeutet, dass exakt im kritischen Verhältnis — bei gegebenen und geschätzten Daten — die Risikobestandskosten als Summe aus Überbestands- und Unterbestandskosten minimiert sind.

In vielen Fällen wird eine Normalverteilung mit dem Mittelwert μ und der Standardabweichung σ für die Nachfrage unterstellt. Im Falle einer normalverteilten Nachfrage kann durch Transformation in eine Standardnormalverteilung ($\mu = 0$ und $\sigma = 1$) die Verteilungsfunktion $F_{01}(x)$ berechnet (S^* = risikobehaftete Bestellmenge) werden:

$S^* = \mu + z_{CR}\sigma$

Wobei $z_{CR} = F_{o1}^{-1}(cu/(cu + co))$

F_{o1}^{-1} = inverse Verteilungsfunktion

Der Wert z_{CR} (sogenannter z-Wert) hängt nur von den Kostensätzen ab und ist unabhängig von der prognostizierten Nachfragemenge. Der z-Wert kann mittels Excel über die Statistikfunktion einfach entnommen werden:

Beispiel[*]

Ein Textilhändler muss Winterjacken eines Typs für die Wintersaison kaufen. Nachbestellungen während der Wintersaison sind aufgrund der langen Beschaffungszeiten nicht möglich. Der Händler schätzt die Nachfrage nach den Jacken anhand von Vergangenheitswerten. Alle nicht verkauften Jacken müssen am Ende der Saison im Schlussverkauf zum Verwertungspreis abgesetzt werden. In unserem Beispiel betragen die Werte der Nachfrageprognose μ = 245 Stück und σ = 39 Stück, der Verkaufspreis r = EUR 69,99, der Beschaffungspreis p = EUR 35,00 und der Verwertungspreis v = EUR 15,00. Das kritische Verhältnis ist in diesem Beispiel

CR = 0,6363

und der entsprechende Wert z_{CR} = 0,3486 (der z-Wert kann entweder aus Tabellen einer Standardnormalverteilung abgelesen werden oder über die Statistikfunktion von EXCEL entnommen werden: EXCEL — Funktionsassistent — STANDARDNORMINV). Die optimale Bestellmenge beträgt daher

S^* = 245 + 0,3486 * 39 = 259 Stück.

Daraus ergibt sich ein erwarteter maximaler Gewinn von EUR 7.767,00 für die Winterjacken in dieser Saison

$G(S^*) = (r - p)\mu - (cu + co) f_{o1}(z_{CR})\sigma$ = EUR 7.767,00

$f_{o1}(z_{CR})$ wird mittels Excel, Funktionsassistent und Norm.S.Vert. ermittelt (z-Wert eintragen und bei Kumulierung „falsch" eingeben, da wir eine Dichtefunktion vorliegen haben.

---

[*] Beispiel (sinngemäß entnommen aus Thonemann, 2010, S. 209 ff.)

Glossar

3PL-Logistikunternehmen: siehe Logistikdienstleister.

ABC-Analyse: siehe Paretoprinzip.

Activity Based Costing (ABC): Prozesskostenrechnung. Die fixen Kosten, vor allem in Form der Gemeinkosten, werden zur Gänze variabilisiert und den einzelnen Kostenträgern direkt zugerechnet. Dadurch Beschleunigung und Qualitätsverbesserung von Entscheidungen des Managements. Prozesskosten sind somit Vollkosten auf der Basis bestimmter Auslastungsgrade der Kapazität.

Alternativkosten: siehe Opportunitätskosten.

Andler-Harris-Formel: siehe wirtschaftliche Losgröße.

APO: Advanced Planner and Optimizer. Softwaretool von SAP zur unternehmensübergreifenden Planung und Steuerung von Lieferketten.

Arbeitsgemeinschaft (ARGE): Zusammenschluss von wirtschaftlich und rechtlich selbständigen Unternehmen, um gemeinsam eine genau definierte Aufgabe zu erfüllen, weil ein einzelnes Unternehmen aus Ressourcengründen nicht dazu in der Lage wäre (zu hohes Risiko, zu geringe Kapazitäten, zu geringes Know-how für den Einzelnen). ARGE sind typischerweise auch Supply Chains.

ARGE: siehe Arbeitsgemeinschaft.

Assembling: Montage oder Zusammenbau; stellt eine Wertschöpfungsstufe innerhalb der Supply Chain dar.

ATP: siehe Available-to-Promise.

Auftragsfertigung: siehe Build-to-Order (BTO).

Available-to-Promise: Konzept und Werkzeug im SCM, das eine über eine Lieferkette hinweg belastbare Lieferzeitzusage gewährleistet. Belastbar bedeutet, dass die vormals üblichen Standardlieferzeiten (SLZ) durch gemeinsames Abstimmen und Absichern der relevanten Beteiligten entlang der Lieferkette höchste Termintreue (Pünktlichkeit) erreichen. ATP ist eines der anerkanntesten Konzepte des SCM, auch bei Skeptikern der SCM-Philosophie.

Belastbar: Wesentlicher Begriff und Attribut im SCM zur Beschreibung von zuverlässigen Leistungswerten. So sind beispielsweise übliche (erfahrungsgemäße) Standardlieferzeiten (SLZ) keine belastbaren Lieferzeiten. Belastbar sind sie erst dann, wenn diese zugesichert werden und ein Abweichen mit Sanktionen versehen werden kann. Belastbare Lieferzeiten sind zugesagte und zuverlässige Lieferzeiten.

Benchmarking: Systematische Leistungsvergleiche mit einem Mitbewerber oder mit dem Besten in einem bestimmten Bereich, um eigene

Leistungen zu verbessern. In der Praxis wird bei Konzerntöchtern ein internes Benchmarking betrieben, sodass die jeweiligen Töchter untereinander zu besseren Leistungen motiviert werden.

Beschaffungsprinzipien: Einzelbeschaffung im Bedarfsfall, Vorratshaltung und Just-in-Time sind die grundsätzlichen Prinzipien der Beschaffung. Daraus ableitend zahlreiche Ausdifferenzierungen in der Praxis. Jede dieser Prinzipien hat bestimmte Vor- und Nachteile und vor allem bestimmte praktische Voraussetzungen, dass sie überhaupt angewandt werden können.

Bestellpunkt: siehe Reorder Point (ROP).

Bestellstrategien: Bestellpunktverfahren, Bestellrhythmusverfahren und Optionalverfahren. Beim Bestellpunktverfahren löst ein Meldebestand den Nachschub aus. Beim Bestellrhythmusverfahren ist ein fester Zyklus vorgegeben. Optionalverfahren ist eine Kombination aus den beiden erstgenannten Strategien: Je nachdem, was früher erreicht ist, also entweder der Meldebestand oder der Zyklus, wird der Nachschub ausgelöst.

Break-Even-Point (BEP): Ist jener modellhafte Punkt, an dem sich die Erlös- und die Kostenfunktion schneiden. Wird vor allem zur Berechnung von Make-or-Buy und Outsourcing-Entscheidungen herangezogen. Der BEP besagt, ab wann es sich lohnt, Produkte oder Leistungen hinzuzukaufen.

Bringschuld: In manchen Lieferklauseln ist der Verkäufer verpflichtet, bestimmte Leistungen beizubringen.

BTO: siehe Built-to-Order.

Bullwhip-Effekt: Wird auch Forrester-Aufschaukelung oder auch „Peitscheneffekt" genannt. Wurde erstmals von Jay Forrester erforscht und beschreibt das Phänomen in mehrstufigen Wertschöpfungsketten, dass kleine Nachfrageänderungen auf Konsumentenseite über die verschiedenen Stufen hinweg besonders starke, einander aufschaukelnde Mengenschwankungen (wie bei einem Peitschenschlag) verursachen. Die wesentlichen Ursachen für dieses Phänomen sind Informationsverzögerungen der Aufträge, die Bündelung von Aufträgen auf den verschiedenen Stufen aufgrund wirtschaftlicher Losgrößenbildung, mögliche Informationsverzerrungen und daher Fehlinterpretationen der Beteiligten. Mittels SCM ist es heute möglich den Bullwhip-Effekt weitestgehend zu entschärfen, z.B. durch unverzögerte Weitergabe der Bestellungen (Echtzeit), möglichst gleichbleibende Preise beim Konsumenten (sog. Every Day Low Price – EDLP), Abstimmen der wirtschaftlichen Losgrößen zwischen den Beteiligten der Lieferkette (z.B. durch mögliche Abschlagszahlungen oder Mengenrabatte) und Anreizbildung für Durchverkäufe und nicht für Hineinverkäufe.

Built-to-Order (BTO): Auftragsfertigung oder auftragsbezogene Fertigung. Erst nach Kundenauftrag wird der Auftrag angestoßen und nach dem

Pull-Prinzip gesteuert. Die bereits vorgefertigten Norm- und Standard-teile, die als Lagerartikel kundenanonym produziert werden können, verkürzen den gesamten Auftragsdurchlauf, da diese nach dem Push-Prinzip gefertigt werden. Eine reine Auftragsfertigung ist in der Praxis sehr selten.

Bündelung: Wesentliche Strategie in Logistik und SCM, insbesondere zur Senkung von Kosten (zum Beispiel Zusammenfassen von Aufträgen zu einer Sendung, Verdichten von Aufträgen zu einer artikelbezogenen Kommissionierung). Die Anzahl der Bündelungsmöglichkeiten berechnet sich als Partition.

Capable-to-Promise: Konzept und Werkzeug im SCM; ermittelt die grund-sätzliche Fähigkeit, ob eine bestimmte Menge eines Produkts terminge-recht zur Verfügung stehen kann. Ergänzend zu Available-to-Promise werden neben dem Lagerbestand auch Produktionskapazitäten betrachtet.

Cluster: Ist ein übergreifendes Netzwerk von Leitbetrieben und ihren Zulieferern, die auf einem relativ homogenen Markt agieren und komplementäre — sich gegenseitig ergänzende — Leistungen anbieten (zum Beispiel Autocluster, Holzcluster). Cluster sind somit Liefer- und Leistungsketten innerhalb relativ homogener Märkte zu einem gemeinsamen Ziel (Win-Win).

Continuous Replenishment: siehe Efficient Replenishment (ER).

Controlling: Instrument der Unternehmensführung. Nimmt vor allem steuernde und planende Aufgaben wahr, die in der Praxis häufig rechnungswesenlastig sind.

Critical Ratio (CR): Das kritische Verhältnis im sogenannten Zeitungsjun-genmodell (News-Vendor-Modell oder News-Boy-Modell) drückt das Ver-hältnis der Unterbestandskosten zu den gesamten Bestandsrisikokosten aus. Die Bestandsrisikokosten sind die Summe aus Unterbestandskosten und Überbestandskosten. Der CR-Wert ist ein Sicherheitsgrad, basierend auf einer gegebenen Dichtefunktion (zum Beispiel Normalverteilung).

CRM: Kundenbeziehungsmanagement (wörtliche Übersetzung). Ein umfassendes Supply Chain Konzept, das den Kunden in die Wertschöp-fungskette aktiv einbindet und integriert. Unter dem Stichwort „Der Kunde als Mitarbeiter" fallen zahlreihe Aktivitäten in der Lieferkette, die der Kunde integral übernehmen kann. Zum CRM zählen im Rah-men des SCM vor allem auch alle Maßnahmen, die die Kundenbezie-hung verbessern und daher die Kundenbindung stärken. CRM ist die Demand-Chain-Management-Seite des SCM.

Cross Docking (CD): Wesentliche Strategie zur beschleunigten Verteilung von Waren über eine physische Plattform (Cross-Docking). Die Waren werden bereits vom versendeten Lieferanten am Versandort filialge-recht kommissioniert und somit aufwändige Ein- und Auslagerprozesse und Lagerprozesse vermieden. Vor allem in der Distribution von Konsumgütern immer stärker eingesetzt.

DB: siehe Deckungsbeitrag.

Data Warehouse: Datenbankmäßige Zusammenfassung zahlreicher relevanter Unternehmensdaten aus unterschiedlichen betrieblichen Quellen zum Zwecke der Vereinheitlichung zu einem „Cockpit". Siehe auch SCM-Cockpit.

Deckungsbeitrag (DB): Differenz zwischen Verkaufserlösen und variablen Kosten. Der DB hat die fixen Kosten und − hoffentlich − einen angemessenen Gewinn zu decken (daher auch der Begriff). Wichtige Grundlage für Managemententscheidungen, da fixe Kosten und sunk costs (sogenannte versunkene Kosten) keine Rolle für zukünftige Entscheidungen spielen dürfen (sollen).

Deckungsbeitragsrechnung: Die Fixkosten werden in der Erfolgsrechnung in mehreren Stufen berücksichtigt. So werden die Fixkosten nach verschiedenen Kriterien stufenweise unterschieden, beginnend bei produktfixen Kosten bis hin zu unternehmensfixen Kosten.

Deliver: siehe SCOR.

Demand Chain Management: Wird von einigen Forschern als adäquaterer Begriff für Supply Chain Management erachtet und vorgeschlagen, denn der Kunde steht im Mittelpunkt und „zieht" sozusagen auf der Nachfrageseite (Pull-Prinzip). Der Begriff „DCM" hat sich jedoch nicht durchgesetzt.

Dominanz des Minimumsektors: siehe Engpass.

Drittland: Alle Nicht-EU-Länder. Im SCM relevant für mögliche Ursprungsbeurteilungen von global hergestellten Produkten und Leistungen.

Dual-Sourcing: Zweiquellenversorgung (siehe auch Sourcing).

Durchverkauf: Konzept und Werkzeug im SCM. Hersteller gewähren Händlern Anreize, um ihre Produkte stärker zu verkaufen. Dies geschieht typischerweise über Rabatte für einen kurzen Zeitraum, das jedoch dazu führen könnte, dass der Händler Vorziehkäufe tätigt und somit die rabattierte Aktionsware auch nach der Aktion noch mit erhöhtem Gewinn weiterverkaufen kann. Beim Durchverkauf vereinbaren Hersteller und Händler, dass der rabattierte Preis nur für die in der Aktionszeit abgesetzte Menge gilt. Dieses Konzept setzt eine Transparenz von Seiten des Händlers voraus. Das Gegenteil ist der konventionelle Hineinverkauf.

EAN-Code: Europäische Artikel Nummerierung (European Article Number). Balkencode, in verschiedenen Ausführungen: EAN 13, EAN 128 (= Paletten-EAN).

EBIT: Earning before Interests and Taxes. Entspricht dem Betriebsergebnis.

Echtzeit: siehe Real-Time.

Economic Order Quantity: siehe wirtschaftliche Losgröße.

Economic Production Quantity: siehe wirtschaftliche Losgröße.

ECR: siehe Efficient Consumer Response.

EDI (Electronic Data Interchange): Bezeichnet einen standardisierten elektronischen Datenaustausch zwischen den Lieferkettenbeteiligten (z.B. Lieferscheine, Rechnungen, Frachtbriefe, Lieferavisi, Mängelrügen etc.). Es gibt branchenspezifische EDI-Ausprägungen (EDIFACT für den Handel, VDA für die Industrie, SWIFT für das Bankwesen).

EDLP (Every Day Low Pricing): SCM-Konzept der „Dauertiefpreisstrategie" im Handel. Durch Vermeidung von preislichen Aktionen versucht der Handel gemeinsam mit der liefernden Industrie, (Hersteller, Großhandel, Einzelhandel) die Nachfragespitzen zu glätten und dadurch die gesamte Lieferkette sowohl kosten- als auch leistungsmäßig zu entlasten. Vorteile: Prognosegenauigkeit steigt, Bullwhip-Effekt wird gemindert, Materialbestände und Zeitpuffer können drastisch reduziert werden.

Effektivität: Bezeichnet die Wirksamkeit, also die Leistung von Prozessen. „Effizienz ist die Dinge richtig tun, Effektivität ist die richtigen Dinge tun." (Peter Drucker)

Efficient Consumer Response: ECR ist ein umfassendes Konzept im SCM. Durch die enge Kooperation zwischen Konsumgüterindustrie und Handel wird eine Optimierung der gesamten Supply Chain angestrebt, um einen Mehrwert zu erreichen. Dieser Mehrwert betrifft insbesondere niedrigere Kosten, höhere Qualität, höhere Kundenzufriedenheit, größere Variantenvielfalt, höhere Warenverfügbarkeit, raschere Reaktion auf Kundenwünsche. ECR ist einer der erfolgreichsten und bekanntesten SCM-Konzepte im Handel bisher. Die Grenzen des ECR sind unter anderem durch wettbewerbsrechtliche Begrenzungen gegeben, da Preisabsprachen zwischen Hersteller und Händler weder zu einer Verschlechterung des Endkunden führen dürfen noch eine marktbeherrschende Stellung der ECR-Beteiligten mit möglichen Nachteilen für die Mitbewerber führen darf.

Efficient Replenishment (ER): Kooperation von Hersteller und Händler in der Konsumgüterindustrie mit dem gemeinsamen Ziel einen effizienten (verschwendungsfreien) Warenfluss zum Konsumenten zu erreichen (Continuous Replenishment).

Efficient Unit Loads (siehe auch Unit Loads): Kooperation von Konsumgüterherstellern und Handelsorganisationen mit dem gemeinsamen Ziel, durch die Gestaltung harmonisierter Lösungen für Ladungsträger, Transportverpackungen und Umschlags- und Fördermittel Effizienz und Effektivität der Versorgungskette (Supply Chain) zu verbessern. Bestreben von Handel und Industrie zur Schaffung eines europäischen Regelwerks für Mehrwegtransportverpackungen (MTV).

Effizienz: Bezeichnet die Wirtschaftlichkeit von Prozessen und Organisationen. Siehe auch Effektivität.

Einstandspreis: Preis, mit der Lagerware zu bewerten ist (vgl. Wareneinsatz).

Eiserner Bestand: Materialbestand, der für absolute Ausnahmefälle oder Notfälle vorgesehen ist. Muss vom Management oder der Disposition frei festgelegt werden, da statistische Berechnungen aufgrund fehlender zufallsbedingter Daten nicht möglich sind. Häufig werden in der Praxis Eiserner Bestand und Sicherheitsbestand zusammengezählt oder einfach unter dem Überbegriff „Sicherheitsbestände" subsumiert. Aus analytischer Sicht ist das jedoch nicht korrekt.

Engpass: Der begrenzende Faktor in einem System und daher bestimmend für den Leistungsoutput. Engpässe können durch knappe Kapazitäten und Ressourcen verursacht werden. In der klassischen BWL spricht man von der „Dominanz des Minimumsektors" (E. Gutenberg).

Enterprise Resource Planning (ERP): Meist umfassende Unternehmenssoftware, die die wesentlichen Geschäftätigkeiten eines Unternehmens (Produktion, Logistik, Finanzen, Vertrieb, Materialwirtschaft, Supply Chain) abbilden. Somit werden vorhandene Ressourcen eines Unternehmens möglichst effizient innerhalb des betrieblichen Ablaufs eingeplant. Bekannte ERP-Systeme sind SAP und Navision (Microsoft Dynamics).

EOQ (Economic Order Quantity): siehe wirtschaftliche Losgröße.

ERP: siehe Enterprise Resource Planning.

Externe Kosten: Kosten, die außerhalb eines betrachteten Bereichs anfallen.

Fahrverkauf: Mobiler Verkauf, bei der der Verkäufer sowohl akquisitorisch als auch logistisch tätig ist, zum Beispiel beim Verkauf von Tiefkühlprodukten vor Ort.

Falsche Entscheidung: siehe Fehlentscheidung.

Fehlmengenkosten: Kosten, die entstehen, wenn Teile oder Waren fehlen (Out-Of-Stock-Kosten = OOS). Typische Fehlmengenkosten sind Vertragsstrafen, entgangene Deckungsbeiträge, entgangene Gewinne, abwandernde Kunden, Reputationsverlust (vergleiche auch Unterbestände und Unterbestandskosten).

Fehlentscheidung: Entscheidung, die zum Zeitpunkt der Entscheidung aufgrund der vorhandenen Randbedingungen und der Wirkungszusammenhänge grundsätzlich falsch war und zu einem negativen Ergebnis geführt hat. Zu unterscheiden von der falschen Entscheidung. Diese hat zwar auch ein negatives Ergebnis, jedoch waren die Randbedingungen und die Wirkungszusammenhänge korrekt erfasst. Aus falschen Entscheidungen kann man lernen, aus Fehlentscheidungen nicht.

Fertigungstiefe: Beschreibt den wertschöpfenden Anteil der unternehmensinternen Produktionsschritte an allen zur Erstellung des Produkts notwendigen Produktionsschritten.

Fill or Kill: „Alles oder nichts": Der Gesamtauftrag muss unverzüglich und vollständig ausgeführt werden, sonst gilt er als widerrufen. Häufige Form der Auftragsvergabe in der Logistik, insbesondere bei Frachtauktionen (Frachtausschreibungen).

Fixkosten: Kosten, die unabhängig vom Beschäftigungsgrad (Kapazitätsauslastung) anfallen.

Flexibilität (Lieferflexibilität): Eine der wesentlichen kundenorientierten Leistungswerte in Logistik und SCM. In der Theorie wird in zeitliche, mengenmäßige und artmäßige Flexibilität unterschieden. Die Operationalisierung der Flexibilität stellt in der Praxis eine erhebliche Anforderung dar. Dennoch, Flexibilität gerät immer mehr in den Fokus des SCM, im Sinne von *Wandelbarkeit* (ganzheitliche Flexibilität).

Fokales Unternehmen: Unternehmen, das innerhalb eines strategischen Netzwerks eine zentrale Rolle hat. Es entscheidet über die Aufnahme neuer Netzwerkmitglieder, koordiniert und steuert alle Aktivitäten der Netzwerkunternehmen.

Forrester-Aufschaukelung: siehe Bullwhip-Effekt.

Gate Keeper: Bezeichnet häufig die Zentraleinkäufer großer Konzerne, die eine „Türsteher-Rolle" inne haben, da sie sowohl die Lieferanten als auch die angebotenen Leistungen nach bestimmten Kriterien filtern und folglich nur ein begrenzter Kreis von Anbietern überhaupt in die engere Auswahl kommt.

Geldkosten: In Geld bewerteter Wertverzehr von Ressourcen (Kostenrechnung) im Unterschied zu den Alternativkosten (Opportunitätskosten).

Geographic Postponement: siehe Postponement.

Gemeinkosten: Kosten, die einem Produkt oder einer Leistung nicht direkt zurechenbar sind oder deren direkte Zurechnung zu hohe Verwaltungskosten erzeugen würde. In der Logistik und im SCM versucht man, die Gemeinkosten in Prozesskosten umzuwandeln, sodass traditionelle Gemeinkostenblöcke wie zum Beispiel Vertriebskosten, Kosten der Distribution und die Kosten der Lagerhaltung auf eine Einheit des Produktes oder der Leistung umlegbar sind.

Gemeinschaftsware: Ware mit Ursprung in der EU.

Global Sourcing: Einkaufsstrategie, bei der weltweit von Lieferanten Waren, Materialien und Dienstleistungen bezogen werden. Wird in der Praxis durch diverse Local-Content-Bestimmungen begrenzt (siehe auch Sourcing).

Grenzkosten: Die zusätzlichen Kosten, die bei einer Einheit einer zusätzlichen Ausbringungsmenge entstehen. In den meisten Branchen haben wir es mit fallenden Grenzkosten zu tun. Grenzkosten sind einer der wichtigsten Entscheidungsgrundlagen für das Management, insbesondere in Supply Chains. Sind zwei Beteiligte einer Supply Chain direkt verkoppelt und weisen sie sehr verschiedene Grenzkosten einer gemeinsamen Produktleistung auf, dann können die Einsparpotentiale erheblich sein.

GTIN: Abkürzung für „Global Trade Item Number". Identifikationsnummer aus dem EAN-System, die dazu dient, Artikel weltweit eindeutig zu identifizieren. Wesentliche Grundlage zur Steuerung von Lieferketten.

Hauptleistungskette: siehe Hauptlieferkette.

Hauptlieferkette: Kritischer, häufig Engpässe aufweisender Teilabschnitt der Supply Chain.. Die Engpässe können Zeit, Ressourcen oder Kapazitäten betreffen. Daher ist das Hauptaugenmerk im SCM auf diesen Abschnitt der Supply Chain gerichtet. Eine ganzheitliche Optimierung von Supply Chains ist nur in seltenen Fällen, meist analytisch einfacher Supply Chains möglich und sinnvoll.

Heijunka: Japanisches Produktionsprinzip, bei dem die mengenmäßigen Schwankungen der Produktion durch diverse Instrumente geglättet werden. Führt daher zu einer gleichmäßigeren und besser beherrschbaren Fertigung und Lieferleistung.

Hineinverkauf: siehe Durchverkauf.

Holschuld: Vertragliche Vereinbarung, wonach Waren vom Käufer auf eigene Kosten und auf eigenes Risiko von der Handelsniederlassung des Verkäufers abgeholt werden müssen, sogenannte Ab-Werk-Klausel.

Horizontale Kooperation: Vertraglich fixierter oder stillschweigend vereinbarter Zusammenschluss wirtschaftlich und rechtlich selbständiger Unternehmen des gleichen Wirtschaftszweigs (Kartell). Es sind die jeweiligen Kartellgesetzgebungen einzuhalten. Aus SCM-Sicht sind horizontale Kooperationen keine Supply Chains, können aber durchaus dazu beitragen, dass das Machtgefälle bei Verhandlungen zwischen Hersteller und Handel verringert wird (zum Beispiel über Einkaufskooperationen).

Interessengemeinschaft (IG): Vertraglich fixierter Zusammenschluss von wirtschaftlich und rechtlich selbständigen Unternehmen zur langfristigen Förderung gemeinsamer Interessen.

Joint-Venture: Mehrere Unternehmen gründen und/oder erwerben gemeinsam ein rechtlich selbständiges Unternehmen. In zahlreichen Ländern Asiens und Südamerika ist der ausländische Investor gezwungen, einen ansässigen Teilhaber aufzunehmen(zum Beispiel China, Brasilien).

Just-in-Sequence (JIS): Anlieferkonzept von Teilen und Komponenten synchron zur Produktion. JIS ist das bislang granularste Anlieferkonzept, es wird vor allem in der Automobilindustrie eingesetzt. Manchmal wird JIS auch „Supply-in-Line-Sequence" genannt.

Just-in-Time (JIT): Anlieferkonzept von Teilen und Komponenten synchron zur Produktion oder zum Absatz. Erlaubt, die Lagerbestände zu reduzieren Solche Line-to-Line-Anlieferkonzepte erfordern höchste Produktqualität sowie schlanke und stabile Anlieferprozesse mit sehr hohen Termintreuewerten (größer als 3 Sigma).

Kalkulation: Kostenträgerrechnung von Produkten, Leistungen, Prozessen oder Projekten.

Kalkulatorischer Unternehmerlohn: Geldwerter Lohn des Unternehmers für seine Arbeitsleistung. Beinhaltet jedoch keinen Unternehmergewinn, der sich durch die Übernahme unternehmerischer Risiken ergibt.

Kausalitätsprinzip: siehe Verursachungsprinzip.

Kapitalrückflussdauer: siehe ROI.

KEP: Kurier-, Express- und Paketdienstleistungen von DHL, UPS und anderen. Bei Paketdiensten sind häufig Einschränkungen des Gewichts und der Abmessungen gegeben.

Kernkompetenz: Die spezifische wettbewerbsüberlegene Leistung eines Unternehmens.

Kommissionslager: Form der Lagerhaltung, bei der der Verkäufer der Ware entweder selbst oder über Dritte Lagerflächen zur Verfügung stellt und die Waren so lange in seinem Eigentum behält und auf seine Kosten lagert, bis der Käufer die Ware entnommen hat. In Industrie und Handel spricht man häufig auch von Konsignationslager („Konsi-Lager").

Kommissionierung: Das Zusammenstellen von einzelnen Artikeln zu einem Kundenauftrag oder Lagerauftrag. In der Praxis werden parallele, serielle, mehrstufige und andere Kommisioniermethoden angewandt. Ziel ist stets, die Kommissionierkosten zu senken und die Kommissionierleistung beziehungsweise die Kommissionierqualität zu steigern.

Kooperation: Freiwillige Zusammenarbeit rechtlich und wirtschaftlich selbständiger Unternehmen, zumeist auf vertraglicher Grundlage. Vertikale Kooperationen sind die typischen Supply Chains, die darauf abzielen, alle Beteiligten der Kooperation besser zu stellen — den Kunden eingeschlossen.

Konsignationslager: siehe Kommissionslager.

Kontraktlogistik: Ist eine im Zusammenhang mit Outsourcing verwendete Leistung, bei der die Vertragspartner die logistischen Leistungen und die logistischen Kosten im Vorhinein vertraglich regeln (wollen). Durch die zahlreichen fragmentierten, also nicht trennscharfen, Leistungen der Logistikdienstleister ist es in vielen Fällen schwierig, die Kosten-, Risiko-, Eigentums- und Optionsübergänge klar zu regeln. Vielfach ist Mut zur Lücke mit Vertrauen zu koppeln.

Kosten: Der in Geld bewertete Einsatz von Gütern und Dienstleistungen, der zur Leistungserstellung erforderlich ist. Diese Kosten nennt man auch Geldkosten zum Unterschied von Opportunitätskosten oder Alternativkosten.

Kostenrechnung: Instrument des Managements zur Planung, Steuerung und Kontrolle von Prozessen. Die Kostenrechnung enthält ausschließlich in Geld bewertete Verbräuche von Gütern. Ein Kostenrechnungssystem besteht aus der Kostenartenrechnung (BÜB = Betriebsüberleitungsbogen), der Kostenstellenrechnung (BAB = Betriebsabrechnungsbogen) und der Kostenträgerrechnung (Kalkulation im engeren Sinne).

Kundenbeziehungsmanagement: siehe Customer Relationship Management.

Langsamdreher ("Penner"): siehe Schnelldreher.

Lead Logistics Provider (LLP): Logistikunternehmen mit eigener Infrastruktur und Know-how zur Steuerung komplexer Lieferketten.

Lean Management: Zielt auf schlanke Organisationen und schlanke Prozesse ab. Die Verschlankung von Prozessen impliziert geringere Prozessstreuungen und damit bessere Beherrschbarkeit des Gesamtprozesses. Ziel ist die permanente Verbesserung der Wirtschaftlichkeit.

Leerkosten: Fixkosten der nicht genutzten Kapazität. Auch: Differenz zwischen Fixkosten und Nutzkosten.

Leistungskette: Steht typischerweise für Lieferketten mit ausschließlich nicht-materiellen Produkten wie beispielsweise Dienstleistungen. Ansonsten synonym mit Lieferkette und Wertschöpfungskette.

Leistungstiefe: Der wertschöpfende Anteil der unternehmenseigenen Leistungen an allen zur Erstellung des Produkts oder der Dienstleistung notwendigen Schritten.

Lieferantenbeziehungsmanagement: siehe Supplier Relationship Management.

Lieferfenster: Meist kurzer Zeitraum, in dem eine terminlich korrekte Lieferung erfolgt. Je kleiner das Lieferfenster, umso schwieriger ist das Einhalten einer hohen Liefertermintreue (OTD).

Lieferflexibiltiät: siehe Flexibilität.

Lieferkette (Supply Chain): siehe Wertschöpfungskette.

Liefernetzwerk: Verknüpfung zahlreicher linearer und vertikaler Lieferketten zu einem Netzwerk. Häufig sind Liefernetzwerke polyzentrisch und nicht geschlossen.

Lieferservice: Bündel an Leistungen in Logistik und SCM. Die bekanntesten Komponenten des Lieferservice sind Lieferzeit, Liefertermintreue,

Lieferflexibilität, Lieferfähigkeit, Liefertransparenz, Lieferqualität und Lieferversorgungssicherheit.

Local-Content-Bestimmungen: Begrenzungen des globalen Einkaufs durch gesetzliche Vorschriften des jeweiligen Einfuhrlandes. So werden in der EU beispielsweise die Unternehmen gezwungen bestimmte Wertschöpfungsanteile von EU-Waren/-Materialien zu verwenden, damit das Endprodukt überhaupt EU-Ursprung erlangt.

Logistik: Planung, Steuerung, Durchführung und Überwachung von Güterflüssen und den damit einhergehenden Informationsflüssen, beginnend bei der Entwicklung eines Gutes bis zum Absatz an den Kunden. Somit ist Logistik für die Verfügbarmachung der physischen Güter und den damit einhergehenden Informationen verantwortlich. Logistik hat sich über mehrere Evolutionsstufen entwickelt; die derzeit letzte Stufe stellt die Netzwerklogistik dar. Logistik beschäftigt sich überwiegend mit Transferprozessen von Raum, Zeit, Ordnung und Menge. Im Unterschied dazu greift das Supply Chain Management (SCM) tief in die Wertschöpfungsprozesse ein und hebt Potentiale für neue Wertschöpfungsleistungen.

Logistikdienstleister (LDL): Dienstleistungsunternehmen, die logistische Leistungen am Markt anbieten. Diese umfassen neben Transport-, Umschlags- und Lagerleistungen auch Zusatzleistungen wie Verzollung, Verpackung, Labeling, Ladesicherung, Sortierung, Montage- und Reparaturdienste und mehr. Anbieter sind häufig Speditionen, Frachtführer und gewerbliche Lagerhalter. LDL, die umfassende Logistikdienstleistungen als Systemdienstleister anbieten, nennt man auch 3PL-Logistikunternehmen (3rd Party Logistics Provider).

Logistik-Cockpit: siehe SCM-Cockpit.

Logistikrabatt: Werkzeug in Logistik und SCM. Soll die Beteiligten an einer Supply Chain in der Konsumgüterindustrie und im Handel mit Rabatten locken, effiziente Unit Loads zu ordern.

Logistiktiefe: Wertschöpfender Anteil der unternehmenseigenen logistischen Leistungen an allen zur Erstellung des Produkts oder der Dienstleistung notwendigen logistischen Schritten.

Losgröße: siehe Wirtschaftliche Losgröße.

Make: siehe SCOR.

Make to Order: Die Leistung, zum Beispiel eine Fertigung, wird aufgrund von vorhandenen Kundenaufträgen durchgeführt (Pull-Prinzip). Lediglich die vorleistende Beschaffung findet kundenanonym nach dem Push-Prinzip statt.

Make to Stock: Die Leistung, zum Beispiel eine Fertigung, erfolgt kundenanonym nach dem Push-Prinzip. Typische Lagerfertigungsartikel sind Norm- und Standardteile.

Management-Buy-Out (MBO): Das Management oder ein Teil des Managements übernimmt das Unternehmen. MBOs sind im weiteren Sinne des Wortes häufig Supply Chains, indem die jeweiligen Beteiligten anteilig zur Erreichung eines gemeinsamen Ziels beitragen und das Gesamtergebnis auf die Einzelnen fair verteilen.

Markt: Zusammentreffen von Angebot und Nachfrage.

Markteffizienz: Verschwendungsfreie Ressourcennutzung in Bezug auf Produktion (Produktionseffizienz), in Bezug auf Verteilung (Verteilungseffizienz) und in Bezug auf Verbrauch (Verbrauchseffizienz). Wird durch den Preismechanismus gewährleistet.

Materialeinsatz: Der zum Einstandspreis bewertete Lagerwert von Materialien.

Mehrwert (Value Added): Bezeichnet im SCM *die* wesentliche Anforderung an jegliche Verbesserung der Supply Chain. Mehrwert wird erreicht, wenn der Gesamtwert der Lieferkettenleistung gesteigert wird, ohne einen Beteiligten der Kette schlechter zu stellen. Das schließt die Endkunden ein, deren Preis-/Leistungsverhältnis am Ende besser sein muss.

Meldebestand (auch Re-Order-Point): Materialbestand, der durch eine Bestellung verändert wird. Der Meldebestand soll somit die mittlere Wiederbeschaffungszeit (WBZ) multipliziert mit dem mittleren Tagesverbrauch plus Sicherheitsbestände umfassen.

Mengenflexible Verträge: Wesentliches Instrument der Vertragsgestaltung im SCM, bei dem die Abnahmemengen käufer- und/oder verkäuferseitig mit Optionen versehen sind. Es gibt typischerweise bestimmte feste Mengen, die abzunehmen sind, und zusätzliche Mengen, bei denen man das Recht hat, sie abzunehmen oder auch verfallen zu lassen. Durch sogenannte Optionen können häufig genauere Mengen festgestellt und abgerufen werden.

Multimodaler Transport: Kombination mehrerer Transportarten (zum Beispiel LKW – Bahn – Hochseeschifffahrt – Bahn).

Multi-Sourcing: Mehrquellenversorgung. Risikomindernde Strategie im strategischen Einkauf (siehe auch Sourcing).

Nachhaltigkeit (Sustainability): Normierender Wert in der Unternehmensführung, der versucht, Wirtschaft, Gesellschaft und Politik mit der Erhaltung und Funktionsfähigkeit der natürlichen und sozialen Umwelt fair in Übereinstimmung zu bringen.

News Vendor Modell (Zeitungsjungenmodell): siehe Anhang.

Nichtgemeinschaftsware: Ware mit Ursprung außerhalb der EU.

NIO-Teile: Nicht-In-Ordnung-Teile, die Mängel aufweisen und daher nicht eingesetzt werden können. In getakteten Fließfertigungen kritisch.

Normalverteilung: Wichtigste statistische Verteilung in Logistik und SCM, die durch den Mittelwert und die Standardabweichung vollständig beschrieben ist. Bei den meisten Lieferleistungswerten ist die Normalverteilung eine sehr gute erste Annäherung zur Abschätzung des Verhaltens von Prozessen. So sind beispielsweise Lieferzeiten, Termintreue, Lieferfähigkeit häufig normalverteilt.

Nullsummenspiel: Zustand, bei dem der Gewinn des Einen der Verlust des Anderen ist. SCM strebt ausschließlich Nicht-Nullsummenspiele an (Win-Win-Spiele). Erreicht werden kann das durch unterschiedlichste Konzepte, Strategien und Werkzeuge des SCM.

Nutzwertanalyse: Werkzeug zum Vergleich verschiedener Alternativen, meist auf qualitativer Messbasis (zum Beispiel Standortbewertungen von Zentrallager).

Obsoletbestände: Lagerbestände mit veralteten Artikeln (Verfalldatum erreicht, Mindesthaltbarkeitsdatum überschritten, technische Veralterung und anderes).

One-Piece-Flow: Ideal des SC-Managers, in dem keine Losgrößenbildung mehr stattfinden muss, weil die einzelnen Rüstzeiten auf ein absolutes Minimum (nahe Null) reduziert sind. Dient als asymptotische Leitidee im SCM.

Operationalisierung: Messbarmachung von Prozessen.

Optimierung: Verfahren zur Maximierung von Leistung und zur Minimierung von Kosten. Optima sind grundsätzlich immer nur in Bezug auf ein begrenztes System möglich. Weitet man das System „Unternehmung" auf das System „Lieferkette" aus, so entstehen neue Möglichkeiten der Optimierung und neue Optima.

Optionen: siehe mengenflexible Verträge.

Opportunitätskosten: Kosten der besten nicht gewählten Alternative, daher auch Alternativkosten genannt. Sie sind nicht Teil der klassischen Kostenrechnung.

OTD: siehe On-Time-Delivery (Termintreue).

Outsourcing: Outside Resource Using ist die Fremdvergabe ganzer Unternehmensaufgaben; häufig aus Kosten- und/oder Leistungsüberlegungen. Typisch betroffene Aufgaben waren bisher Fuhrpark, Lager, Kommissionierung und Verpackung. Zunehmend sind immer mehr Bereiche betroffen, unter anderem auch das gesamte Bestandsmanagement (siehe VMI).

Paretoeffizienz: Zustand, bei dem eine Verbesserung des Ist-Zustands nur durch die Verschlechterung eines oder mehrerer Variablen oder Beteiligter des Zustands möglich ist. In paretoeffizienten Situationen ist vollständige Effizienz erreicht. Um weitere Verbesserungen zu erreichen, muss der Zustand systemseitig erweitert werden, zum Beispiel von einer unternehmenszentrierten auf eine lieferkettenübergreifende Sichtweise. Der Name leitet sich vom italienischen Ökonomen Vilfredo Pareto ab und ist nicht mit dem Paretoprinzip zu verwechseln.

Paretoprinzip: Wird als Segmentierungswerkzeug in Form der ABC-Analyse eingesetzt. So sind beispielsweise im Bestandsmanagement häufig 20 Prozent der eingesetzten Artikel für 80 Prozent des eingesetzten Wertes verantwortlich. Daher nennt man das Prinzip auch 20/80-Regel.

Passiver Veredelungsverkehr: Materialien und Waren werden vorübergehend aus der EU ausgeführt, im Drittland be- oder verarbeitet und dann wieder, meist unter Befreiung von den Einfuhrabgaben der EU-Vorwaren, in den freien Verkehr eingeführt.

Peitscheneffekt: siehe Bullwhip-Effekt.

Penner: siehe Renner.

Performance: Steht im Supply Chain Management für den Leistungsoutput von Lieferketten. Besteht häufig aus einem Bündel von zu bewertenden Kennwerten (zum Beispiel Kosten, Qualität, Zeit, Optionen).

Perlenkette: Festgelegte Produktionsreihenfolge bei der produktionssynchronen und sequenzierten Anlieferung von Teilen und Komponenten ab einem bestimmten fest definierten Zeitpunkt. Typisch für die Automobilindustrie.

Plan: siehe SCOR.

Planung: Gedanklicher Prozess der Vorwegnahme zukünftiger Ereignisse zum Zwecke der Verbesserung des eigenen Mehrwerts (Value Added).

Point of Purchase (P.O.P.): Konkreter Ort des Kaufs aus Käufersicht.

Point of Sale (P.O.S.): Konkreter Ort des Verkaufs aus Verkäufersicht.

Postponement: Werkzeug im SCM zur zeitlichen Verzögerung von Produktdifferenzierungen (Variantenbildung). Vorteile des Postponement sind die verbesserte Prognosemöglichkeit aggregierter und noch nicht differenzierter Teile und damit einhergehend niedrigere Materialbestände. Beim Geographic Postponement wird die Variantenbildung in Abhängigkeit vom Standort verzögert (zum Beispiel länderspezifische Ausdifferenzierung und Variantenbildung).

PPS: Produktionsprogrammplanung und Steuerung. Dieses in zahlreichen Softwareprogrammen realisierte Konzept legt den Ablauf der Produktionsplanung fest und bildet in vielen Unternehmen ein wesentliches planendes und steuerndes Produktionstool.

Produktstruktur: Bestimmte Struktur von Produktaufbau und daraus ableitend ihrer Fertigungsablaufstruktur. Wesentlicher Hebel des SCM.

Prognose: Planungshilfsmittel, die zu erwartende Größe einer Ausprägung (zum Beispiel prognostizierte Nachfrage).

Prognosemodelle: Mittlerweile gibt es zahlreiche mächtige Prognosetools, die in der Regel auf der Basis der exponentiellen Glättung funktionieren und Einsparungen in der Supply Chain ermöglichen.

Prozess: Zentraler Begriff zur Beschreibung von Abläufen und Abfolgen hinsichtlich Zeit, Qualität, Leistung oder Kosten. Prozesse können sowohl auf der Planungsebene als auch auf der Durchführungsebene unterschieden werden. Mathematisch-statistisch sind Prozesse durch Mittelwert und Streuung ausreichend beschrieben.

Prozesskosten: siehe ABC (Activity Based Costing).

Prozesskostenrechnung: siehe ABC (Activity Based Costing).

Puffer: Materiallager mit sehr kurzer Verweildauer, die ausschließlich Angebots- und Nachfragemengen ausgleichen sollen. Weiter gefasst wird der Begriff auch auf Faktoren wie Zeit, Kapazität oder Ressourcen angewendet.

Quelle: Entstehungsort des Waren- und Materialaufkommens.

Quick Response (QR): Bestellsysteme mit sehr hoher Reaktionsfähigkeit, die typischerweise auf dem Datenverbund EDI (Electronic Data Interchange) mit artikelgenauer Barcodeauszeichnung basieren. Mittlerweile sind mit RFID (Radio Frequency Identification) noch raschere Systeme im Einsatz.

Raum: Wesentlicher „Werkstoff" in Logistik und SCM und wichtiger Wettbewerbsfaktor. Mit Raumstrategien wird versucht, diesen „Werkstoff" möglichst verschwendungsfrei, also effizient einzusetzen (z.B. Lagertechnik).

Real-Time: Echtzeit. Spielt in der Supply Chain eine erhebliche Rolle im Rahmen der unverzögerten Weitergabe von Informationen über die Lieferkettenbeteiligten hinweg. Unter anderem ein wesentliches Werkzeug zur Steuerung von komplexen Wertschöpfungsnetzen, zur Eindämmung des Bullwhip-Effektes wie auch zur zeitnahen Steuerung von produktionssynchronen Abrufen.

Renner: Im Handel übliche Bezeichnung für Schnelldreher (fast moving consumer goods — FMCG). Penner sind das Gegenteil von Renner (*slow moving consumer goods* — SMCG).

Remission: Retouren im Pressevertrieb auf Basis vertraglicher Vereinbarungen zwischen Verlag, Grossist (Großhändler) und Einzelhändler, wonach nicht-verkaufte Presseprodukte vom Einzelhändler zurückgegeben werden können.

Reorder Point (ROP): Bestellpunkt. An diesem Punkt wird die Nachschubbestellung ausgelöst.

Return: siehe SCOR.

Revenue Management: siehe Yield Management.

Risiko: Die mit jeder Betätigung verbundene Gefahr eines zukünftigen Schadens oder Verlustes. Die jeweiligen Risiken lassen sich im wirtschaftlichen Bereich mit Wahrscheinlichkeiten angeben, sodass typische Risikostrategien entstehen. Risiken spielen im SCM eine erhebliche Rolle. Häufig wird der Begriff „Risiko" als Überbegriff für Unsicherheit, Ungewissheit und Risiko i.e.S. verwendet. Bei dem Begriff der „Unsicherheit" lassen sich keine konkreten Wahrscheinlichkeiten angeben. Bei „Ungewissheiten" kann man nicht einmal mehr mögliche Ausprägungen von drohenden Gefahren angeben. Diese fallen fälschlicherweise oftmals unter den Begriff des Restrisikos.

Risikoabwälzung: Versicherungen kaufen gegen Prämien des Versicherungsnehmers Risiken ab. Im Falle des Schadenseintritts zahlt die Versicherung den Schaden.

Risikoausgleich: siehe Risikoteilung.

Risikoidentifikation: Die Erfassung aller möglichen Risikoarten mit Hilfe von Instrumenten des Riskmanagements.

Risikopooling: Aggregierung individueller Nachfrage- und/oder Lieferzeitschwankungen, um die Unsicherheit und das Risiko zu senken.

Risikoteilung: Größere Aufträge oder größere Projekte werden von mehreren selbständigen Unternehmen gemeinsam übernommen, sodass die Risiken bewältigbar sind. Typische Risikostrategie im Rahmen des SCM.

Road Pricing: Kilometerabhängige Bemautung von Autobahnen und Schnellstraßen.

RSU-Analyse: siehe XYZ-Analyse.

Rückwärtsstrategie: Strategie im SCM zur Übernahme weiterer Wertschöpfungsstufen, die rückwärtsgerichtet − auf vorgelagerte Stufen − sind, z.B. die Übernahme der Großhandelsfunktion durch einen Einzelhändler, oder die Übernahme der Herstellerfunktion durch einen Großhändler. Das Gegenteil wird als Vorwärtsintegration bezeichnet.

Rüstkosten: Fixe Kosten, die bei Umrüstvorgängen (Sortenwechsel) unabhängig von der Losgröße entstehen. Die Rüstkosten bestimmen maßgeblich die wirtschaftliche Losgröße. Daher wird versucht, die Rüstvorgänge zeitlich zu verkürzen.

Schnelldreher (Renner): Artikel mit einer hohen Lagerumschlagshäufigkeit (Lagerdrehung). Diese Artikel werden als A-Artikel bezeichnet (Lagerkennzahlen), sie sind leicht steuer- und disponierbar im Unterschied zu C-Artikeln, die über eine sehr geringe Lagerumschlagshäufigkeit verfügen (sogenannte Penner). Im angloamerikanischen Sprachraum werden Schnelldreher als Fast Moving Goods (FMG) bezeichnet, die Langsamdreher als Slow Moving Goods (SMG).

Sendungsverdichtung: Die Auslastung der Transportmittel wird auf einer Rundreise durch diverse Maßnahmen des SCM erhöht.

Senke: Empfangsort von Waren und Materialien.

SCM: Supply Chain Management.

SCM-Cockpit: Kompakte und geschlossene Übersicht der wesentlichen relevanten Stammdaten (Artikel, Auftrag, Logistik, Lieferanten, Kunden) der Supply Chain. Typischerweise ausgehend von einer Spitzenzahl (zum Beispiel Liefertermintreue) werden die weiteren Daten und Informationen zur Steuerung der Lieferkette abgeleitet. So kann jede geringfügige Veränderung der Lieferkette über das SCM-Cockpit operationalisiert werden. Letztlich soll mit dem SCM-Cockpit eine durchgängige Optimierung der Lieferkette vom Urlieferanten bis zum Endkunden gelingen.

SCEM: Supply Chain Event Management ist die Einbeziehung aktueller Ereignisse (Events), die Einfluss auf die Supply Chains haben. Unter gleichem Namen bekannt ist eine Applikation von SAP, die als Planungs- und Steuerungstool eingesetzt wird.

SCOR: Supply Chain Operations Reference. Modell im SCM, das Referenzprozesse für Lieferketten definiert: Plan, Source, Make, Deliver und Return. Mit diesen Referenzprozessen können entlang der Lieferketten die einzelnen Aktivitäten den jeweiligen Referenzprozessen zugeordnet und immer weiter detailliert und konkretisiert werden. Prozesse werden in Teilprozesse, Unterprozesse und schließlich Aktivitäten untergliedert und können auf der jeweiligen Prozessebene definiert, operationalisiert, gemessen und evaluiert werden.

SCRM: Supply Chain Risk Management ist die Evaluierung der gegebenen Risikoposition (Value at Risk) in der Lieferkette vom Ursprung (Quelle) bis zum Endabnehmer (End-to-End Supply Chain) unter Einsatz verschiedener Managementwerkzeuge (zum Beispiel FMEA = Failure Mode and Effects Analysis).

Service-Level-Agreement (SLA): Insbesondere in der Kontraktlogistik (Outsourcing-Projekte) angewandte Form der Vereinbarung in Verträgen, dass ein bestimmter Service Level zu halten ist. Ansonsten kommt es zu Pönalen oder anderen Sanktionen. SLA beinhalten üblicherweise eine genaue Beschreibung des Lieferservice, heruntergebrochen auf zahlreiche genau definierte Leistungsniveaus (zum Beispiel Lieferfähigkeit, Liefertermintreue, Lieferzeit). SLA spielen eine eminente Rolle in Supply Chains.

Servicegrad: siehe Service-Level-Agreement.

Shareholder-Value: Wesentlicher Einflussfaktor auf die Unternehmenspolitik, der auf die Interessen der Anteilseigner ausgerichtet ist.

Sicherheitsbestand: Materialbestand, der dazu dient, die regelmäßigen zufallsbedingten Schwankungen des Verbrauchs und der Wiederbeschaffungszeiten auszugleichen. Sicherheitsbestände lassen sich bei X-

und Y-Artikeln sehr zuverlässig berechnen. Bei Z-Artikeln ist es schwierig bis unmöglich, da der Nullperiodenanteil des Z-Artikels meist weit über 50 Prozent liegt und somit keine zuverlässigen statistischen Aussagen mehr gemacht werden können.

Single-Sourcing: Einquellenversorgung (siehe auch Sourcing).

SLA: siehe Service-Level-Agreement.

SLZ: siehe Standardlieferzeiten.

SMED (Single Minute Exchange of Die): siehe Rüstkosten.

SMI: siehe Supplier Managed Inventory.

Source: siehe SCOR.

Sourcing: Betrifft den strategischen Einkauf und bezeichnet das Aufstellen der Lieferkapazitäten. Daraus leiten sich vielfältige Sourcing-Strategien ab, zum Beispiel Single-Sourcing, Dual-Sourcing, Multi-Sourcing.

Spezifität: Produkte und Leistungen, die sich durch hohe Individualität auszeichnen. Je höher die Spezifität eines Produktes, umso geringer die Substituierbarkeit. So ist eine hoch-spezifische Leistung eines Supply Chain-Beteiligten schwer bis gar nicht substituierbar und dadurch die Leistungskette hoch risikobehaftet.

SRM: Lieferantenbeziehungsmanagement. Umfassendes Supply Chain-Konzept, das den Lieferanten in die Wertschöpfungskette einbindet und integriert.

Standardlieferzeit (SLZ): Lieferzeit, die üblicherweise vom Unternehmen als erwartungsgemäße mittlere Leistung kommuniziert wird. Wesentlich ist, dass Standardlieferzeiten (SLZ) keine Terminzusagen im Sinne des Available-to-Promise (ATP) beinhalten. Somit sind sie keine belastbaren Lieferzeiten.

Strategische Krise: Ist gegeben, wenn die langfristigen Erfolgspotentiale und Handlungsspielräume und somit die Existenz eines Unternehmens gefährdet ist. Strategische Krisen sind unter anderem Anlass, über die eigene Rolle im jeweiligen Liefer- und Leistungsnetzwerk nachzudenken.

Supplier Managed Inventory (SMI): Werkzeug im SCM, bei dem der Lieferant Einblick in die Bestands- und Nachfragedaten des Kunden erhält und die Verantwortlichkeit des Bestandsmanagements auf den Lieferanten übergeht (siehe VMI)

Supply Chain Event Management: siehe SCEM

Supply Chain Management (SCM): Lieferkettenmanagement, ein umfassendes Managementkonzept zur unternehmensübergreifenden Koordination und Kooperation von Leistungen der vertikalen Lieferkettenbeteiligten zur besseren Durchsetzung von Kostensenkungen und/oder Leistungssteigerungen für alle Beteiligten. Das SCM ist nicht notwendigerweise nur unternehmensübergreifend. Viele Prozesse auch inner-halb des Unternehmens können durch SCM sowohl im Hinblick auf Effizienz als auch auf Effektivität verbessert werden. Die zweite Stoß-richtung des SCM ist das Suchen, Auffinden und Design neuer Lieferket-ten zum *Aufbau neuer Märkte*.

Supply Chain Collaboration: Unternehmensübergreifende Zusammen-arbeit entlang der Wertschöpfungskette, zum Beispiel bei Absatz- und Nachfrageplanungen. Erfordert von allen Seiten hohe Datenverfügbar-keit (Transparenz und Vertrauen).

Supply Chain Contracting: Bezeichnet alle Vertragsvereinbarungen zwi-schen den Lieferkettenbeteiligten, die darauf abzielen, gemeinsam durch Koordination und Kooperation Vorteile für alle zu erzielen (z.B. Rücknahmegarantien).

Sustainable Development: Nachhaltige Wirtschaftsentwicklung.

Sustainability: siehe Nachhaltigkeit.

Systeme: siehe Unternehmensumwelt.

SWOT-Analyse: Stärken-Schwächen/Chancen-Risken-Analyse. Beinhaltet einerseits eine Unternehmensanalyse hinsichtlich der eigenen Stärken und Schwächen und andererseits eine Umfeldanalyse der marktseitigen Chancen und Risken. Ist sowohl absatz- als auch beschaffungsseitig ein-setzbar.

Systemgrenzen: siehe Unternehmensumwelt.

Target Pricing: siehe Yield Management.

Termintreue: Wesentliche Leistungskennzahl in Logistik und SCM und drückt das Verhältnis zwischen terminlich korrekten Lieferungen zur Gesamtanzahl der Lieferungen aus. Als steuernde Leistungskennzahl ist die Termintreue ein Wahrscheinlichkeitswert und drückt somit die Wahrscheinlichkeit aus, mit der ein bestimmtes Zeitfenster terminlich gehalten werden kann aus. In der Fachsprache wird auch von On-Time-Delivery (OTD) gesprochen.

TCO: siehe Total Cost of Ownership.

Third-Party-Logistics Provider: siehe Logistikdienstleister.

Total Cost of Ownership (TCO): Konzept der *systemweiten* Kosten. Erfordert die Berechnung der gesamten Kosten eines Prozesses oder eines Pro-duktes entlang der relevanten Lieferkette. Setzt in der Lieferkette eine erhebliche Transparenz voraus. In der Praxis häufig auch ein Problem der Datenverfügbarkeit.

Tourenplanung: Planungstätigkeit im Rahmen von Logistik und SCM. Zielt auf die effiziente Reihenfolgeplanung der anzufahrenden Orte.

Tourenverdichtung: Die Häufigkeit der Anfahrorte (Bedienstellen) wird auf einer Rundreise durch Maßnahmen des SCM erhöht. Da bei vielen

Touren die Wegzeiten die meisten Zeitressourcen verbrauchen, sind bei Tourenverdichtungen häufig die größten Potentiale zu heben.

Track & Trace: Elektronische Sendungsverfolgung im Internet. Track steht für den jeweiligen Sendungsstatus, und Trace steht für die Rückverfolgbarkeit eines Gutes.

Trade-Off: Abtausch. In Logistik und SCM ein wesentliches Instrument zur Zielerreichung von Kosten- und Leistungszielen, die typischerweise Zielkonflikte beinhalten. So steigen beispielsweise die Lagerkosten, wenn man einen beinahe hundertprozentigen Lieferfähigkeitswert bieten möchte, überproportional.

Transaktionskosten: Kosten des Suchens, Auswählens, Bewertens, Abwickelns und Überwachens von zugekauften Leistungen am Markt.

Transaktionskostentheorie: siehe Transaktionskosten.

Transportkette: Technische, organisatorische und wirtschaftliche Verknüpfung von Transport- und Umschlagsvorgängen, die durch Informations- und Kommunikationssysteme gesteuert wird. Die Transportkette ist somit stets ein Teileelement einer Liefer- und Leistungskette.

TUL-Logistik: Transport, Umschlag und Lagerung. Frühes Konzept der Logistik, das sich auf die Kernaktivitäten von Raum und Zeit bezieht.

Überbestände: Die nachgefragten Mengen sind kleiner als der zur Verfügung stehende Bestand. Dies kann Überbestandskosten verursachen.

Überbestandskosten: Im Rahmen des News-Vendor-Modells sind Überbestandskosten die Differenz aus Beschaffungspreis und Abverkaufspreis. Je höher die Überbestandskosten, umso vorsichtiger muss das Bestandsmanagement im SCM agieren.

Überbuchung: Werkzeug des SCM zur bestmöglichen Auslastung von Ressourcen. Wird insbesondere in stark fixkostenbelasteten Bereichen mit vielen Stornierungen angewandt. Gekoppelt mit weiteren Werkzeugen wie zum Beispiel Backups erreicht man mit diesem Instrument höchste Kapazitäts- und Ressourcenauslastungen. Ungeeignet für Märkte mit hoher Spezifität.

Umsatzbeteiligungsverträge: siehe Supply Chain Contracting.

Umschlag: Umladen von Gütern auf ein anderes Transportmittel oder Lademittel.

Unit Loads: Ladeeinheiten, die für Handling, Transport und Lagerung als eine Einheit zusammengefasst werden können und mit den verfügbaren Transportmitteln, Fördermitteln und Lagereinrichtungen effizient harmonisierbar sind.

Unsicherheit: siehe Risiko.

Ungewissheit: siehe Risiko.

Unterbestände: Die nachgefragten Mengen sind größer als der zur Verfügung stehende Bestand. Dies kann Unterbestandskosten verursachen.

Unterbestandskosten: Im Rahmen des News-Vendor-Modells sind Unterbestandskosten die Differenz aus Nettoverkaufspreis und Beschaffungspreis. Je höher die Unterbestandskosten, umso weniger vorsichtig muss das Bestandsmanagement im SCM agieren.

Ursprungsland: Land, in dem ein Produkt entweder zur Gänze hergestellt wird (Agrarprodukte) oder wo es die wesentliche Be- und Verarbeitung erhält.

Unique Selling Proposition (USP): Alleinstellungsmerkmal eines Unternehmens oder eines Produkts. Der USP ist ein wesentlicher Grundpfeiler einer möglichen Kernkompetenz.

Value Added: siehe Mehrwert.

Value at Risk: Wert der Gefahr (wörtlich), der in Geld bewertete maximal erwartete Verlust, der unter üblichen Marktkonstellationen innerhalb einer bestimmten Zeitperiode mit einer bestimmten Wahrscheinlichkeit eintreten kann. Spielt in der Risikobewertung von Supply Chains eine große Rolle.

Variable Kosten: Kosten, die mit der jeweiligen Ausbringungsmenge steigen oder fallen (Gegenteil: fixe Kosten).

Varianz: Mittlere quadratische Abweichung vom Mittelwert. Ist neben der Standardabweichung das wichtigste Streuungs- und Risikomaß in der Statistik. Die Standardabweichung ist die Wurzel aus der Varianz.

Variationskoeffizient: Der prozentuale Anteil der Standardabweichung am Mittelwert einer Stichprobe. Der Variationskoeffizient drückt die Risikobehaftung aus. Je höher dieser Wert, umso größer das Risiko der Prognose.

Vertikale Organisation: Organisation einer Lieferkette über die einzelnen Wertschöpfungsstufen hinweg, beginnend beim Urproduzenten über den Verarbeiter, Großhändler, Einzelhändler bis zum Kunden.

Verursachungsprinzip (Kausalitätsprinzip): Kosten werden jenem Kostenträger zugeordnet, der diese Kosten auch verursacht hat. Kann bei gemeinsamen Leistungen in Form von Kooperationen durchaus knifflige Probleme erzeugen.

Vier-Augenprinzip: Anforderung der Compliance, wonach immer zwei Personen bei Vertragsverhandlungen anwesend sein müssen und auch immer zwei Personen unterschreiben müssen.

VMI: siehe Vendor Managed Inventory.

Vendor Managed Inventory (VMI): Lieferantengesteuertes Bestandsmanagement.

Vorwärtsintegration: Strategie im SCM zur Übernahme weiterer Wertschöpfungsstufen auf nachgelagerten Stufen, zum Beispiel die Übernahme der Einzelhandelsfunktion durch einen Großhändler oder die Übernahme der Großhandelsfunktion durch einen Hersteller. Das Gegenteil wird als Rückwärtsintegration bezeichnet.

WBZ: siehe Wiederbeschaffungszeit

Wareneinsatz: Der zum Einstandspreis bewertete Verkauf von Waren. Im angloamerikanischen spricht man von COGS — Cost of Goods Sold.

Warenwirtschaft: Prozesse der Beschaffung, Transport, Lagerung, innerbetrieblichen Transport, Kommissionierung und Versand von Handelswaren. Gesteuert wird die Warenwirtschaft über das Warenwirtschaftssystem (Warehouse Management System = WMS).

Wertschöpfungskette: Sie umfasst sämtliche Forschungs-, Entwicklungs-, Beschaffungs-, Produktions-, Absatz- und Entsorgungsstufen eines Produktes oder einer Leistung, von der Rohstoffgewinnung über die Produktion bis hin zum Absatz an den Kunden und die Rückführung von Wertstoffen. Wird häufig synonym verwendet für Lieferkette, Liefernetzwerk, Leistungskette oder Wertschöpfungsnetzwerk.

Wertschöpfungspartner: Typischerweise alle Beteiligten einer Supply Chain, die einen mehrwerterzeugenden Beitrag leisten; dies schließt den Endkunden ein. Der mehrwerterzeugende Beitrag ist meist ein komplexes Bündel von Leistungen, das in Theorie und Praxis operationalisiert werden muss. Dies stellt häufig eine erhebliche Anstrengung von Seiten des SCM dar.

Wertstromanalyse: siehe Work-in-Process.

Wiederbeschaffungszeit: Zeit von der Auslösung der Bestellung bis zum Eintreffen und Zubuchung der Ware. Je kürzer die Wiederbeschaffungszeiten, umso niedriger können die entsprechenden Materialbestände gehalten werden. Eine unsichere WBZ ist im Rahmen von Logistik und SCM erschwerend. Lieferzeitschwankungen treiben die jeweiligen Sicherheitsbestände bei einer hohen Lieferverfügbarkeit überproportional in die Höhe.

Win-Win-Situation: siehe Nullsummenspiele.

WIP: siehe Work-in-Process.

Wirtschaftliche Losgröße (Andler-Harris-Formel): Bezeichnet jene Beschaffungs- oder Produktionsmenge, bei der die Summe aus fixen Rüstkosten und variablen Lagerhaltungskosten (einschließlich Bestandskosten) minimal ist. Es gibt in der Praxis auch technische Losgrößen, bei denen nicht die Kosten den begrenzenden Faktor darstellen, sondern technologische Faktoren (zum Beispiel Verfalldatum oder Verfahrenszeiten). Sie wird auch Economic Order Quantity (EOQ) genannt.

Wirtschaftlichkeitsprinzip: Verhältnis von Leistungen zu Kosten. Das Management eines Unternehmens wird bestrebt sein, bei einer bestimmten Kostensituation die Leistungen zu maximieren beziehungsweise bei zieldefinierten Leistungen die Kosten zu minimieren. Dieses Bestreben wird auch als ökonomisches Prinzip bezeichnet.

Working Capital: Überschuss des kurzfristig gebundenen Umlaufvermögens über die kurzfristigen Verbindlichkeiten. Erlaubt eine Aussage über Finanzierungspotentiale und Liquiditätsrisiken.

Work-in-Process (WIP): Materialbestände, die in Bearbeitung sind. WIPs binden erhebliches Kapital und erzeugen Kapitalbindungskosten, längere Durchlaufzeiten und ein erhöhtes Obsoleszenzrisiko. Mit der Wertstromanalyse (Value Stream Analysis) können WIPs transparent gemacht werden.

Yield-Management (auch Revenue Management): Ertragsmanagement. Ziel ist es, ein Produkt oder eine Leistung zum bestmöglichen Preis zu verkaufen, indem beispielsweise eine Preisdifferenzierung in Abhängigkeit von der Kapazitätsauslastung vorgenommen wird. Häufig mit dem Target Pricing verbunden (Zielvorgabe beim Preis).

XYZ-Analyse: Werkzeug in Logistik und SCM zur Segmentierung eines Sortiments in Bezug auf das Verbrauchsverhalten von Gütern und daraus ableitend Basis von Dispositionsstrategien. Güter mit einem weitgehend konstanten Verbrauch (X-Güter) sind einfacher und damit kostensparender zu steuern als Güter mit stark schwankendem Verbrauch (Y-Güter) oder gar Güter mit sehr unregelmäßigem Verbrauch (Z-Güter). Die XYZ-Analyse wird in der Literatur auch als RSU-Analyse bezeichnet (R = regelmäßiger Verbrauch), S = Schwankender Verbrauch, U = Unregelmäßiger Verbrauch)

Zeit: Wesentlicher „Werkstoff" in Logistik und SCM und wichtiger Wettbewerbsfaktor. Mit zahlreichen Zeitstrategien wird versucht, diesen „Werkstoff" möglichst effizient einzusetzen.

Zeitfenster: siehe Lieferfenster

Zeitstrategien: Aufgrund konkreter Anforderungsprofile können adäquate Zeitstrategien zu besseren Leistungen führen. Bekannte Zeitstrategien sind „First-Come-First-Go" (FCFG), „Shortest-Process-Time" (SPT), „Moore-Algorithmus", „Johnson-Algorithmus".

Zeitrichter: Instrument zur Transparentmachung der Feinsteuerung von risikobehafteten Anlieferungen, beginnend bei der Grobplanung bis hin zu produktionssynchronen sequenzierten Just-in-Sequence Anlieferungen. Je weiter man von der eigentlichen Feinstanlieferung entfernt ist, umso größer ist die zulässige Abweichung von Mengen, Varianten und Qualitäten. Je näher die Deadline (frozen period) rückt, umso geringer sind die zulässigen Abweichungen. So entsteht ein einem Trichter ähnliches Gebilde.

Zentralisierungseffekte: Durch Zusammenlegen (Aggregieren) mehrerer dezentraler Bestände können erhebliche Bestandsreduktionen erreicht werden. Bestandsschwankungen nehmen ab, die Bestands- und Lagerkosten können gesenkt werden, Nachfrageprognosen werden verbessert, Sicherheitsbestände können reduziert werden. Zentralisierungseffekte können statistisch valide berechnet werden. Grenzen der Zentralisierung von Beständen sind insbesondere in den steigenden Transportkosten und den längeren Lieferzeiten zu sehen.

Literatur

Andler, K.: Rationalisierung der Fabrikation und optimale Losgröße, München 1929.

Becker, T: Prozesse in Produktion und Supply Chain optimieren, Berlin 2007.

Bretzke, W.-R: Logistische Netzwerke, New York 2014.

Chopra, S./Meindl, P.: Supply Chain Management, Strategie, Planung und Umsetzung, Pearson Verlag, 2014.

Corsten, D./Gabriel C.: Supply Chain Management erfolgreich umsetzen — Grundlagen, Realisierung und Fallstudien, St. Gallen 2003.

Doyle, Sir Arthur Conan, The White Company, 1891.

Egger, A./Winterheller, M.: Kurzfristige Unternehmensplanung, Wien 1983.

Gälweiler, A.: Unternehmensplanung, Berlin 1970.

Gudehus T.: Dynamische Disposition, Strategien zur optimalen Auftrags- und Bestandsdisposition, VDI, Hamburg 2006.

Gudehus T.: Logistik — Netzwerke, Systeme und Lieferketten, Hamburg 2006.

Harris, F.W.: How Many Parts to Make at Once, The Magazine of Management, 1990.

Horvath, P.: Controlling, Vahlen, München 2011.

Jahns, C./Schüffler C.: Logistik — Von der Seidenstraße bis heute, Wiesbaden 2007.

Kahnemann, D.: Schnelles Denken, Langsames Denken, München 2012.

Kahnemann, D.: Thinking, Fast and Slow, New York 2012.

Kirsch, W.: Entscheidungsprozesse I, Wiesbaden 1970.

Knapp, H.G.: Logik der Prognose, München 1978.

Kurzmann, E.: Unternehmenslogistik aus ganzheitlicher Sicht — Verbesserung von Logistik- und Supply Chain Prozessen eines Zentrallagers, MT, Graz 2007.

Liebmann, H.-P./Zentes, J.: Handelsmanagement, München 2001.

Thonemann U.: Operations Management — Konzepte, Methoden und Anwendungen, 2010.

von Mises, L.: Human Action, New York 1949.

von Fournier, C.: Die 10 Gebote für ein gesundes Unternehmen: Wie Sie langfristig Erfolg schaffen, 2012.

Werner, H.: Supply Chain Management — Grundlagen, Strategien, Instrumente und Controlling, Wiesbaden 2013.

Winkler, H./Kuss, C./Wurzer, Th./Winkler S./Seebacher, G.: Supply Chain Improvement Projekte und Systeme, Berlin 2014.

Winkler, H.: Konzept und Einsatzmöglichkeiten des Supply Chain Controlling. Am Beispiel einer Virtuellen Supply Chain Organisation (VISCO), Wiesbaden 2005.

Die Autoren

Ernst Kurzmann
Hauptautor und Projekttreiber ist Ernst Kurzmann. Unternehmensberater, Wirtschaftstrainer und Dozent in den Fachgebieten Internationalisierung, Logistik und Supply Chain Management. Die Basis seiner Tätigkeit bildet eine langjährige wirtschaftliche und wissenschaftliche Praxis, gepaart mit fundierter fachspezifischer Ausbildung.

Erwin Langmann
Co-Autor. Berater für Risikomanagement mit Schwerpunkt in Transport, Logistik und Supply Chain Management. Er ist als Wirtschaftstrainer in den Fachgebieten Logistik und SCM tätig. Die Basis seiner Tätigkeit bildet eine jahrzehntelange wirtschaftliche Praxis bei großen Versicherungskonzernen.

Kurt Eder
Managing Director of Eder Consulting.
• Founder of EDER CONSULTING in 2010 with focus on supply chain design, analysis and optimization.
• Lecturer on Supply Chain and related topics.

Dr. Isolde Kurzmann-Penz
Theologin und Althistorikerin
• Römische Kaiserzeit, Antike Mythologie
• Mythologie und Management

Alfred Löscher
Unternehmensberater für Strategische Unternehmensentwicklung und Change Management
• Veränderung in kritischen Unternehmensphasen
• Managementinnovation
• Strategieentwicklung

Die Illustratorin

Die Illustrationen stammen von **Monika Lafer**.

Gebiete:
• Portraitmalerei, Farbstifte, Feder
• Kunst am Körper, Entwürfe für Tätowierung
• Buchillustrationen, Karikaturen, Comics
• Öl- und Acrylmalerei, Aquarelle
• Fotografie